全国一级造价工程师职业资格考试红宝书

建设工程造价管理

经典真题解析及预测

2023 版

主　编　左红军
副主编　孙　琦
主　审　朱俊文　杨润东

机 械 工 业 出 版 社

本书以全国一级造价工程师考试大纲为纲领，以现行法律法规、标准规范为依据，以历年真题为载体，在突出考点分布和答题技巧的同时，兼顾本科目知识体系框架的建立，并与案例分析充分呼应，提供建设工程造价管理的方法和依据。

本书通过经典真题与考点的筛选、解析，使考生能够极为便利地抓住应试要点，并通过经典题目将考点激活，从而解决死记硬背的问题，真正做到"三度"。

"广度"——即考试范围的锁定，本书通过对考试大纲及命题范围的把控，确保覆盖90%以上的考点。

"深度"——即考试要求的把握，本书通过对历年真题及命题要求的解析，确保内容的难易程度适宜，与考试要求契合。

"速度"——即学习效率的提高，本书通过对历年真题及命题热点的筛选，确保重点突出60%的常考、必考内容，精准锁定55%的2023年考试要求掌握的内容，剔除10%的偏僻内容和老套过时的题目，做到有的放矢，提高学习效率。

本书适用于2023年参加全国一级造价工程师职业资格考试的考生，同时可作为建造工程师、监理工程师考试的重要参考资料。

图书在版编目（CIP）数据

建设工程造价管理经典真题解析及预测：2023版/左红军主编. —3版. —北京：机械工业出版社，2023.3（2023.7重印）
全国一级造价工程师职业资格考试红宝书
ISBN 978-7-111-72724-8

Ⅰ.①建… Ⅱ.①左… Ⅲ.①建筑造价管理-资格考试-题解 Ⅳ.①TU723.3-44

中国国家版本馆CIP数据核字（2023）第036761号

机械工业出版社（北京市百万庄大街22号 邮政编码100037）
策划编辑：王春雨　　责任编辑：王春雨
责任校对：薄萌钰　王明欣　　封面设计：马精明
责任印制：常天培
北京机工印刷厂有限公司印刷
2023年7月第3版第2次印刷
184mm×260mm · 15.75印张 · 388千字
标准书号：ISBN 978-7-111-72724-8
定价：49.00元

电话服务　　网络服务
客服电话：010-88361066　　机 工 官 网：www.cmpbook.com
010-88379833　　机 工 官 博：weibo.com/cmp1952
010-68326294　　金 书 网：www.golden-book.com

机工教育服务网：www.cmpedu.com

本书编审委员会

主　　编　左红军

副 主 编　孙　琦

主　　审　朱俊文　杨润东

编写人员　左红军　孙　琦　章启顺　孙丽娜　赵英楠　王红玲　金黎明　迟军宁　李丽丽　饶　燚　刘　萍　喇存花　李泽冰　郭丽敏　刘　暘　孙秀丹　郑舒雯　崔国良　张成林　陆祥明　罗　磊　张　琴　陈宇嘉　王映兴　庞　戈

前 言

——70分须知

本书严格按照最新的法律、法规、会计准则和计量计价规范的要求，对历年真题进行了体系性的精解，从根源上解决了“知识繁杂难掌握、范围太大难锁定”的应试通病。

历年真题是本科目命题的风向标，在搭建框架、锁定题型、实操细节三部曲之后，对本书中历年真题反复精练3遍，70分（60分及格，10分保险）就会指日可待。所以，历年真题精解是考生应试的必备宝典。

一、考试题型

1. 单项选择题（60分）

（1）规则：4个备选项中，只有1个最符合题意。

（2）要求：在考场上，题干读3遍，细想3秒钟，看全备选项。

（3）例外：没有复习到的考点，先放行，可能多项选择题部分对其有提示。

（4）技巧：设置计算题的目的在于通过数字考核概念；有正反选项的单项选择题，其正确答案必是其中一个；偏题的B、C选项概率高。

2. 多项选择题（40分）

（1）规则：①至少有2个备选项是正确的→②至少有1个备选项是错误的→③错选，不得分→④少选，每个备选项得0.5分。

（2）依据规则①：如果用排除法已经排除3个备选项，剩下的2个备选项必须全选！

（3）依据规则②：如果每个备选项均不能排除，说明该考点基本上已经掌握，但没有完全掌握到位，在考场上你应当怎么办？必须按照规则②执行！

（4）依据规则③：如果已经选定了2个正确的备选项，第3个不能确定，在考场上你应当怎么办？必须按照规则③执行！

（5）依据规则④：如果该考点是根本就没有复习到的极偏的专业知识，在考场上你应当怎么办？必须按照规则④执行！

上述一系列的怎么办，请考生参照历年真题精解中的应试技巧，不同章节有不同的选定方法，但总的原则是“胆大心细规则定，无法排除AE并，两个确定不选三，完全不知C上挺”。

二、题型分类

根据问题的设问方法和考查角度，把本科目考试题型划分为四大类：综合论述题、细节填空题、判断应用题、计算题。

1. 综合论述题

此类型题目最大的特点是考查的知识点多，涉及面广，要求考生能够系统而全面地掌握相关知识，进而提高考试通过率。

在复习备考的过程中，通过知识体系框架的建立及习题练习，来保障对考试范围内知识点的覆盖程度。注意本科目考试最重要的是对知识面的考查。

2. 细节填空题

细节填空题分为两类，首先是重要的知识点细节，即重要的期限、数字、组成、主体等；另外是对一些易混淆、易忽视、含义深的知识点的考查，题中会根据考生平时惯性思维、复习盲区等制造干扰选项来扰乱思维。

在复习备考过程中，由于这类题具有比较强的规律性，考生应当通过历年真题的练习和老师的讲解，对这些知识点进行重点标注、归纳总结。

3. 判断应用题

这种题型是考试的难点题型，需要考生对造价专业概念、理论、规范有着深入而清醒的认识和理解，能够站在工程经济的角度，运用有关知识和工具对项目建设过程中出现的实际问题进行分析判断，进行合理有效的处理。

这部分知识点需要考生借助专业人士或辅导老师深入浅出的讲解，在理解的基础上系统掌握，而不是机械地背诵或记忆。这类题也是考试改革和命题趋势所向，同时对考生实际的建设工程项目管理工作有着很强的规范和指导意义。

4. 计算题

历年建设工程造价管理科目考试计算题的分值大约为 28 分，很多考生认为是难点，但其实本科目考试的计算题并不复杂，计算本身是小学和初中数学知识的运用，重点在于经济模型的建立和相关知识的理解。这部分内容的特点在于一旦掌握，长期不忘，无须记忆，分数稳拿，因此这部分内容应当是所有考生必须掌握的内容。

本书内容中所有计算题的解析尽可能地避免运用教材中繁杂的公式，而是从最简单的角度列式来解答，要求考生重在理解，反复练习掌握，同时注意解题速度。

三、考生注意

1. 背书肯定考不过

只靠背书是肯定通不过考试的，切记：体系框架是基础、细节理解是前提、归纳总结是核心、反复听课是辅助，特别是非专业考生，必须借助历年真题解析中的大量图表去理解每个模块的各个知识体系。

2. 勾画教材考不过

从 2014 年开始，通过勾画教材押题就能考试过关的神话已经成为历史，一级造价工程师考题的显著特点是以知识体系为基础的“海阔天空”，试题本身的难度并不大，但涉及的面很广。考生必须首先搭建起属于自己的知识体系框架，然后通过真题的反复演练，在知识体系框架中填充题型。

3. 只听不练难通过

听课不是考试过关的唯一条件，但听了一个好老师的讲课对你搭建知识体系框架和突破体系难点会有很大帮助，特别是非专业考生。听完课后要配合历年真题进行反复精练，建立错题题库，定期再做曾经做错的题目。

4. 先案例课后公共课，统一部署、区别对待

“赢在格局，输在细节”。“格局”指全国一级造价工程师职业资格考试的四个科目应统一部署，整个知识体系化。“细节”指日常的时间安排及投入，每个知识点最终聚焦为一个个考点，一道道真题，日积月累，才能滴水穿石。

案例是历年考试的重中之重，也是是否能够通过全国一级造价工程师职业资格考试的关键所在，同时案例分析又融合了三门公共课的主要知识内容，这就需要以案例为龙头形成体系框架，在此基础上跟进公共课的选择题，从而达到“案例课带动公共课，公共课助攻案例题”的目的。

5. 三遍成活

综上所述的绝大部分内容在本书中都有体现，因此要求考生对本书的内容做到“三遍成活”。

第一遍：重体系框架、重知识理解，本书通篇内容都要练习。

第二遍：重细节填充、重归纳辨析，对书中的考点、难点、重点要反复练习，归纳总结，举一反三。

第三遍：重查漏补缺、重错题难题，在考前最好的复习资料就是错题，错题就是考生需要查漏补缺的点。

四、超值服务

（1）红宝书备考交流群：群内定期更新不同备考阶段精品资料、课程、指导。微信群二维码：

（2）《2023 全章节高频考点速学课》视频，由左红军师资团队根据历年高频考点、最新考试方向精心录制，涵盖全章节核心考点精析。

（3）2023 最新备考资料：《2023 备考导学课》视频、《全阶段备考白皮书》（电子版）。

（4）1 对 1 伴学顾问：给读者持续发送最新备考资料、第一时间更新最新考前动态、辅助制定备考计划、监督学习进度等。

本书编写过程中得到了业内多位专家的启发和帮助，在此深表感谢！由于时间和水平有限，书中难免有疏漏和不当之处，敬请广大读者批评指正。

愿我们的努力能够帮助广大考生一次性顺利通关取证！

编　者

目　　录

第一章　工程造价管理及其基本制度

第一节　工程造价的基本内容

考点一、工程造价及计价特征
考点二、工程造价相关概念

一、单项选择题（每题 1 分。每题的备选项中，只有 1 个最符合题意）

1.【2022 年真题】某工程项目的建设投资为 1800 万元，建设期贷款利息为 200 万元，建筑安装工程费用为 100 万元，设备和工器具购置费用为 500 万元，流动资产投资为 300 万元。从业主角度分析，该项目的工程造价是（　　）万元。

A. 1500　　B. 1800
C. 2000　　D. 2300

【解析】从投资者（业主）角度，工程造价是指建设一项工程预期开支或实际开支的全部固定资产投资费用，故该项目工程造价为 1800+200=2000（万元）。

2.【2021 年真题】为有效控制工程造价，业主应将工程造价管理的重点放在（　　）阶段。

A. 施工招标和价款结算　　B. 决策和设计
C. 设计和施工　　D. 招标和竣工验收

【解析】工程造价管理的关键在于前期决策和设计阶段。项目决策后，控制工程造价的关键就在于设计。

3.【2020 年真题】从投资者角度，工程造价是指建设一项工程预期开支或实际开支的全部（　　）费用。

A. 建筑安装工程　　B. 有形资产投资
C. 静态投资　　D. 固定资产投资

【解析】工程造价是指建设一项工程预期开支或实际开支的全部固定资产投资费用。

4.【2020 年真题】建设工程计价是一个逐步组合的过程，正确的造价组合过程是（　　）。

A. 单位工程造价、分部分项工程造价、单项工程造价
B. 单位工程造价、单项工程造价、分部分项工程造价
C. 分部分项工程造价、单位工程造价、单项工程造价
D. 分部分项工程造价、单项工程造价、单位工程造价

【解析】 分部分项工程造价→单位工程造价→单项工程造价→建设项目总造价。

5. 【2019 年真题】下列费用中，属于建设工程静态投资的是（　　）。

A. 涨价预备费　　B. 基本预备费

C. 建设期贷款利息　　D. 建设工程相关税费

【解析】 静态投资包含：工程费（建安工程费、设备和工器具购置费）、工程建设其他费、基本预备费及工程量误差引起的造价增减值，简称“工程工建基本费”。

6. 【2018 年真题】下列工程计价文件中，由施工承包单位编制的是（　　）。

A. 工程概算文件　　B. 施工图预算文件

C. 工程结算文件　　D. 竣工决算文件

【解析】 工程造价及计价特征——估、概、预、决算都应由建设单位编制，只有工程结算是施工单位编制、建设单位审查或者委托咨询单位审查。

7. 【2017 年真题】建设项目的造价是指项目总投资中的（　　）。

A. 固定资产与流动资产投资之和　　B. 建筑安装工程投资

C. 建筑安装工程费与设备费之和　　D. 固定资产投资总额

【解析】 建设项目投资构成图是造价人员执业的总纲领，必须做到了如指掌，建设项目的造价就是指工程造价，在数额上等于固定资产投资总额。

8. 【2016 年真题】工程项目的多次计价是一个（　　）过程。

A. 逐步分解和组合，逐步汇总概算造价

B. 逐步深化和细化，逐步接近实际造价

C. 逐步分析和测算，逐步确定投资估算

D. 逐步确定和控制，逐步积累竣工结算价

【解析】 本题考查的是工程造价及其计价特征。估算→概算→预算→结算→决算，逐步深化和逐步接近实际造价的过程。

计价过程一般都是一次性计价，而工程造价的过程是多阶段计价，即多次性计价。

9. 【2015 年真题】建筑产品的单件性特点决定了每项工程造价都必须（　　）。

A. 分步组合　　B. 分层组合

C. 多次计算　　D. 单独计算

【解析】 建筑产品的单件性特点决定了每项工程造价都应当是单独计算。

10. 【2015 年真题】生产性建设项目总投资由（　　）两部分组成。

A. 建筑工程投资和安装工程投资　　B. 建安工程投资和设备工器具投资

C. 固定资产投资和流动资产投资　　D. 建安工程投资和工程建设其他投资

【解析】 总投资简称：生产固投加流投，非生只有总固投。

11. 【2014 年真题】从投资者（业主）角度分析，工程造价是指建设一项工程预期或实际开支的（　　）。

A. 全部建筑安装工程费　　B. 建设工程总费用

C. 全部固定资产投资费用　　D. 建设工程动态投资费用

【解析】 同第 7 题。

12. 【2013 年真题】下列费用中，属于建设工程静态投资的是（　　）。

A. 基本预备费　　B. 涨价预备费

C. 建设期贷款利息　　D. 建设工程有关税费

【解析】 同第5题。

13. 【2012年真题】下列工程造价中，由承包单位编制，发包单位或其委托的工程造价咨询机构审查的是（　　）。

A. 工程概算价　　B. 工程预算价

C. 工程结算价　　D. 工程决算价

【解析】 同第6题。

14. 【2008年真题】建设工程最典型的价格形式是（　　）。

A. 业主方估算的全部固定资产投资

B. 承发包双方共同认可的承发包价格

C. 经政府投资主管部门审批的设计概算

D. 建设单位编制的工程竣工决算价格

【解析】 业主——固定资产投资费用。

承发包——承发包交易价格（最典型）。

市场交易——建安工程费或建设工程总费用。

15. 【2005年真题】下列关于工程建设静态投资或动态投资的表述中正确的是（　　）。

A. 静态投资中包括涨价预备费

B. 静态投资中包括固定资产投资方向调节税

C. 动态投资中包括建设期贷款利息

D. 动态投资是静态投资的计算基础

【解析】 动中有静静为基：静态投资是动态投资的主动脉和计算基础。此外动态投资还包括涨价预备费、建设期利息及相关税费，简称"动涨建息相关税"。

16. 【2004年真题】建设工程造价有两种含义，从业主和承包商的角度可以分别理解为（　　）。

A. 建设工程固定资产投资和建设工程承发包价格

B. 建设工程总投资和建设工程承发包价格

C. 建设工程总投资和建设工程固定资产投资

D. 建设工程动态投资和建设工程静态投资

【解析】 同第14题。

二、多项选择题（每题2分。每题的备选项中，有2个或2个以上符合题意，且至少有1个错项。错选，本题不得分；少选，所选的每个选项得0.5分）

1. 【2022年真题】在工程项目设计阶段，形成的计价文件有（　　）。

A. 投资估算　　B. 设计概算

C. 修正概算　　D. 施工预算

E. 施工图预算

【解析】 只有概算、预算有定额。无施工预算这一说法。

2. 【2018年真题】工程计价的依据有多种不同类型，其中工程单价的计算依据有（　　）。

A. 材料价格　　B. 投资估算指标

C. 人工单价　　D. 机械台班费

E. 概算定额

【解析】 工程单价小中大，造价根基小单价。三类工程单价的计算依据均要以人、材、机消耗量及其市场单价为基础。

本题属于造价的基础题目，选对不难，理清原理不易。

3. 【2010年真题】建设工程项目静态投资包括（　　）。

A. 基本预备费　　B. 因工程量变更所增加的工程造价

C. 涨价预备费　　D. 建设期贷款利息

E. 设备购置费

【解析】 同单项选择题第5题。

三、答案

单项选择题

题号	1	2	3	4	5	6	7	8	9	10
答案	C	B	D	C	B	C	D	B	D	C
题号	11	12	13	14	15	16	—	—	—	—
答案	C	A	C	B	C	A	—	—	—	—

多项选择题

题号	1	2	3
答案	BCE	ACD	ABE

四、2023考点预测

1. 工程造价的一词两义
2. 静态投资和动态投资
3. 建设项目总投资

第二节　工程造价管理的组织和内容

考点一、工程造价管理的基本内涵

考点二、工程造价管理的组织系统

考点三、工程造价管理的主要内容及原则

一、单项选择题（每题1分。每题的备选项中，只有1个最符合题意）

1. 【2022年真题】下列造价管理做法中体现全寿命期造价管理思想的是（　　）。

A. 将建造成本、工期成本、质量成本纳入造价管理

B. 建设单位、施工单位及有关咨询机构协同进行造价管理

C. 将工程项目建成后的日常使用及拆除成本纳入造价管理

D. 将工程项目从开工到竣工验收各阶段均作为造价管理重点

【解析】 建设工程全寿命期造价是指建设工程初始建造成本和建成后的日常使用及拆除成本之和。

2. **【2020 年真题】** 全面造价管理是指有效地利用专业知识与技术，对（　　）进行筹划和控制。

A. 资源、成本、盈利和风险

B. 工期、质量、成本和风险

C. 质量、安全、成本和盈利

D. 工期成本、质量成本、安全成本和环境成本

【解析】 全面造价管理是指有效地利用专业知识与技术，对资源、成本、盈利和风险进行筹划和控制。

3. **【2020 年真题】** 建设工程造价管理的关键阶段是在（　　）阶段。

A. 施工阶段　　B. 施工和竣工阶段

C. 招标和施工阶段　　D. 前期决策和设计阶段

【解析】 工程造价控制的关键在于前期决策和设计阶段。

4. **【2019 年真题】** 控制工程造价最有效的手段是（　　）。

A. 以设计阶段为重点　　B. 技术与经济相结合

C. 主动控制与被动控制相结合　　D. 策划与实施相结合

【解析】 技术与经济相结合是控制工程造价最有效的手段，但不是最有效的方法、不是最重要的点，而仅仅是控制工程造价最有效的手段。

5. **【2018 年真题】** 下列工作中，属于工程发承包阶段造价管理工作内容的是（　　）。

A. 处理工程变更　　B. 审核工程概算

C. 进行工程计量　　D. 编制工程量清单

【解析】 发承包阶段直观的理解为招投标阶段，故选项 D 正确；选项 A 是工程施工阶段；选项 B 是工程设计阶段；选项 C 是工程施工阶段。

6. **【2017 年真题】** 政府部门、行业协会、建设单位、施工单位及咨询机构通过协调工作，共同完成工程造价控制任务，属于建设工程全面造价管理中的（　　）。

A. 全过程造价管理　　B. 全方位造价管理

C. 全寿命期造价管理　　D. 全要素造价管理

【解析】 语感题目：全过程造价管理和全寿命期造价管理隐含各个阶段的造价管理；全要素造价管理可以狭义地理解为人、材、机等造价要素。

7. **【2016 年真题】** 为了有效地控制工程造价，应将工程造价管理的重点放在工程项目的（　　）阶段。

A. 初步设计和投标　　B. 施工图设计和预算

C. 策划决策和设计　　D. 方案设计和概算

【解析】 工程造价控制的理念是超前控制，越是前期，四两拨千斤的效果就越大，到

了施工阶段造价控制的任务基本上就是别浪费。

8.【2015年真题】下列工作中，属于工程项目策划阶段造价管理内容的是（　　）。

A. 投资方案经济评价　　B. 编制工程量清单

C. 审核工程概算　　D. 确定投标报价

【解析】 工程项目策划阶段直观理解为决策阶段，则投资方案就一目了然了；选项B、D属于工程发承包阶段的内容；选项C属于工程设计阶段的内容。

9.【2014年真题】建设工程项目投资决策后，控制工程造价的关键在于（　　）。

A. 工程设计　　B. 工程施工

C. 材料设备采购　　D. 施工招标

【解析】 同第7题。

10.【2013年真题】建设工程全要素造价管理是指要实现（　　）的集成管理。

A. 人工费、材料费、施工机具使用费

B. 直接成本、间接成本、规费、利润

C. 工程成本、工期、质量、安全、环保

D. 建筑安装工程费用、设备工器具费用、工程建设其他费用

【解析】 全要素造价管理除了包括狭义的人、材、机、管、利、规、税外，还包括工期、质量、安全、环保等对造价影响越来越大的要素，简称"工安质量保成本"。

11.【2012年真题】建设工程全寿命期造价是指建设工程的（　　）之和。

A. 初始建造成本与建成后的日常使用成本

B. 建筑安装成本与报废拆除成本

C. 土地使用成本与建筑安装成本

D. 基本建设投资与更新改造投资

【解析】 建设工程全寿命期造价可以理解为生命周期成本，既包括了建造成本，也包括了建成后的日常使用成本，简称"建造使用二合一"。

12.【2012年真题】建设工程项目投资决策完成后，有效控制工程造价的关键在于（　　）。

A. 审核施工图预算　　B. 进行设计多方案比选

C. 编制工程量清单　　D. 选择施工方案

【解析】 同第7题。

13.【2011年真题】建设工程全要素造价管理的核心是（　　）。

A. 工程参建各方建立完善的工程造价管理协同工作机制

B. 协调和平衡工期、质量、安全、环保与成本之间的对立统一关系

C. 采取有效措施控制工程变更和索赔

D. 做好前期策划和方案设计，实现建设工程全寿命期成本最小化

【解析】 建设工程全要素造价管理的核心是按照优先性的原则，协调和平衡五大要素（工期、质量、安全、环保与成本）之间的对立统一关系。

14.【2010年真题】按照优先性的原则，协调和平衡工期、质量、安全、环保与成本之间的对立统一关系，反映了（　　）造价管理的思想。

A. 全寿命期　　B. 全要素

C. 全过程　　　　D. 全方位

【解析】 同第 13 题。

15. **【2010 年真题】** 在调查—分析—决策的基础上，进行偏离—纠偏—再偏离—再纠偏的工程造价控制属于（　　）。

A. 自我控制　　　　B. 预防控制

C. 被动控制　　　　D. 全过程控制

【解析】 只要出现纠偏这个关键词就是被动控制，同样，只要出现防偏这个关键词就是主动控制。

16. **【2009 年真题】** 对于政府投资项目而言，作为拟建项目工程造价最高限额的是经有关部门批准的（　　）。

A. 投资估算　　　　B. 初步设计总概算

C. 施工图预算　　　　D. 承包合同价

【解析】 概算为政府投资工程项目造价的最高限额，是强制性规定，简称“政府投资概高楼”。

17. **【2004 年真题】** 我国建设工程造价管理组织包含三大系统，该三大系统是指（　　）。

A. 国家行政管理系统、部门行政管理系统和地方行政管理系统

B. 国家行政管理系统、行业协会管理系统和地方行政管理系统

C. 行业协会管理系统、地方行政管理系统和企事业机构管理系统

D. 政府行政管理系统、企事业机构管理系统和行业协会管理系统

【解析】 工程造价管理组织系统与质量安全管理组织系统不尽相同，工程造价管理组织的三大系统包括：政协企业大中小。

二、多项选择题（每题 2 分。每题的备选项中，有 2 个或 2 个以上符合题意，且至少有 1 个错项。错选，本题不得分；少选，所选的每个选项得 0.5 分）

1. **【2021 年真题】** 技术与经济相结合是控制工程造价的最有效手段，下列工程造价控制措施中，属于技术措施的有（　　）。

A. 明确造价控制人员的任务　　　　B. 开展设计的多方案比选

C. 审查施工组织设计　　　　D. 对节约投资给予奖励

E. 通过审查施工图设计研究节约投资的可能性

【解析】

<table>
<tr><td rowspan="4">技术与经济相结合</td><td>组织措施</td><td>明确项目组织结构，明确造价控制人员及其任务，明确管理职能分工</td></tr>
<tr><td>技术措施</td><td>重视设计多方案选择，严格审查初步设计、技术设计、施工图设计、施工组织设计，深入研究节约投资的可能性</td></tr>
<tr><td>经济措施</td><td>动态比较造价的计划值与实际值，严格审核各项费用支出，采取对节约投资的有力奖励措施等</td></tr>
<tr><td colspan="2">技术与经济相结合是控制工程造价最有效的手段</td></tr>
</table>

2. **【2020 年真题】** 下列工程造价管理工作中，属于工程施工阶段造价管理工作内容的是（　　）。

A. 编制施工图预算
B. 审查、投资估算
C. 进行工程计量
D. 处理、工程变更
E. 编制工程量清单

【解析】 工程施工阶段：进行工程计量及工程款支付管理，实施工程费用动态监控，处理工程变更和索赔。

3. **【2019年真题】** 按国际造价管理联合会（ICEC）做出的定义，全面造价管理是指有效利用专业知识与技术，对（ ）进行筹划和控制。

A. 过程
B. 资源
C. 成本
D. 盈利
E. 风险

【解析】 偏题放弃30分，证件到手无须问。国际造价管理联合会定义是资本市场。

4. **【2017年真题】** 为有效控制工程造价，应将工程造价管理的重点放在（ ）阶段。

A. 施工招标
B. 施工
C. 策划决策
D. 设计
E. 竣工验收

【解析】 同单项选择题第7题。

5. **【2008年真题】** 建设工程全要素造价管理是指除控制建设工程本身的建造成本外，还应同时考虑对建设工程（ ）的控制。

A. 工期成本
B. 质量成本
C. 运营成本
D. 安全成本
E. 环境成本

【解析】 同单项选择题第10题。

6. **【2007年真题】** 有效控制建设工程造价的技术措施包括（ ）。

A. 重视工程设计多方案的选择
B. 明确工程造价管理职能分工
C. 严格审查施工组织设计
D. 严格审核各项费用支出
E. 严格审查施工图设计

【解析】 技术措施强调只有专业技术人员才能真正完成的工作；选项B职能分工是对人进行分工，属于组织措施；选项D审核费用支出属于造价控制的经济措施。

三、答案

单项选择题

题号	1	2	3	4	5	6	7	8	9	10
答案	C	A	D	B	D	B	C	A	A	C
题号	11	12	13	14	15	16	17	—	—	—
答案	A	B	B	B	C	B	D	—	—	—

多项选择题

题号	1	2	3	4	5	6
答案	BCE	CD	BCDE	CD	ABDE	ACE

四、2023 考点预测

1. 建设工程全面造价管理
2. 工程造价管理的主要内容
3. 技术与经济相结合

第三节　造价工程师管理制度

考点一、造价工程师素质要求和职业道德
考点二、造价工程师职业资格考试、注册和执业

一、单项选择题（每题 1 分。每题的备选项中，只有 1 个最符合题意）

1. **【2021 年真题】** 关于造价工程师执业的说法，正确的是（　　）。
A. 造价工程师可同时在两家单位执业
B. 取得造价工程师职业资格证书后即可以个人名义执业
C. 造价工程师执业时应持注册证书和执业印章
D. 造价工程师可允许本单位从事造价工作的其他人员以本人名义执业
【解析】 造价工程师执业时应持注册证书和执业印章。
2. **【2019 年真题】** 二级造价工程师的工作内容是（　　）。
A. 编制项目投资估算　　B. 编制招标控制价
C. 审核工程量清单　　D. 审核工程结算价款
【解析】 二级造价工程师的执业范围仅限于实施阶段的编制工作，但没有审核权，选项 C、D 错误，投资估算的编制是决策阶段的工作。
3. 下列关于造价工程师说法正确的是（　　）。
A. 取得造价工程师职业资格证书即可以造价工程师名义执业
B. 造价工程师只是专业岗位名称
C. 工程建设活动中有关工程造价管理岗位需要配备造价工程师
D. 造价工程师分为全国造价工程师和地方造价工程师
【解析】 选项 A，“取得”“从事”并“注册”才能以造价工程师名义执业。
选项 B，造价工程师“只是”，明显的语感错误。
选项 C，只要是造价管理岗位就需配造价工程师。
选项 D，造价工程师分为一级和二级。
4. 按照我国现行规定，造价工程师职业资格考试专业科目类别是指（　　）。
A. 土木建筑工程和安装工程
B. 土木建筑工程、运输工程和安装工程
C. 土木建筑工程、水利工程和安装工程
D. 土木建筑工程、交通运输工程、水利工程和安装工程

【解析】　造价工程师职业资格考试专业科目分为4个专业，即：土木、交通、水利和安装。

5. 按照我国现有规定，下列关于造价工程师说法正确的是（　　）。

A. 住房和城乡建设部负责全部一级造价工程师的注册工作

B. 各省、自治区、直辖市住房和城乡建设主管部门及交通运输部、水利部负责二级造价工程师的注册工作

C. 造价工程师执业时应持注册证书和执业印章

D. 造价工程师执业时应持职业资格证书

【解析】　住房和城乡建设部、水利部、交通运输部分别负责一级造价工程师的注册及相关工作，各省、自治区、直辖市的住房和城乡建设、交通运输、水利行政主管部门按专业类别分别负责二级造价工程师的注册及相关工作。造价工程师执业时应持注册证书和执业印章。

6. 二级造价工程师的执业范围是（　　）。

A. 项目评价造价分析

B. 建设工程量清单编制

C. 工程造价纠纷调解

D. 建设工程量清单审核

【解析】　同第2题。

二、多项选择题（每题2分。每题的备选项中，有2个或2个以上符合题意，且至少有1个错项。错选，本题不得分；少选，所选的每个选项得0.5分）

1. **【2020年真题】**根据造价工程师执业资格制度，下列工作内容中，属于一级造价工程师执业范围的有（　　）。

A. 批准工程投资估算

B. 审核工程设计概算

C. 审核工程投标报价

D. 进行工程审计中的造价鉴定

E. 调解工程造价纠纷

【解析】　一级造价工程师执业具体工作内容：

① 项目建议书、可行性研究投资估算与审核，项目评价造价分析。

② 建设工程设计概算、施工（图）预算的编制和审核。

③ 建设工程招标投标文件工程量和造价的编制与审核。

④ 建设工程合同价款、结算价款、竣工决算价款的编制与管理。

⑤ 建设工程审计、仲裁、诉讼、保险中的造价鉴定，工程造价纠纷调解。

⑥ 建设工程计价依据、造价指标的编制与管理。

⑦ 与工程造价管理有关的其他事项。

2. 下列属于一级造价工程师执业范围的是（　　）。

A. 项目建议书、施工图预算的编制与审核

B. 建设工程招标文件、工程量和造价的编制与审核

C. 建设工程审计、仲裁、诉讼、保险中的造价鉴定，工程造价纠纷调解

D. 建设工程计价依据的编制与核定

E. 建设工程造价指标的编制与管理

【解析】　同第1题。

3. 下列属于二级造价工程师执业范围的是（　　）。

A 建设工程工料分析、计划、组织与成本管理，施工图预算、设计概算的编制

B. 建设工程招投标文件工程量和造价的编制与审核

C. 建设工程最高投标限价的编制

D. 建设工程合同价款、结算价款和竣工决算价款的编制

E. 建设工程审计、仲裁、诉讼、保险中的造价鉴定

【解析】 同单项选择题第2题。

三、答案

单项选择题

题号	1	2	3	4	5	6
答案	C	B	C	D	C	B

多项选择题

题号	1	2	3
答案	BCDE	BCE	ACD

四、2023考点预测

1. 造价工程师的素质要求
2. 造价工程师的执业范围

第四节　工程造价咨询管理

考点一、业务承接

考点二、行为准则与信用制度

考点三、法律责任

一、单项选择题（每题1分。每题的备选项中，只有1个最符合题意）

1. 【2021年真题】下列工程造价咨询企业的行为中，属于违规行为的是（　　）。

A. 向工程造价行业组织提供工程造价企业信用档案信息

B. 在工程造价成果文件上加盖有企业名称、资质等级及证书编号的执业印章并由执行咨询业务的注册造价工程师签字、加盖个人执业印章

C. 跨省承接工程造价业务，并自承接业务之日起30日内到建设工程所在地省人民政府建设主管部门备案

D. 同时接受招标人和投标人对同一工程项目的工程造价咨询业务

【解析】 不得同时接受招标人和投标人对同一工程项目的工程造价咨询业务。

2. 【2020年真题】工程造价咨询企业在工程造价成果文件中加盖的工程造价咨询企业

执业印章，除了企业名称外还应包含的内容是（　　）。

A. 资质等级、颁证机关　　B. 专业类别、证书编号

C. 专业类别、颁证机关　　D. 资质等级、证书编号

【解析】 工程造价成果文件应当由工程造价咨询企业加盖有企业名称、资质等级及证书编号的执业印章，并由执行咨询业务的注册造价工程师签字、加盖个人执业印章。

3. 【2009年真题】根据《工程造价咨询企业管理办法》，工程造价咨询企业跨省、自治区、直辖市承接工程造价咨询业务的，应当自承接业务之日起（　　）日内到建设工程所在地人民政府建设主管部门备案。

A. 15　　B. 20　　C. 30　　D. 60

【解析】 我国的备案期限政出多门，应区分前期备案和后期备案、质量备案和造价备案。

4. 【2007年真题】根据《工程造价咨询企业管理办法》，下列属于工程造价咨询企业业务范围的是（　　）。

A. 工程竣工结算报告的审核　　B. 工程项目经济评价报告的审批

C. 工程项目设计方案的比选　　D. 工程造价经济纠纷的仲裁

【解析】 工程造价咨询企业属于民间组织，只能审核不能审批，只能鉴定不能裁定，其从事的是与工程造价有关的咨询工作。

5. 【2005年真题】根据我国现行规定，工程造价咨询企业出具的工程造价成果文件除由执行咨询业务的注册造价工程师签字、加盖执业印章外，还应当加盖（　　）。

A. 工程造价咨询企业执业印章

B. 工程造价咨询企业法定代表人印章

C. 工程造价咨询企业技术负责人印章

D. 工程造价咨询项目负责人印章

【解析】 造价成果文件——造价工程师签字、造价工程师执业印章、企业执业印章，简称"个人签字两印章"。

二、多项选择题（每题2分。每题的备选项中，有2个或2个以上符合题意，且至少有1个错项。错选，本题不得分；少选，所选的每个选项得0.5分）

1. 【2022年真题】下列属于工程造价企业违规行为的有（　　）。

A. 跨省承揽业务在25日内完成备案

B. 同时接受两个投标人对同一工程项目的造价咨询业务

C. 同时接受招标人和投标人对同一工程项目的造价咨询业务

D. 转包承接的工程造价咨询业务

E. 收取低微的费用参与工程投标

【解析】 工程造价咨询企业跨省、自治区、直辖市承接工程造价咨询业务的，应当自承接业务之日起30日内到建设工程所在地省、自治区、直辖市人民政府建设主管部门备案。

工程造价咨询企业有下列行为之一的，由县级以上地方人民政府住房城乡建设主管部门或者有关专业部门给予警告，责令限期改正，并处1万元以上3万元以下的罚款：

① 同时接受招标人和投标人或两个以上投标人对同一工程项目的工程造价咨询业务。

② 以给予回扣、恶意压低收费等方式进行不正当竞争。

③ 转包承接的工程造价咨询业务。

④ 法律、法规禁止的其他行为。

2. **【2019 年真题】** 根据《工程造价咨询企业管理办法》，属于工程造价咨询业务范围的工作有（　　）。

A. 项目经济评价报告编制　　B. 工程竣工决算报告编制

C. 项目设计方案比选　　D. 工程索赔费用计算

E. 项目概预算审批

【解析】 同单项选择题第 4 题。

3. **【2016 年真题】** 根据《工程造价咨询企业管理办法》，下列关于工程造价咨询企业的说法中，正确的有（　　）。

A. 工程造价咨询企业可审批工程概算

B. 工程造价咨询企业可鉴定工程造价经济纠纷

C. 工程造价咨询企业可编制工程项目经济评价报告

D. 工程造价咨询企业只能在一定行政区域内从事工程造价活动

E. 工程造价咨询企业应在工程造价成果文件上加盖其执业印章

【解析】 同单项选择题第 4 题。

4. **【2009 年真题】** 工程造价咨询企业的业务范围包括（　　）。

A. 审批建设项目可行性研究中的投资估算

B. 确定建设项目合同价款

C. 编制与审核工程竣工决算报告

D. 仲裁工程结算纠纷

E. 提供工程造价信息服务

【解析】 同单项选择题第 4 题。

三、答案

单项选择题

题号	1	2	3	4	5
答案	D	D	C	A	A

多项选择题

题号	1	2	3	4
答案	BCD	ABD	BCE	BCE

四、2023 考点预测

1. 全过程工程咨询业务范围

2. 工程造价咨询企业的法律责任

第五节　国内外工程造价管理发展

考点一、发达国家和地区工程造价管理
考点二、我国工程造价管理发展

一、单项选择题（每题1分。每题的备选项中，只有1个最符合题意）

1.【2022年真题】在完善的保险制度下，发达国家和地区的工程造价咨询企业所采用的典型组织模式是（　　）。

A. 合伙制　　B. 公司制

C. 股份制　　D. 契约制

【解析】在完善工程保险制度下的合伙制也是发达国家和地区工程造价咨询企业所采用的典型组织模式。

2.【2019年真题】英国有着一套完整的建设工程标准合同体系，（　　）通用于房屋建筑工程。

A. ACA　　B. AIA　　C. JCT　　D. ENR

【解析】英国合同都带“C”，其中JCT是英国的主要合同体系之一，主要通用于房屋建筑。

3.【2018年真题】美国工程造价估算中，材料费和机械使用费估算的基础是（　　）。

A. 现行市场行情或市场租赁价

B. 联邦政府公布的上月信息价

C. 现行材料及设备供应商报价

D. 预计项目实施时的市场价

【解析】语感题目：材料费和机械使用费估算的基础是现行的市场行情或市场租赁价，并在人、材、机总额上按照一般为10%左右的比例再计提管理费和利润。

4.【2017年真题】美国建造师学会（AIA）的合同条件体系分为A、B、C、D、F、G系列，用于财务管理表格的是（　　）。

A. C系列　　B. D系列

C. F系列　　D. G系列

【解析】有规律的死记题目：A—发承包，B—发包人和建筑师，C—建筑师和顾问，D—建筑师行业，F—财务表格，G—合同和办公管理表格。简称“发承发建建顾建，财务合同办公管”。

5.【2014年真题】在英国建设工程标准合同体系中，主要通用于房屋建筑工程的是（　　）合同。

A. ACA（英国咨询顾问建筑师协会合同体系）

B. JCT（英国JCT公司合同体系）

C. AIA（美国建筑师学会的合同条件体系）

D. ICE（英国土木工程师学会合同体系）

【解析】 同第 2 题。

6. 【2013 年真题】美国建筑师学会（AIA）标准合同体系中，A 系列合同文件是关于（　　）之间的合同文件。

A. 发包人与建筑师　　B. 建筑师与专业顾问公司

C. 发包人与承包人　　D. 建筑师与承包人

【解析】 同第 4 题。

7. 【2012 年真题】美国建筑师学会（AIA）合同条件体系中的核心是（　　）。

A. 财务管理表格　　B. 专用条件

C. 合同管理表格　　D. 通用条件

【解析】 有规律的死记题目：AIA 系列合同条件的核心是“通用条件”。不同计价方式选用不同的“协议书格式”与“通用条件”。

8. 【2008 年真题】美国有关工程造价的定额、指标、费用标准等一般是由（　　）制订。

A. 政府建设主管部门　　B. 土木工程师学会

C. 大型工程咨询公司　　D. 建筑师学会

【解析】 只需要知道中美的差异，本题就可以顺利选对，美国有关工程造价的定额、指标、费用标准等一般是民间制订，即：由大型工程咨询公司制订。

二、多项选择题（每题 2 分。每题的备选项中，有 2 个或 2 个以上符合题意，且至少有 1 个错项。错选，本题不得分；少选，所选的每个选项得 0.5 分）

1. 【2021 年真题】美国的工程造价估算中，管理费和利润一般是在某些费用基础上按照一定比例计算，这些费用包括（　　）。

A. 人工费　　B. 材料费

C. 设备购置费　　D. 机械使用费

E. 开办费

【解析】 美国工程造价估算中的人工费由基本工资和附加工资两部分组成。其中，附加工资项目包括管理费、保险金、劳动保护金、退休金、税金等。材料费和机械使用费均以现行的市场行情或市场租赁价作为造价估算的基础，并在人工费、材料费和机械使用费总额的基础上按照一定的比例（一般为 10%左右）再计提管理费和利润。

2. 【2016 年真题】为了确定工程造价，美国工程新闻记录（ENR）编制的工程造价指数是由（　　）个体指数加权组成的。

A. 机械工人　　B. 波特兰水泥

C. 普通劳动力　　D. 构件钢材

E. 木材

【解析】 有规律的死记题目：钢（钢材）木（木材）水（波特兰水泥）牢（普通劳动力）。

3. 【2012 年真题】编制的 ENR 造价指数的资料来源于（　　）。

A. 10 个欧洲城市　　B. 20 个美国城市

C. 5 个亚洲城市　　D. 2 个加拿大城市

E. 2 个澳洲城市

【解析】 没规律的偏题：ENR指数资料来源于20个美国城市和2个加拿大城市。

三、答案

单项选择题

题号	1	2	3	4	5	6	7	8
答案	A	C	A	C	B	C	D	C

多项选择题

题号	1	2	3
答案	ABD	BCDE	BD

四、2023考点预测

发达国家和地区的工程造价管理

第二章　相关法律法规

第一节　建筑法及相关条例

考点一、建筑法
考点二、建设工程质量管理条例
考点三、建设工程安全生产管理条例

一、单项选择题（每题1分。每题的备选项中，只有1个最符合题意）

1.【2022年真题】根据现行《建设工程监理规范》要求，监理工程师对建设工程实施监理的形式包括（　　）。

A. 旁站、巡视和班组自检　　B. 巡视、平行检验和班组自检
C. 平行检验、班组互检和旁站　　D. 旁站、巡视和平行检验

【解析】监理工程师应当按照工程监理规范的要求采取旁站、巡视和平行检验等形式，对建设工程实施监理。

2.【2022年真题】根据《建设工程质量保修条例》，在正常使用条件下，设备安装和装修工程的最低保修期限为（　　）。

A. 2年　　B. 3年　　C. 5年　　D. 50年

【解析】在正常使用条件下，设备安装和装修工程的最低保修期限为2年。

3.【2021年真题】某建筑装饰工程取得施工许可证后，建设单位资金不到位，准备延期8个月开工。关于该施工许可证有效期限的说法，正确的是（　　）。

A. 在发证机关收回前一直有效
B. 由建设单位报发证机关核验1次，即可连续有效
C. 在取得后第3个月申请延期3个月，在第6个月再申请延期3个月，才能有效
D. 无论如何，到3个月自行作废

【解析】

领取施工许可证后开工的最长日期	3个月
开工延期	3个月（可延期两次）
中止施工	1个月
恢复施工	满1年

4.【2021 年真题】下列建筑设计单位的做法，正确的是（　　）。

A. 拒绝建设单位提出的违反相关规定降低工程质量的要求

B. 按照建设单位要求在设计文件中指定设备供应商

C. 不予理睬发现的施工单位擅自修改工程设计进行施工的行为

D. 在设计文件中对选用的建筑材料和设备只注明了规格，未注明技术性能

【解析】 建筑设计单位应当拒绝建设单位提出的违反相关规定降低工程质量的要求。

5.【2020 年真题】建设单位应当自领取施工许可证之日起（　　）内开工。

A. 2 个月　　B. 3 个月

C. 6 个月　　D. 12 个月

【解析】 建设单位应当自领取施工许可证之日起 3 个月内开工。

6.【2020 年真题】根据建设工程安全管理条例，危险性较大的分部分项工程专家论证应由（　　）组织。

A. 建设单位　　B. 施工单位

C. 设计单位　　D. 监理单位

【解析】 施工单位应当组织专家进行论证、审查。

7.【2019 年真题】建设单位应当自建设工程竣工验收合格之日起（　　）日内，将建设工程竣工验收报告报建设行政主管部门或者其他有关部门备案。

A. 10　　B. 15　　C. 20　　D. 30

【解析】 根据《房屋建筑和市政基础设施工程竣工验收规定》第九条的规定，建设单位应当自工程竣工验收合格之日起 15 日内，将建设工程竣工验收报告报建设行政主管部门或者其他有关部门备案。

8.【2019 年真题】提供施工现场相邻建筑物和构筑物、地下工程的有关资料，并保证资料的真实、准确、完整是（　　）的安全责任。

A. 建设单位　　B. 勘察单位　　C. 设计单位　　D. 施工单位

【解析】 根据《建设工程安全生产管理条例》第六条的规定，建设单位应当向施工单位提供施工现场及毗邻区域内供水、排水、供电、供气、供热、通信、广播电视等地下管线资料，气象和水文观测资料，相邻建筑物和构筑物、地下工程的有关资料，并保证资料的真实、准确、完整。

9.【2018 年真题】根据《建设工程质量管理条例》，在正常使用条件下，给排水管道工程的最低保修期限为（　　）年。

A. 1　　B. 2　　C. 3　　D. 5

【解析】 根据《建设工程质量管理条例》第四十条的规定，在正常使用条件下，建设工程的最低保修期限为：

① 基础设施工程、房屋建筑的地基基础工程和主体结构工程，为设计文件规定的该工程的合理使用年限。

② 屋面防水工程、有防水要求的卫生间、房间和外墙面的防渗漏，为 5 年。

③ 供热与供冷系统，为 2 个采暖期、供冷期。

④ 电气管线、给排水管道、设备安装和装修工程，为 2 年。

10.【2017 年真题】根据《建筑法》，在建的建筑工程因故中止施工的，建设单位应当

自中止施工起（　　）个月内，向发证机关报告。

A. 1　　B. 2　　C. 3　　D. 6

【解析】 根据《建筑法》第十条的规定，在建的建筑工程因故中止施工的，建设单位应当自中止施工之日起 1 个月内，向发证机关报告，并按照规定做好建筑工程的维护管理工作。建筑工程恢复施工时，应当向发证机关报告；中止施工满 1 年的工程恢复施工前，建设单位应当报发证机关核验施工许可证。

11. **【2017 年真题】**根据《建设工程质量管理条例》，建设工程的保修期自（　　）之日起计算。

A. 工程交付使用　　B. 竣工审计通过

C. 工程价款结清　　D. 竣工验收合格

【解析】 根据《建设工程质量管理条例》第四十条的规定，建设工程的保修期，自竣工验收合格之日起计算。

12. **【2016 年真题】**根据《建筑法》，获取施工许可证后因故不能按期开工的，建设单位应当申请延期，延期的规定是（　　）。

A. 以两次为限，每次不超过 2 个月　　B. 以三次为限，每次不超过 2 个月

C. 以两次为限，每次不超过 3 个月　　D. 以三次为限，每次不超过 3 个月

【解析】 根据《建筑法》第九条的规定，建设单位应当自领取施工许可证之日起 3 个月内开工。因故不能按期开工的，应当向发证机关申请延期；延期以两次为限，每次不超过 3 个月。

13. **【2016 年真题】**根据《建筑工程质量管理条例》，在正常使用条件下，供热与供冷系统的最低保修期限是（　　）个采暖期、供冷期。

A. 1　　B. 2　　C. 3　　D. 4

【解析】 同第9题。

14. **【2015 年真题】**根据《建设工程安全生产管理条例》，下列工程，需编制专项施工方案并组织专家进行论证审查的是（　　）。

A. 爆破工程　　B. 起重吊装工程

C. 脚手架工程　　D. 高大模板工程

【解析】 根据《建设工程安全生产管理条例》第二十六条的规定，对前款所列工程中涉及深基坑、地下暗挖工程、高大模板工程的专项施工方案，施工单位还应当组织专家进行论证、审查。

15. **【2014 年真题】**根据《建设工程质量管理条例》，应当按照国家有关规定办理工程质量监督手续的单位是（　　）。

A. 建设单位　　B. 设计单位　　C. 监理单位　　D. 施工单位

【解析】 根据《建设工程质量管理条例》第十三条的规定，建设单位在开工前，应当按照国家有关规定办理工程质量监督手续。

16. **【2014 年真题】**根据《建设工程安全生产管理条例》，建设工程安全作业环境及安全施工措施所需费用，应当在编制（　　）时确定。

A. 投资估算　　B. 工程概算

C. 施工图预算　　D. 施工组织设计

【解析】 根据《建设工程安全生产管理条例》第八条的规定，建设单位在编制工程概算时，应当确定建设工程安全作业环境及安全施工措施所需费用。

17. 【2013年真题】根据《建设工程质量管理条例》，下列关于建设单位的质量责任和义务的说法，正确的是（　　）。

A. 建设单位报审的施工图设计文件未经审查批准的，不得使用

B. 建设单位不得委托本工程的设计单位进行监理

C. 建设单位使用未经验收合格的工程应有施工单位签署的工程保修书

D. 建设单位在工程竣工验收后，应委托施工单位向有关部门移交项目档案

【解析】 根据《建设工程质量管理条例》中关于建设工程各参与方质量责任的有关规定，图纸未经审查批准，不得使用，故选项A正确。

实行监理的建设工程，建设单位应当委托具有相应资质等级的工程监理单位进行监理，也可以委托具有工程监理相应资质等级并与被监理工程的施工承包单位没有隶属关系或者其他利害关系的该工程的设计单位进行监理。故选项B错误。

建设工程经验收合格的，方可交付使用，故选项C错误。

应由建设单位收集、整理资料，并向有关部门移交归档，故选项D错误。

18. 【2013年真题】根据《建设工程安全生产管理条例》，建设单位将保证安全施工的措施报送建设行政主管部门或者其他有关部门备案的时间是（　　）。

A. 建设工程开工之日起15日内　　B. 建设工程开工之日起30日内

C. 开工报告批准之日起15日内　　D. 开工报告批准之日起30日内

【解析】 根据《建设工程安全生产管理条例》第十条的规定，建设单位在申请领取施工许可证时，应当提供建设工程有关安全施工措施的资料。依法批准开工报告的建设工程，建设单位应当自开工报告批准之日起15日内，将保证安全施工的措施报送建设工程所在地的县级以上地方人民政府建设行政主管部门或者其他有关部门备案。

19. 【2008年真题】根据《建筑法》，下列建筑工程承发包行为中属于法律允许的是（　　）。

A. 承包单位将其承包的全部建筑工程转包给他人

B. 两个以上的承包单位联合共同承包一项大型建筑工程

C. 分包单位将其承包的部分工程发包给他人

D. 承包单位将其承包的全部建筑工程肢解后发包给他人

【解析】 根据《建筑法》第二十八条的规定，禁止承包单位将其承包的全部建筑工程转包给他人，禁止承包单位将其承包的全部建筑工程肢解以后以分包的名义分别转包给他人。故选项A、D错误。

根据第二十九条的规定，禁止分包单位将其承包的工程再分包。故选项C错误。

根据第二十七条的规定，大型建筑工程或者结构复杂的建筑工程，可以由两个以上的承包单位联合共同承包。故选项B正确。

20. 【2005年真题】根据《建筑法》的规定，下列关于建筑工程施工许可制度的表述中，建设单位的正确做法是（　　）。

A. 在建工程因故中止施工之日起1个月内向施工许可证颁发机关报告

B. 在建工程因故中止施工之日起3个月内向施工许可证颁发机关报告

C. 对中止施工满 6 个月的工程，恢复施工前应当报发证机关核验施工许可证

D. 对中止施工满 1 年的工程，恢复施工前应当重新申请办理施工许可证

【解析】 根据《建筑法》第十条的规定，在建的建筑工程因故中止施工的，建设单位应当自中止施工之日起 1 个月内，向发证机关报告，并按照规定做好建筑工程的维护管理工作。建筑工程恢复施工时，应当向发证机关报告；中止施工满 1 年的工程恢复施工前，建设单位应当报发证机关核验施工许可证。

二、多项选择题（每题 2 分。每题的备选项中，有 2 个或 2 个以上符合题意，且至少有 1 个错项。错选，本题不得分；少选，所选的每个选项得 0.5 分）

1. **【2022 年真题】** 施工、勘察、设计、监理资质等级划分的依据包括（　　）。

A. 注册资本　　B. 专业技术人员

C. 已完工程业绩　　D. 技术装备

E. 企业员工数量

【解析】 从事建筑活动的施工企业、勘察、设计和监理单位，按照其拥有的注册资本、专业技术人员、技术装备、已完成的建筑工程业绩等资质条件，划分为不同的资质等级，经资质审查合格，取得相应等级的资质证书后，方可在其资质等级许可的范围内从事建筑活动。

2. **【2020 年真题】** 根据《建设工程质量管理条例》，建设工程竣工验收应当具备的条件有（　　）。

A. 完成建设、工程设计和合同约定的各项内容

B. 有完整的技术档案和施工管理资料

C. 有质量监督机构签署的质量合格文件

D. 有施工单位签署的工程保修书

E. 有建设单位签发的工程移交证书

【解析】

① 完成设计和合同约定的内容。

② 有完整的技术档案和施工管理资料。

③ 有主材和构配件、设备的进场试验报告。

④ 有勘察、设计、施工、监理单位分别签署的质量合格文件。

⑤ 有施工单位签署的工程质量保修书。

3. **【2020 年真题】** 列入概算的安全措施费用主要用于（　　）。

A. 购买劳动保护用具

B. 购买安全保险

C. 用于支付危险环境下的补贴

D. 更新施工安全防护设施

E. 改善安全生产条件

【解析】 施工单位对列入工程概算的安全措施费用，应当用于：

① 安全防护用品及设施的采购和更新。

② 安全施工措施的落实。

③ 安全生产条件的改善，不得挪作他用。

4. **【2019 年真题】** 根据《建设工程安全生产管理条例》，下列安全生产责任中，属于建设单位安全责任的有（　　）。

A. 确定建设工程安全作业环境及安全施工措施所需要费用并纳入工程概算。

B. 对采用新结构的建设工程，提出保证施工作业人员安全的措施建议。

C. 拆除工程施工前，将拟拆除建筑物的说明、拆除施工组织方案等资料报有关部门备案。

D. 建立健全安全生产责任制度，制订安全生产规章制度和操作规程。

E. 对达到一定规模的危险性较大的分部分项工程编制专项施工方案，并附有安全验算结果。

【解析】 根据《建设工程安全生产管理条例》第六至十一条的规定，建设单位的安全责任如下：

① 向施工单位提供安全施工有关的资料。

② 不得向其他参建单位提出违反安全生产法律法规、标准规范的要求，不得压缩合同约定的工期。

③ 在编制工程概算时，应当确定建设工程安全作业环境及安全施工措施所需费用。

④ 不得明示或暗示施工单位购买、租赁、使用不符合安全施工要求的机械器具、安全防护用具等。

⑤ 在申请领取施工许可证时（开工报告的建设工程，开工报告批准后 15 日内），应当提供建设工程有关安全施工措施的资料。

⑥ 拆除工程应发包给有资质的单位，并在开工 15 日前向有关部门报送资料备案。

故选项 A、C 正确；选项 B 为设计单位安全责任；选项 D、E 为施工单位的安全责任。

5. **【2018 年真题】** 根据《建筑法》，申请领取施工许可证应当具备的条件有（　　）。

A. 建设资金已全额到位　　B. 已提交建筑工程用地申请

C. 已经确定建筑施工单位　　D. 有保证工程质量和安全的具体措施

E. 已完成施工图技术交底和图纸会审

【解析】 根据《建筑法》第八条的规定，申请领取施工许可证，应当具备下列条件：①已经办理该建筑工程用地批准手续；②依法应当办理建设工程规划许可证的，已经取得建设工程规划许可证；③需要拆迁的，其拆迁进度符合施工要求；④已经确定建筑施工企业；⑤有满足施工需要的资金安排、施工图纸及技术资料；⑥有保证工程质量和安全的具体措施。

6. **【2018 年真题】** 对于列入建设工程概算的安全作业环境及安全施工措施所需的费用，施工单位应当用于（　　）。

A. 安全生产条件改善　　B. 专职安全管理人员工资发放

C. 施工安全设施更新　　D. 安全事故损失赔付

E. 施工安全防护用具采购

【解析】 根据《建设工程安全生产管理条例》第二十二条的规定，施工单位对列入建设工程概算的安全作业环境及安全施工措施所需费用，应当用于施工安全防护用具及设施的采购和更新、安全施工措施的落实、安全生产条件的改善，不得挪作他用。

7. **【2016 年真题】** 根据《建筑法》，关于建筑工程承包的说法，正确的有（　　）。

A. 承包单位应在其资质等级许可的业务范围内承揽工程
B. 大型建筑工程可由两个以上的承包单位联合共同承包
C. 除总承包合同约定的分包外，工程分包须经建设单位认可
D. 总承包单位就分包工程对建设单位不承担连带责任
E. 分包单位可将其分包的工程再分包

【解析】 根据《建筑法》第二十九条的规定，建筑工程总承包单位按照总承包合同的约定对建设单位负责；分包单位按照分包合同的约定对总承包单位负责。总承包单位和分包单位就分包工程对建设单位承担连带责任。禁止总承包单位将工程分包给不具备相应资质条件的单位。禁止分包单位将其承包的工程再分包。故选项 D、E 错误。

8. 【2016 年真题】根据《建设工程安全生产管理条例》，施工单位应当对达到一定规模的危险性较大的（　　）编制专项施工方案。

A. 土方开挖工程
B. 钢筋工程
C. 模板工程
D. 混凝土工程
E. 脚手架工程

【解析】 根据《建设工程安全生产管理条例》第二十六条的规定，施工单位应当在施工组织设计中编制安全技术措施和施工现场临时用电方案，对下列达到一定规模的危险性较大的分部分项工程编制专项施工方案，并附具安全验算结果，经施工单位技术负责人、总监理工程师签字后实施，由专职安全生产管理人员进行现场监督：①基坑支护与降水工程；②土方开挖工程；③模板工程；④起重吊装工程；⑤脚手架工程；⑥拆除、爆破工程；⑦国务院建设行政主管部门或者其他有关部门规定的其他危险性较大的工程。

9. 【2014 年真题】《建筑法》规定的建筑许可内容有（　　）。

A. 建筑工程施工许可
B. 建筑工程监理许可
C. 建筑工程规划许可
D. 从业资格许可
E. 建设投资规模许可

【解析】 根据《建筑法》第二章建筑许可的有关规定，建筑许可包括施工许可（施工企业）和从业资格许可（从业人员）。

10. 【2013 年真题】根据《建设工程安全生产管理条例》，下列关于建设工程安全生产责任的说法，正确的是（　　）。

A. 设计单位应在设计文件中注明涉及施工安全的重点部位和环节
B. 施工单位对安全作业费用有其他用途时需经建设单位批准
C. 施工单位应对管理人员和作业人员每年至少进行一次安全生产教育培训
D. 施工单位应向作业人员提供安全防护用具和安全防护服装
E. 施工单位应自施工起重机械验收合格之日起 60 日内向有关部门登记

【解析】 根据《建设工程安全生产管理条例》第二十二条的规定，施工单位对列入建设工程概算的安全作业环境及安全施工措施所需费用，应当用于施工安全防护用具及设施的采购和更新、安全施工措施的落实、安全生产条件的改善，不得挪作他用。故选项 B 错误；

根据第三十五条的规定，施工单位应当自施工起重机械和整体提升脚手架、模板等自升式架设设施验收合格之日起 30 日内，向建设行政主管部门或者其他有关部门登记。登记标志应当置于或者附着于该设备的显著位置。故选项 E 错误。

11. 【2010 年真题】根据《建筑法》，建设工程安全生产管理应建立（　　）制度。

A. 安全生产责任　　B. 追溯

C. 保证　　D. 群防群治

E. 监督

【解析】 根据《建筑法》第三十六条的规定，建筑工程安全生产管理必须坚持安全第一、预防为主的方针，建立健全安全生产的责任制度和群防群治制度。

12. 【2004 年真题】根据我国《建筑法》的规定，下列行为中属于禁止性行为的有（　　）。

A. 施工企业允许其他单位使用本企业的营业执照，以本企业的名义承揽工程

B. 建筑施工企业联合高资质等级的企业承揽超出本企业资质等级许可范围的工程

C. 两个以上的建筑施工企业联合承包大型或结构复杂的建筑工程

D. 总承包单位自行将其承包工程中的部分工程发包给有相应资质条件的分包单位

E. 分包单位将承包的工程根据工程实际再分包给具有相应资质条件的分包单位

【解析】 根据《建筑法》第二十六条的规定，禁止建筑施工企业超越本企业资质等级许可的业务范围或者以任何形式用其他建筑施工企业的名义承揽工程。禁止建筑施工企业以任何形式允许其他单位或者个人使用本企业的资质证书、营业执照，以本企业的名义承揽工程。故选项 A、B 为禁止性行为。

根据第二十九条的规定，建筑工程总承包单位可以将承包工程中的部分工程发包给具有相应资质条件的分包单位；但是，除总承包合同中约定的分包外，必须经建设单位认可。禁止分包单位将其承包的工程再分包。故选项 D、E 为禁止性行为。

根据第二十七条的规定，大型建筑工程或者结构复杂的建筑工程，可以由两个以上的承包单位联合共同承包。故选项 C 为合法行为。

三、答案

单项选择题

题号	1	2	3	4	5	6	7	8	9	10
答案	D	A	C	A	B	B	B	A	B	A
题号	11	12	13	14	15	16	17	18	19	20
答案	D	C	B	D	A	B	A	C	B	A

多项选择题

题号	1	2	3	4	5	6
答案	ABCD	ABD	ADE	AC	CD	ACE
题号	7	8	9	10	11	12
答案	ABC	ACE	AD	ACD	AD	ABDE

四、2023 考点预测

1. 建筑工程施工许可

2. 建设单位质量责任和义务
3. 施工单位质量责任和义务
4. 工程质量保修期限
5. 安全生产条例

第二节　招标投标法及其实施条例

考点一、招标投标法
考点二、招标投标法实施条例

一、单项选择题（每题1分。每题的备选项中，只有1个最符合题意）

1. **【2022年真题】**根据《招标投标法》，依法必须进行招标的项目，自（　　）起，至投标人相应投标文件截止之日止，不少于20日。

A. 投标人收到招标文件　　B. 招标文件最后澄清
C. 招标文件发布　　D. 招标文件开始发出

【解析】 依法必须进行招标的项目自招标文件开始发出之日起至投标人提交投标文件截止之日止，最短不得少于20日。

2. **【2022年真题】**下列属于依法必须招标的项目可以不进行招标的情况是（　　）。

A. 受自然环境限制，只有少量潜在招标人
B. 需招标占项目合同金额比例过大
C. 因技术复杂，只有少量潜在招标人
D. 采购人依法能够自行建设、生产或组织

【解析】 有下列情形之一的，可以不进行招标：
① 需要采用不可替代的专利或者专有技术。
② 采购人依法能够自行建设、生产或者提供。
③ 已通过招标方式选定的特许经营项目投资人依法能够自行建设、生产或者提供。
④ 需要向原中标人采购工程、货物或者服务，否则将影响施工或者功能配套要求。
⑤ 国家规定的其他特殊情形。

3. **【2022年真题】**政府采购工程没有投标人投标的，应采用（　　）。

A. 邀请招标　　B. 竞争性谈判
C. 单一来源　　D. 重新招标

【解析】 竞争性谈判的适用范围如下：
① 招标后没有供应商投标或没有合格标的或重新招标未能成立的。
② 技术复杂或性质特殊，不能确定详细规格或具体要求的。
③ 采用招标所需时间不能满足用户紧急需要的。
④ 不能事先计算出价格总额的。

4. **【2021年真题】**根据《招标投标法实施条例》，下列评标过程中出现的情形，评标委员会可要求投标人做出书面澄清和说明的是（　　）。

A. 投标人报价高于招标文件设定的最高投标限价

B. 不同投标人的投标文件载明的项目管理成员为同一人

C. 投标人提交的投标保证金低于招标文件的规定

D. 在投标文件中发现有含义不明确的文字内容

【解析】 投标文件澄清：

① 投标文件中有含义不明确的内容、明显文字或者计算错误，评标委员会认为需要投标人做出必要澄清、说明的，应当书面通知该投标人。

② 投标人的澄清、说明应当采用书面形式，并不得超出投标文件的范围或者改变投标文件的实质性内容。

5. **【2020年真题】**某依法必须招标的项目，招标人拟定于2020年11月1日开始发售招标文件，根据《招标投标法》，要求投标人提交投标文件的截止时间最早可设定在2020年（　　）。

A. 11月11日　　B. 11月16日

C. 11月21日　　D. 12月1日

【解析】 依法必须进行招标的项目，自招标文件开始发出之日起至投标人提交投标文件截止之日，最短不得少于20日。

6. **【2020年真题】**某工程中标合同金额为6500万元，根据《招标投标法实施条例》，中标人提交履约保证金不能超过多少（　　）万元。

A. 130　　B. 650　　C. 975　　D. 1300

【解析】 履约保证金不得超过中标合同金额的10%。6500×10%＝650（万元）。

7. **【2019年真题】**某招标项目1000万元，投标截止日期为8月30日，投标有效期为9月25日，则该项目投标保证金金额和其有效期应是（　　）。

A. 最高不超过20万元，有效期为8月30日

B. 最高不超过30万元，有效期为8月30日

C. 最高不超过20万元，有效期为9月25日

D. 最高不超过30万元，有效期为9月25日

【解析】 根据《招标投标法实施条例》第二十六条的规定，招标人在招标文件中要求投标人提交投标保证金的，投标保证金不得超过招标项目估算价的2%（即保证金≤1000万元×2%＝20万元），投标保证金有效期应当与投标有效期一致。

8. **【2018年真题】**根据《招标投标法实施条例》，依法必须进行招标的项目可以不进行招标的情形是（　　）。

A. 受自然环境限制只有少量潜在投标人

B. 需要采用不可替代的专利或者专有技术

C. 招标费用占项目合同金额的比例过大

D. 因技术复杂只有少量潜在投标人

【解析】 根据《招标投标法实施条例》第九条的规定，除《招标投标法》第六十六条规定的可以不进行招标的特殊情况外，有下列情形之一的，可以不进行招标：

① 需要采用不可替代的专利或者专有技术。

② 采购人依法能够自行建设、生产或者提供。

③ 已通过招标方式选定的特许经营项目投资人依法能够自行建设、生产或者提供。

④ 需要向原中标人采购工程、货物或者服务，否则将影响施工或者功能配套要求。

⑤ 国家规定的其他特殊情形。

选项 A、C、D 属于依法必须进行招标的项目，可以邀请招标的情形。

9.【**2018 年真题**】根据《招标投标法实施条例》，投标人认为招投标活动不符合法律法规规定的，可以自知道或应当知道之日起（　　）日内向行政监督部门投诉。

A. 10　　B. 15　　C. 20　　D. 30

【**解析**】根据《招标投标法实施条例》第六十条的规定，投标人或者其他利害关系人认为招标投标活动不符合法律、行政法规规定的，可以自知道或者应当知道之日起 10 日内向有关行政监督部门投诉。

10.【**2017 年真题**】根据《招标投标法》，对于依法必须进行招标的项目，自招标文件开始发出之日起至投标人提交投标文件截止之日止，最短不得少于（　　）日。

A. 10　　B. 20　　C. 30　　D. 60

【**解析**】根据《招标投标法》第二十四条的规定，招标人应当确定投标人编制投标文件所需要的合理时间；但是，依法必须进行招标的项目，自招标文件开始发出之日起至投标人提交投标文件截止之日止，最短不得少于 20 日。

11.【**2017 年真题**】根据《招标投标法实施条例》，招标文件中要求中标人提交履约保证金的，保证金不得超过中标合同金额的（　　）。

A. 2%　　B. 5%　　C. 10%　　D. 20%

【**解析**】根据《招标投标法实施条例》第五十八条的规定，招标文件要求中标人提交履约保证金的，中标人应当按照招标文件的要求提交。履约保证金不得超过中标合同金额的 10%。

12.【**2016 年真题**】根据《招标投标法实施条例》，对于采用两阶段招标的项目。投标人在第一阶段向招标人提交的文件是（　　）。

A. 不带报价的技术建议　　B. 带报价的技术建议

C. 不带报价的技术方案　　D. 带报价的技术方案

【**解析**】根据《招标投标法实施条例》第三十条的规定，对技术复杂或者无法精确拟定技术规格的项目，招标人可以分两阶段进行招标。第一阶段，投标人按照招标公告或者投标邀请书的要求提交不带报价的技术建议，招标人根据投标人提交的技术建议确定技术标准和要求，编制招标文件。

13.【**2015 年真题**】根据《招标投标法实施条例》，投标人撤回已提交的投标文件应当在（　　）前书面通知招标人。

A. 投标截止时间　　B. 评标委员会开始评标

C. 评标委员会结束评标　　D. 招标人发出中标通知书

【**解析**】根据《招标投标法实施条例》第三十五条的规定，投标人撤回已提交的投标文件，应当在投标截止时间前书面通知招标人。

14.【**2014 年真题**】根据《招标投标法实施条例》，潜在投标人对招标文件有异议的，应当在投标截止时间（　　）日前提出。

A. 3　　B. 5　　C. 10　　D. 15

【**解析**】根据《招标投标法实施条例》第二十二条的规定，潜在投标人对招标文件有异议的，应当在投标截止时间10日前提出。

15.【2013年真题】根据《招标投标法实施条例》，投标保证金不得超过（　）。

A. 招标项目估算价的2%　　B. 招标项目估算价的3%

C. 投标报价的2%　　D. 投标报价的3%

【解析】根据《招标投标法实施条例》第二十六条的规定，招标人在招标文件中要求投标人提交投标保证金的，投标保证金不得超过招标项目估算价的2%。

16.【2012年真题】根据《招标投标法》，下列关于招标投标的说法，正确的是（　）。

A. 评标委员会成员为7人以上单数

B. 联合体中标的，由联合体牵头单位与招标人签订合同

C. 评标委员会中技术、经济等方面的专家不得少于成员总数的2/3

D. 投标人应在递交投标文件的同时提交履约保函

【解析】根据《招标投标法》第三十七条的规定，评标由招标人依法组建的评标委员会负责。依法必须进行招标的项目，其评标委员会由招标人的代表和有关技术、经济等方面的专家组成，成员人数为5人以上单数，其中技术、经济等方面的专家不得少于成员总数的2/3。故选项A错误，选项C正确。

根据第三十一条的规定，联合体中标的，联合体各方应当共同与招标人签订合同，就中标项目向招标人承担连带责任。故选项B错误。

根据第四十六条的规定，中标人在与招标人签订合同时提交履约保函。故选项D错误。

17.【2011年真题】根据《招标投标法》，下列关于招标投标的说法，正确的是（　）。

A. 招标分为公开招标、邀请招标和议标三种方式

B. 联合体中标后，联合体各方应分别与招标人签订合同

C. 招标人不得修改已发出的招标文件

D. 投标文件应当对招标文件提出的实质性要求和条件做出响应

【解析】根据《招标投标法》第十条的规定，招标分为公开招标和邀请招标。故选项A错误。

根据第三十一条的规定，联合体中标的，联合体各方应当共同与招标人签订合同，就中标项目向招标人承担连带责任。故选项B错误。

根据第二十九条的规定，投标人在招标文件要求提交投标文件的截止时间前，可以补充、修改或者撤回已提交的投标文件，并书面通知招标人。补充、修改的内容为投标文件的组成部分。故选项C错误。

18.【2010年真题】根据《招标投标法》，下列关于投标和开标的说法中，正确的是（　）。

A. 投标人如果准备中标后将部分工程分包，应在中标后通知招标人

B. 联合体投标中标的，应由联合体牵头方代表联合体与招标人签订合同

C. 开标应当在公证机构的主持下，在招标人通知的地点公开进行

D. 开标时，可以由投标人或者其推荐的代表检查投标文件的密封情况

【解析】根据《招标投标法》第四十八条的规定，中标人按照合同约定或者经招标人

同意，可以将中标项目的部分非主体、非关键性工作分包给他人完成。故选项 A 错误。

根据第三十一条的规定，联合体中标的，联合体各方应当共同与招标人签订合同，就中标项目向招标人承担连带责任。故选项 B 错误。

根据第三十四、三十五条的规定，开标由招标人主持，邀请所有投标人参加。开标应当在招标文件确定的提交投标文件截止时间的同一时间公开进行；开标地点应当为招标文件中预先确定的地点。故选项 C 错误。

根据第三十六条的规定，开标时，由投标人或者其推选的代表检查投标文件的密封情况，也可以由招标人委托的公证机构检查并公证。故选项 D 正确。

19. **【2009 年真题】** 根据《招标投标法实施条例》，招标人对已发出的招标文件进行修改的，应当在招标文件要求提交投标文件截止时间至少（　　）日前，通知所有招标文件收受人。

A. 15　　B. 20　　C. 30　　D. 60

【解析】 根据《招标投标法实施条例》第二十三条的规定，招标人对已发出的招标文件进行必要的澄清或者修改的，应当在招标文件要求提交投标文件截止时间至少 15 日前，以书面形式通知所有招标文件收受人。该澄清或者修改的内容为招标文件的组成部分。

20. **【2006 年真题】** 根据我国《招标投标法》，招标人和中标人订立书面合同的时间应当是（　　）。

A. 在中标通知书发出 30 日内　　B. 在中标通知书发出 60 日内

C. 在评标结束后 30 日内　　D. 在评标结束后 60 日内

【解析】 根据《招标投标法》第四十六条的规定，招标人和中标人应当自中标通知书发出之日起 30 日内，按照招标文件和中标人的投标文件订立书面合同。

二、多项选择题（每题 2 分。每题的备选项中，有 2 个或 2 个以上符合题意，且至少有 1 个错项。错选，本题不得分；少选，所选的每个选项得 0.5 分）

1. **【2021 年真题】** 根据《招标投标法实施条例》，国有资金占控股或者主导地位依法必须招标的项目，可以采用邀请招标的情形有（　　）。

A. 技术复杂或性质特殊，不能确定主要设备的详细规格或具体要求

B. 技术复杂、有特殊要求，只有少量潜在投标人可供选择

C. 项目规模大、投资多，中小企业难以胜任

D. 项目特征独特，需有特定行业的业绩

E. 采用公开招标方式的费用占项目合同金额的比例过大

【解析】

邀请招标	1）技术复杂、有特殊要求或者受自然环境限制，只有少量潜在投标人可供选择 2）采用公开招标方式的费用占项目合同金额的比例过大

2. **【2019 年真题】** 下列行为中，属于招标人与投标人串通的有（　　）。

A. 招标人明示投标人压低投标报价　　B. 招标人授意投标人修改投标文件

C. 招标人向投标人公布招标控制价　　D. 招标人向投标人泄漏招标标底

E. 招标人组织投标人进行现场踏勘

【解析】 根据《招标投标法实施条例》第四十一条的规定，有下列情形之一的，属于招标人与投标人串通投标：

① 招标人在开标前开启投标文件并将有关信息泄露给其他投标人。

② 招标人直接或者间接向投标人泄露标底、评标委员会成员等信息。

③ 招标人明示或者暗示投标人压低或者抬高投标报价。

④ 招标人授意投标人撤换、修改投标文件。

⑤ 招标人明示或者暗示投标人为特定投标人中标提供方便。

⑥ 招标人与投标人为谋求特定投标人中标而采取的其他串通行为。

3. **【2017 年真题】**根据《招标投标法实施条例》，关于投标保证金的说法，正确的有（　　）。

A. 投标保证金有效期应当与投标有效期一致

B. 投标保证金不得超过招标项目估算价的 2%

C. 采用两阶段招标的，投标应在第一阶段提交投标保证金

D. 招标人不得挪用投标保证金

E. 招标人最迟应在签订书面合同时同时退还投标保证金

【解析】 根据《招标投标法实施条例》第二十六条的规定，招标人在招标文件中要求投标人提交投标保证金的，投标保证金不得超过招标项目估算价的 2%。投标保证金有效期应当与投标有效期一致。招标人不得挪用投标保证金。故选项 A、B、D 正确。

根据第三十条的规定，对技术复杂或者无法精确拟定技术规格的项目，招标人可以分两阶段进行招标。招标人要求投标人提交投标保证金的，应当在第二阶段提出。故选项 C 错误。

根据第五十七条的规定，招标人最迟应当在书面合同签订后 5 日内向中标人和未中标的投标人退还投标保证金及银行同期存款利息。故选项 E 错误。

4. **【2016 年真题】**根据《招标投标法实施条例》，属于不合理条件限制、排斥潜在投标人或投标人的情形有（　　）。

A. 就同一招标项目向投标人提供相同的项目信息

B. 设定的技术和商务条件与合同履行无关

C. 以特定行业的业绩作为加分条件

D. 对投标人采用无差别的资格审查标准

E. 对招标项目指定特定的品牌和原产地

【解析】 根据《招标投标法实施条例》第三十二条的规定，招标人有下列行为之一的，属于以不合理条件限制、排斥潜在投标人或者投标人：

① 就同一招标项目向潜在投标人或者投标人提供有差别的项目信息。

② 设定的资格、技术、商务条件与招标项目的具体特点和实际需要不相适应或者与合同履行无关。

③ 依法必须进行招标的项目以特定行政区域或者特定行业的业绩、奖项作为加分条件或者中标条件。

④ 对潜在投标人或者投标人采取不同的资格审查或者评标标准。

⑤ 限定或者指定特定的专利、商标、品牌、原产地或者供应商。

⑥ 依法必须进行招标的项目非法限定潜在投标人的所有制形式或者组织形式。

⑦ 以其他不合理条件限制、排斥潜在投标人或者投标人。

5. **【2015 年真题】** 根据《招标投标法实施条例》，视为投标人相互串通投标的情形有（ ）。

A. 投标人之间协商投标报价

B. 不同投标人委托同一单位办理投标事宜

C. 不同投标人的投标保证金从同一单位的账户转出

D. 不同投标人的投标文件载明的项目管理成员为同一人

E. 投标人之间约定中标人

【解析】 根据《招标投标法实施条例》第三十九条的规定，有下列情形之一的，属于投标人相互串通投标：

① 投标人之间协商投标报价等投标文件的实质性内容。

② 投标人之间约定中标人。

③ 投标人之间约定部分投标人放弃投标或者中标。

④ 属于同一集团、协会、商会等组织成员的投标人按照该组织要求协同投标。

⑤ 投标人之间为谋取中标或者排斥特定投标人而采取的其他联合行动。

6. **【2013 年真题】** 根据《招标投标法实施条例》，下列关于招投标的说法，正确的有（ ）。

A. 采购人依法能够自行建设、生产的项目，可以不进行招标

B. 招标费用占合同比例过大的项目，可以不进行招标

C. 招标人发售招标文件收取的费用应当限于补偿印刷、邮寄的成本支出

D. 潜在投标人对招标文件有异议的，应当在投标截止时间 10 日前提出

E. 招标人采用资格后审办法的，应当在开标后 15 日内由评标委员会公布审查结果

【解析】 根据《招标投标法实施条例》第八条的规定，选项 B 属于依法必须招标且应当公开招标的项目，经批准可以邀请招标的情形。

根据第二十条的规定，招标人采用资格后审办法对投标人进行资格审查的，应当在开标后由评标委员会按照招标文件规定的标准和方法对投标人的资格进行审查。对于审查结果的公布时间，《招标投标法实施条例》没有明确规定。故选项 E 错误。

7. **【2012 年真题】** 根据《招标投标法实施条例》，评标委员会应当否决投标的情形有（ ）。

A. 投标报价高于工程成本

B. 投标文件未经投标单位负责人签字

C. 投标报价低于招标控制价

D. 投标联合体没有提交共同投标协议

E. 投标人不符合招标文件规定的资格条件

【解析】 根据《招标投标法实施条例》第五十一条的规定，有下列情形之一的，评标委员会应当否决其投标：

① 投标文件未经投标单位盖章和单位负责人签字。

② 投标联合体没有提交共同投标协议。

③ 投标人不符合国家或者招标文件规定的资格条件。

④ 同一投标人提交两个以上不同的投标文件或者投标报价，但招标文件要求提交备选投标的除外。

⑤ 投标报价低于成本或者高于招标文件设定的最高投标限价。

⑥ 投标文件没有对招标文件的实质性要求和条件做出响应。

⑦ 投标人有串通投标、弄虚作假、行贿等违法行为。

8. **【2005 年真题】**《招标投标法》规定，凡在我国境内进行的下列工程建设项目，必须进行招标的是（　　）。

A. 大型基础设施、公用事业等关系社会公共利益、公共安全的项目

B. 技术复杂、专业性强或其他特殊要求的项目

C. 使用国有资金投资或国家融资的项目

D. 使用国际组织或者外国政府贷款、援助资金的项目

E. 采用特定专利或专有技术的项目

【解析】 在中华人民共和国境内进行下列工程建设项目包括项目的勘察、设计、施工、监理以及与工程建设有关的重要设备、材料等的采购，必须进行招标：

① 大型基础设施、公用事业等关系社会公共利益、公众安全的项目。

② 全部或者部分使用国有资金投资或者国家融资的项目。

③ 使用国际组织或者外国政府贷款、援助资金的项目。

三、答案

单项选择题

题号	1	2	3	4	5	6	7	8	9	10
答案	D	D	B	D	C	B	C	B	A	B
题号	11	12	13	14	15	16	17	18	19	20
答案	C	A	A	C	A	C	D	D	A	A

多项选择题

题号	1	2	3	4	5
答案	BE	ABD	ABD	BCE	BCD
题号	6	7	8	—	—
答案	ACD	BDE	ACD	—	—

四、2023 考点预测

1. 招标方式及时间规定
2. 开标、评标及定标
3. 评标委员会
4. 属于串通投标和弄虚作假的情形
5. 否决投标的情形

第三节　政府采购法及其实施条例

考点一、政府采购法
考点二、政府采购法实施条例

一、单项选择题（每题1分。每题的备选项中，只有1个最符合题意）

1. 【2020年真题】根据《政府采购法》，对于实行集中采购的政府采购，集中采购目录应由（　　）公布。

A. 省级以上人民政府　　B. 国务院相关主管部门
C. 省级政府采购部门　　D. 县级以上人民政府

【解析】集中采购的范围由省级以上人民政府公布的集中采购目录确定。

2. 【2019年真题】某通过招标订立的政府采购合同金额为200万元，合同履行过程中需追加与合同标的相同的货物，在其他合同条款不变且追加合同金额不超过（　　）万元时，可以签订补充采购合同。

A. 10　　B. 20　　C. 40　　D. 50

【解析】根据《政府采购法》第四十九条的规定，政府采购合同履行中，采购人需追加与合同标的相同的货物、工程或者服务的，在不改变合同其他条款的前提下，可以与供应商协商签订补充合同，但所有补充合同的采购金额不得超过原合同采购金额的10%。即200×10%=20（万元）。

3. 根据《政府采购法》，采购人采购纳入集中采购目录的政府采购项目，其做法是（　　）。

A. 必须委托集中采购机构代理采购
B. 应当自行采购
C. 可以委托集中采购机构在委托的范围内代理采购
D. 可以自行采购，也可以委托集中采购机构在委托的范围内代理采购。

【解析】根据《政府采购法》第十八条的规定，采购人采购纳入集中采购目录的政府采购项目，必须委托集中采购机构代理采购；采购未纳入集中采购目录的政府采购项目，可以自行采购，也可以委托集中采购机构在委托的范围内代理采购。

4. 根据《政府采购法实施条例》，招标文件的提供期限自招标文件开始发出之日起（　　）。

A. 不得少于5个工作日　　B. 15日
C. 不得少于15个工作日　　D. 5日

【解析】根据《政府采购法实施条例》第三十一条的规定，招标文件的提供期限自招标文件开始发出之日起不得少于5个工作日（注意：《招标投标法实施条例》规定的招标文件发售期是不得少于5日，而不是5个工作日）。

5. 根据《政府采购法实施条例》，履约保证金的金额不得超过政府采购合同金额的（　　）。

A. 2%　　B. 3%　　C. 10%　　D. 15%

【解析】根据《政府采购法实施条例》第四十八条的规定，采购文件要求中标或者成交供应商提交履约保证金的，供应商应当以支票、汇票、本票或者金融机构、担保机构出具的保函等非现金形式提交。履约保证金的数额不得超过政府采购合同金额的 10%。

二、多项选择题（每题 2 分。每题的备选项中，有 2 个或 2 个以上符合题意，且至少有 1 个错项。错选，本题不得分；少选，所选的每个选项得 0.5 分）

1. 【2021 年真题】根据《政府采购法》和《政府采购法实施条例》，下列组织机构中，属于使用财政性资金的政府采购项目采购人的有（　　）。

A. 国有企业　　B. 集中采购机构
C. 各级国家机关　　D. 事业单位
E. 团体组织

【解析】《政府采购法》所称政府采购，是指各级国家机关、事业单位和团体组织，使用财政性资金采购依法制定的集中采购目录以内的或采购限额标准以上的货物、工程和服务的行为。政府采购工程进行招标投标的，适用招标投标法。

三、答案

单项选择题

题号	1	2	3	4	5
答案	A	B	A	A	C

多项选择题

题号	1
答案	CDE

四、2023 考点预测

1. 政府采购合同
2. 政府采购程序

第四节　民法典合同编及价格法

考点一、民法典合同编
考点二、价格法

一、单项选择题（每题 1 分。每题的备选项中，只有 1 个最符合题意）

1. 【2022 年真题】根据《民法典》合同编，采用电子合同的货物并采用物流邮寄，完成交付的时间是（　　）。

A. 货物抵达收货人的时间　　B. 收货人签收快递的时间

C. 货物开箱验收的时间　　D. 收货人确认收货的时间

【解析】 通过互联网等信息网络订立的电子合同的标的为交付商品并采用快递物流方式交付的，收货人的签收时间为交付时间。

2. 【2022 年真题】当事人一方不履行合同义务或者履行合同义务不符合约定时，应当承担的违约责任（　　）。

A. 继续履行，赔偿损失或采取补救措施

B. 继续履行

C. 赔偿损失

D. 采取补救措施

【解析】 当事人一方不履行合同义务或者履行合同义务不符合约定时，应当继续履行、赔偿损失或采取补救措施。

3. 【2021 年真题】根据《民法典》合同编，除法律另有规定或者当事人另有约定外，采用数据电文形式订立合同时，合同成立的地点是（　　）。

A. 收件人的主营业地，没有主营业地的，为住所地

B. 发件人的主营业地或住所地任选其一

C. 收件人的住所地，没有固定住所地的，为主营业地

D. 发件人的主营业地，没有主营业地的，为住所地

【解析】 承诺生效的地点为合同成立的地点。采用数据电文形式订立合同的，收件人的主营业地为合同成立的地点；没有主营业地的，其住所地为合同成立的地点。

4. 【2021 年真题】根据《民法典》合同编，由于债权人无正当理由拒绝受领债务人履约，债务人宜采取的做法是（　　）。

A. 行使代位权　　B. 将标的物提存

C. 通知解除合同　　D. 行使抗辩权

【解析】 有下列情形之一，难以履行债务的，债务人可以将标的物提存：

① 债权人无正当理由拒绝受领。

② 债权人下落不明。

③ 债权人死亡未确定继承人、遗产管理人，或者丧失民事行为能力未确定监护人。

④ 法律规定的其他情形。标的物不适于提存或者提存费用过高的，债务人可以依法拍卖或者变卖标的物，提存所得的价款。

5. 【2021 年真题】根据《价格法》，当重要商品和服务价格显著上涨时，国务院和省、自治区、直辖市人民政府可采取的干预措施是（　　）。

A. 限定利润率、实行提价申报制度和调价备案制度

B. 限定购销差价、批零差价、地区差价和季节差价

C. 限定利润率、规定限价、实行价格公示制度

D. 成本价公示、规定限价

【解析】 当重要商品和服务价格显著上涨或者有可能显著上涨，国务院和省、自治区、直辖市人民政府可以对部分价格采取限定差价率或者利润率、规定限价、实行提价申报制度和调价备案制度等干预措施。省、自治区、直辖市人民政府采取上述规定的干预措施时，应

当报国务院备案。

6.【2020 年真题】根据《价格法》，在制定关系群众切身利益的公用事业价格、公益性服务价格、自然垄断经营的价格时应当建立（　　）制度。

A. 风险评估　　B. 公示

C. 专家咨询　　D. 听证会

【解析】"公公垄断听证会"，在制定关系群众切身利益的公用事业价格、公益性服务价格、自然垄断经营的价格时应当建立听证会制度，征求消费者、经营者和有关方面的意见。

7.【2019 年真题】对格式条款有两种以上解释的，下列说法正确的是（　　）。

A. 应当做出利于提供格式条款一方的解释

B. 应当做出不利于提供格式条款一方的解释

C. 该格式条款无效，由双方重新协商

D. 该格式条款效力待定，由仲裁机构裁定

【解析】对格式条款的理解发生争议的，应当按照通常理解予以解释。对格式条款有两种以上解释的，应当做出不利于提供格式条款一方的解释。格式条款和非格式条款不一致的，应当采用非格式条款。

8.【2019 年真题】根据《价格法》，地方定价商品目录应经（　　）审定后公布。

A. 地方人民政府价格主管部门　　B. 地方人民政府

C. 国务院价格主管部门　　D. 国务院

【解析】根据《价格法》第十九条的规定，地方定价目录由省、自治区、直辖市人民政府价格主管部门按照中央定价目录规定的定价权限和具体适用范围制定，经本级人民政府审核同意，报国务院价格主管部门审定后公布。省、自治区、直辖市人民政府以下各级地方人民政府不得制定定价目录。

9.【2018 年真题】根据《民法典》合同编，当事人既约定违约金，又约定定金的，一方违约时，对方的正确处理方式是（　　）。

A. 只能选择适用违约金条款

B. 只能选择适用定金条款

C. 同时适用违约金和定金条款

D. 可以选择适用违约金或定金条款

【解析】当事人既约定违约金，又约定定金的，一方违约时，对方可以选择适用违约金或者定金条款。

10.【2018 年真题】根据《价格法》，政府在制定关系群众切身利益的公用事业价格时，应当建立（　　）制度，征求消费者、经营者和有关方面的意见。

A. 听证会　　B. 专家咨询

C. 评估会　　D. 社会公示

【解析】根据《价格法》第二十三条的规定，制定关系群众切身利益的公用事业价格、公益性服务价格、自然垄断经营的商品价格等政府指导价、政府定价，应当建立听证会制度，由政府价格主管部门主持，征求消费者、经营者和有关方面的意见，论证其必要性、可行性。

11. **【2017 年真题】** 根据《民法典》合同编，关于要约和承诺的说法，正确的是（　　）。

A. 撤回要约的通知应当在要约到达受要约人之后到达受要约人

B. 承诺的内容应当与要约的内容一致

C. 要约邀请是合同成立的必经过程

D. 撤回承诺的通知应当在要约确定的承诺期限内到达要约人

【解析】 撤回要约的通知应当在要约到达受要约人之前或者与要约同时到达受要约人。故选项 A 错误。

承诺的内容应当与要约的内容一致。受要约人对要约的内容做出实质性变更的，为新要约。故选项 B 正确。

要约邀请不是合同成立的必经过程，要约、承诺才是合同成立的必经过程。故选项 C 错误。

承诺可以撤回。撤回承诺的通知应当在承诺通知到达要约人之前或者与承诺通知同时到达要约人。故选项 D 错误。

12. **【2017 年真题】** 根据《民法典》合同编，执行政府定价或政府指导价的合同时，对于逾期交付标的物的处置方式是（　　）。

A. 遇价格上涨时，按原价格执行；价格下降时，按照新价格执行

B. 遇价格上涨时，按照新价格执行；价格下降时，按照原价格执行

C. 无论价格上涨或下降，均按新价格执行

D. 无论价格上涨或下降，均按原价格执行

【解析】 执行政府定价或者政府指导价的，在合同约定的交付期限内政府价格调整时，按照交付时的价格计价。逾期交付标的物的，遇价格上涨时，按照原价格执行；价格下降时，按照新价格执行（不利于违约方的原则）。

13. **【2016 年真题】** 判断合同是否成立的依据是（　　）。

A. 合同是否生效　　B. 合同是否产生法律约束力

C. 要约是否生效　　D. 承诺是否生效

【解析】 承诺生效时合同成立。

14. **【2016 年真题】** 合同订立过程中，属于要约失效的情形是（　　）。

A. 承诺通知到达要约人

B. 受要约人依法撤销承诺

C. 要约人在承诺期限内未做出承诺

D. 受要约人对要约内容做出实质性质变更

【解析】 有下列情形之一的，要约失效：

① 拒绝要约的通知到达要约人。

② 要约人依法撤销要约。

③ 承诺期限届满，受要约人未做出承诺。

④ 受要约人对要约的内容做出实质性变更。

15. **【2016 年真题】** 根据《民法典》合同编，合同生效后，当事人就价款约定不明确又未能补充协议的，合同价款应按（　　）执行。

A. 订立合同时履行地的市场价格　　B. 订立合同时付款方所在地市场价格

C. 标的物交付时市场价格　　D. 标的物交付时政府指导价

【解析】 价款报酬不明确且当事人就价款约定不明确又未能补充协议的，按照①订立合同时履行地的市场价格履行；②执行政府定价或者政法指导价的，按照规定履行。

16. 【2015年真题】订立合同的双方当事人，依照有关法律法规，对合同内容进行协商并达成一致意见时的合同状态称为（　）。

A. 合同订立　　B. 合同成立

C. 合同生效　　D. 合同有效

【解析】 合同的成立，是指双方当事人依照有关法律对合同的内容进行协商并达成一致的意见。合同成立的判断依据是承诺是否生效。

17. 【2013年真题】根据《民法典》合同编，下列关于格式合同的说法，正确的是（　）。

A. 采用格式条款订立合同，有利于保证合同双方的公平权利

B. 《合同法》规定的合同无效的情形适用于格式合同条款

C. 对格式条款的理解发生争议的，应当做出有利于提供格式条款一方的解释

D. 格式条款和非格式条款不一致的，应当采用格式条款

【解析】 格式条款是当事人为了重复使用而预先拟定，并在订立合同时未与对方协商的条款。并不有利于保证合同双方的公平权利，提供格式条款的一方应当遵循公平原则确定当事人之间的权利和义务，并采取合理的方式提请对方注意免除或者限制其责任的条款，按照对方的要求，对该条款予以说明。故选项A错误。

合同无效情形同时适用格式条款。故选项B正确。

根据第四十一条的规定，对格式条款的理解发生争议的，应当按照通常理解予以解释。对格式条款有两种以上解释的，应当做出不利于提供格式条款一方的解释。格式条款和非格式条款不一致的，应当采用非格式条款。故选项C、D错误。

18. 【2013年真题】根据《民法典》合同编，债权人领取提存物的权利期限为（　）年。

A. 1　　B. 2

C. 3　　D. 5

【解析】 债权人领取提存物的权利，自提存之日起5年内不行使而消灭，提存物扣除提存费用后归国家所有。

19. 【2013年真题】根据《民法典》合同编，下列关于定金的说法，正确的是（　）。

A. 债务人准备履行债务时，定金应当收回

B. 给付定金的一方如不履行债务，无权要求返还定金

C. 收受定金的一方如不履行债务，应当返还定金

D. 当事人既约定违约金，又约定定金的，违约时适用违约金条款

【解析】 债务人履行债务后，定金应当抵作价款或者收回。给付定金的一方不履行约定的债务的，无权要求返还定金；收受定金的一方不履行约定的债务的，应当双倍返还定金。故选项A、C错误，选项B正确。

根据第一百一十六条的规定，当事人既约定违约金，又约定定金的，一方违约时，对方可以选择适用违约金或者定金条款。

20. 【2012年真题】根据《民法典》合同编，下列关于承诺的说法，正确的是（　）。

A. 承诺期限自要约发出时开始计算

B. 承诺通知一经发出不得撤回

C. 承诺可对要约的内容做出实质性变更

D. 承诺的内容应当与要约的内容一致

【解析】 要约以信件或者电报做出的，承诺期限自信件载明的日期或者电报交发之日开始计算。信件未载明日期的，自投寄该信件的邮戳日期开始计算。要约以电话、传真等快速通讯方式做出的，承诺期限自要约到达受要约人时开始计算。故选项 A 错误。

根据第二十七条的规定，承诺可以撤回。撤回承诺的通知应当在承诺通知到达要约人之前或者与承诺通知同时到达要约人。故选项 B 错误。

根据第三十条的规定，承诺的内容应当与要约的内容一致。受要约人对要约的内容做出实质性变更的，为新要约。故选项 C 错误。

21. **【2010 年真题】**下列情形中，可构成缔约过失责任的是（　　）。

A. 因自然灾害，当事人无法执行签订合同的计划，造成对方的损失

B. 当事人双方串通牟利签订合同，造成第三方损失

C. 当事人因合同谈判破裂，泄露对方商业机密，造成对方损失

D. 合同签订后，当事人拒付合同规定的预付款，使合同无法履行，造成对方损失

【解析】 缔约过失责任是指当事人在订立合同过程中有下列情形之一，给对方造成损失的，应当承担损害赔偿责任：

① 假借订立合同，恶意进行磋商。

② 故意隐瞒与订立合同有关的重要事实或者提供虚假情况。

③ 有其他违背诚实信用原则的行为。

由上可知缔约过失责任是指当事人在订立合同过程中的行为造成对方损失，故选项 A（不可抗力造成的损失）、B（给第三方造成损失，属于无效合同情形）、D（签订合同后的违约责任）错误。

22. **【2010 年真题】**某合同约定了违约金，当事人一方迟延履行的，根据《民法典》合同编，违约方应支付违约金并（　　）。

A. 终止合同履行　　B. 赔偿损失

C. 继续履行债务　　D. 中止合同履行

【解析】 当事人就迟延履行约定违约金的，违约方支付违约金后，还应当履行债务。

23. **【2009 年真题】**根据《民法典》合同编，下列变更中属于新要约的是（　　）的变更。

A. 要约确认方式　　B. 合同文件寄送方式

C. 合同履行地点　　D. 承诺生效地点

【解析】 承诺的内容应当与要约的内容一致。受要约人对要约的内容做出实质性变更的，为新要约。有关合同标的、数量、质量、价款或者报酬、履行期限、履行地点和方式、违约责任和解决争议方法等的变更，是对要约内容的实质性变更。

24. **【2008 年真题】**根据《民法典》合同编，合同的成立需要顺序经过（　　）。

A. 要约和承诺两个阶段　　B. 要约邀请、要约和承诺三个阶段

C. 承诺和要约两个阶段　　D. 承诺、要约邀请和要约三个阶段

【解析】 根据《民法典》合同编，合同的成立至少需要顺序经过要约和承诺两个阶段。

25. 【2006年真题】下列文件中，属于要约邀请文件的是（ ）。

A. 投标书 B. 中标通知书

C. 招标公告 D. 现场踏勘答疑会议纪要

【解析】要约邀请是希望他人向自己发出要约的意思表示。寄送的价目表、拍卖公告、招标公告、招股说明书、商业广告等为要约邀请。

注意：招标公告——要约邀请，投标书——要约，中标通知书——承诺。

26. 【2006年真题】根据《民法典》合同编，由于债权人的原因致使债务人难以履行债务时，债务人可以将标的物交给有关机关保存，以此消灭合同的行为称为（ ）。

A. 留置 B. 保全

C. 质押 D. 提存

【解析】 由于债权人的原因致使债务人难以履行债务时，债务人可以将标的物交给有关机关保存，以此消灭合同的行为称为提存。

二、多项选择题（每题2分。每题的备选项中，有2个或2个以上符合题意，且至少有1个错项。错选，本题不得分；少选，所选的每个选项得0.5分）

1. 【2022年真题】《民法典》合同编典型合同分类中，建设工程合同包括的合同类型有（ ）。

A. 保证合同 B. 勘察合同

C. 设计合同 D. 租赁合同

E. 施工合同

【解析】 《民法典》合同编典型合同中，对建设工程合同（包括工程勘察、设计、施工合同）内容做了专门规定。

2. 【2020年真题】关于邀约与承诺下列说法正确的有（ ）。

A. 邀约通知发出即生效

B. 承诺需在规定的期限内到达邀约人

C. 邀约不可撤销

D. 承诺通知到达邀约人时生效

E. 承诺的内容应与邀约内容一致

【解析】 邀约到达受邀约人时生效，故选项A错误。

邀约可以撤销，撤销邀约的通知应当在受邀约人发出承诺通知之前到达邀约人。故选项C错误。

3. 【2016年真题】根据《民法典》合同编，合同当事人违约责任的特点有（ ）。

A. 违约责任以合同成立为前提

B. 违约责任主要是一种赔偿责任

C. 违约责任以违反合同义务为要件

D. 违约责任由当事人按法律规定的范围自行约定

E. 违约责任由当事人按相当的原则确定

【解析】 违约责任特点：

① 有效合同为前提。

② 违反合同义务为要件。

③ 法定范围内自行约定。

④ 是赔偿责任。

4. **【2015 年真题】** 关于合同形式的说法，正确的有（　　）。

A. 建设工程合同应当采用书面形式

B. 电子数据交换不能直接作为书面合同

C. 合同有书面和口头两种形式

D. 电话不是合同的书面形式

E. 书面形式限制了当事人对合同内容的协商

【解析】 当事人订立合同，有书面形式、口头形式和其他形式（默示合同）。法律、行政法规规定采用书面形式的，应当采用书面形式。当事人约定采用书面形式的，应当采用书面形式。故选项 A 正确（建设工程合同为要式合同），选项 C 错误。

书面形式是指合同书、信件和数据电文（包括电报、电传、传真、电子数据交换和电子邮件）等可以有形地表现所载内容的形式。故选项 B 错误，选项 D 正确。

没有选项 E 这个说法，选项 E 错误。

5. **【2015 年真题】** 根据《价格法》，经营者有权制定的价格有（　　）。

A. 资源稀缺的少数商品价格

B. 自然垄断经营的商品价格

C. 属于市场调节的价格

D. 属于政府定价产品范围的新产品试销价格

E. 公益性服务价格

【解析】 根据《价格法》第十八条的规定，下列商品和服务价格，政府在必要时可以实行政府指导价或者政府定价：

① 与国民经济发展和人民生活关系重大的极少数商品价格。

② 资源稀缺的少数商品价格。

③ 自然垄断经营的商品价格。

④ 重要的公用事业价格。

⑤ 重要的公益性服务价格。

故选项 A、B、E 错误。

根据第十一条的规定，经营者进行价格活动，享有下列权利：

① 自主制定属于市场调节的价格。

② 在政府指导价规定的幅度内制定价格。

③ 制定属于政府指导价、政府定价产品范围内的新产品的试销价格，特定产品除外。

④ 检举、控告侵犯其依法自主定价权利的行为。故选项 C、D 正确。

6. **【2012 年真题】** 根据《价格法》，政府可依据有关商品或服务的社会平均成本和市场供求状况，国民经济与社会发展要求以及社会承受能力，实行合理的（　　）。

A. 购销差价　　B. 批零差价

C. 利税差价　　D. 地区差价

E. 季节差价

【解析】 根据《价格法》第二十一条的规定，制定政府指导价、政府定价，应当依据有关商品或者服务的社会平均成本和市场供求状况、国民经济与社会发展要求以及社会承受能力，实行合理的购销差价、批零差价、地区差价和季节差价。

7. 【2009 年真题】根据《民法典》合同编，效力待定合同包括（　　）的合同。

A. 损害集体利益
B. 无代理权人以他人名义订立
C. 一方以胁迫手段订立
D. 无处分权的人处分他人财产
E. 损害社会公共利益

【解析】 限制行为能力人、无权代理人、无权处分人签订的合同为效力待定合同。选项 A、E 属于无效合同，选项 C 属于可撤销、可变更合同。

8. 【2008 年真题】根据《民法典》合同编，建设工程合同包括（　　）。

A. 工程造价咨询合同
B. 工程勘察合同
C. 工程项目管理合同
D. 工程设计合同
E. 工程施工合同

【解析】 建设工程合同是承包人进行工程建设，发包人支付价款的合同。建设工程合同包括工程勘察、设计、施工合同。

9. 【2005 年真题】下列合同中自始没有法律约束力的是（　　）。

A. 无效的合同
B. 可变更的合同
C. 可撤销的合同
D. 被撤销的合同
E. 无代理权人以他人名义订立的合同

【解析】 无效的合同或者被撤销的合同自始没有法律约束力。

10. 【2004 年真题】根据《民法典》合同编的规定，在使用格式条款合同时，由提供格式条款合同的一方当事人在合同中设定，但不具备法律效力的有（　　）的条款。

A. 免除对方责任
B. 免除自己责任
C. 加重对方责任
D. 排除自己主要权利
E. 排除对方主要权利

【解析】 提供格式条款一方免除其责任、加重对方责任、排除对方主要权利的，该条款无效。

三、答案

单项选择题

题号	1	2	3	4	5	6	7	8	9	10
答案	B	A	A	B	A	D	B	C	D	A
题号	11	12	13	14	15	16	17	18	19	20
答案	B	A	D	D	A	B	B	D	B	D
题号	21	22	23	24	25	26	—	—	—	—
答案	C	C	C	A	C	D	—	—	—	—

多项选择题

题号	1	2	3	4	5
答案	BCE	BDE	BCD	AD	CD
题号	6	7	8	9	10
答案	ABDE	BD	BDE	AD	BCE

四、2023 考点预测

1. 合同形式及订立程序
2. 合同效力及履行
3. 合同保全、变更及转让
4. 定金及应用
5. 价格法中的政府定价行为

第三章　工程项目管理

第一节　工程项目管理概述

考点一、工程项目组成和分类
考点二、工程建设程序
考点三、工程项目管理类型、任务及相关制度

一、单项选择题（每题 1 分。每题的备选项中，只有 1 个最符合题意）

1. **【2022 年真题】** 下列工程中，属于单项工程的是（　　）。

A. 生产车间的吊车设备安装工程

B. 主体基础工程

C. 钢结构工程

D. 生产车间的建筑工程、安装工程和试生产

【解析】 厂房建筑、设备安装等工程属于单项工程。

2. **【2022 年真题】** 政府投资项目，建设单位建设程序中第一步的工作是（　　）。

A. 成立组织机构　　B. 提出项目建议书

C. 委托造价咨询机构编制投资估算　　D. 编制可行性研究报告

【解析】 项目建议书的主要作用是推荐一个拟建项目，论述其必要性、可行性和获利可能性，供国家选择并确定是否进行下一步工作。

3. **【2021 年真题】** 根据《国务院关于投资体制改革的决定》，采用投资补助、转贷和贷款贴息方式的政府投资项目，政府主管部门只审批（　　）。

A. 资金申请报告　　B. 项目申请报告

C. 项目备案表　　D. 开工报告

【解析】

政府投资项目	直接投资和资本金注入	审批项目建议书和可行性研究报告，严格审批其初步设计和概算，不再审批开工报告
	投资补助、转贷和贷款贴息	只审批资金申请报告
	1）实行审批制 2）重大的项目应实行专家评议制度 3）国家将逐步实行政府投资项目公示制度	

（续）

非政府投资项目	《政府核准的投资项目目录》中的项目	核准制，需要提交项目申请报告
	《政府核准的投资项目目录》之外的项目	登记备案制
	1）实行核准制或登记备案制 2）对于实施核准制或登记备案制的项目，为了保证企业投资决策的质量，投资企业也应编制可行性研究报告	

4. **【2021 年真题】** 在工程建设中环保方面要求的“三同时”是指主体工程与环保措施工程应（　　）。

A. 同时立项、同时设计、同时施工　　B. 同时立项、同时施工、同时竣工

C. 同时设计、同时施工、同时竣工　　D. 同时设计、同时施工、同时投入运行

【解析】 在项目实施阶段，必须做到“三同时”，即主体工程与环保措施工程同时设计、同时施工、同时投入运行。

5. **【2020 年真题】** 根据《国务院关于投资体制改革的决定》，企业不使用政府资金投资建设需核准的项目时，政府部门在投资决策阶段仅需审批的文件是（　　）。

A. 可行性研究报告　　B. 初步设计文件

C. 资金申请报告　　D. 项目申请报告

【解析】 内核准，外备案。

企业投资建设《政府核准的投资项目目录》中的项目时，仅向政府提交项目申请报告，不再提交项目建议书、可行性研究报告和开工报告。

6. **【2020 年真题】** 建设工程项目后评价采用的基本方法是（　　）。

A. 对比评价法　　B. 效应判断法

C. 影响评估法　　D. 效果梳理法

【解析】 项目后评价的基本方法是对比评价法。

7. **【2020 年真题】** 应用 BIM 技术能够强化工程造价管理的主要原因在于（　　）。

A. BIM 可用来构建可视化模型　　B. BIM 可用来模拟施工方案

C. BIM 可用来检查管线碰撞　　D. BIM 可用来自动算量

【解析】 基于 BIM 的自动算量功能，可使工程量计算工作摆脱人为因素影响，得到更加客观的数据。无论是规则构件还是不规则构件，均可利用所建立的 3D 模型进行实体工程量计算。

8. **【2019 年真题】** 根据《国务院关于投资体制改革的决定》，特别重大的政府投资项目实行（　　）制度。

A. 专家评议　　B. 咨询评估　　C. 民主评议　　D. 公众听证

【解析】 根据《国务院关于投资体制改革的决定》中关于健全政府投资项目决策机制的规定，政府投资项目一般都要经过符合资质要求的咨询中介机构的评估论证，咨询评估要引入竞争机制，并制定合理的竞争规则；特别重大的项目还应实行专家评议制度；逐步实行政府投资项目公示制度，广泛听取各方面的意见和建议。

9.【2019 年真题】推行全过程工程咨询，是一种（　　）的主要体现。

A. 将传统项目管理转化为技术经济分析

B. 将传统碎片化的咨询转化为集成化咨询

C. 将实施咨询转变为投资决策咨询

D. 将造价专项咨询转变为整体项目管理

【解析】 常识判断送分题，工程项目管理发展趋势中的集成化——将碎片化转化为集成化。

10.【2019 年真题】对于实行项目管理法人责任制的项目，项目董事会的责任是（　　）。

A. 组织编制初步设计文件　　B. 控制工程投资、工期和质量

C. 组织工程设计招标　　D. 筹措建设资金

【解析】 董事会职权是对外决策办大事。关键字：审核、上报、筹措、提出开竣工报告。

根据《关于实行建设项目法人责任制的暂行规定》第十二条，按照《公司法》的规定，结合建设项目的特点，建设项目的董事会具体行使以下职权：

① 负责筹措建设资金。

② 审核、上报项目初步设计和概算文件。

③ 审核、上报年度投资计划并落实年度资金。

④ 提出项目开工报告。

⑤ 研究解决建设过程中出现的重大问题。

⑥ 负责提出项目竣工验收申请报告。

⑦ 审定偿还债务计划和生产经营方针，并负责按时偿还债务。

⑧ 聘任或解聘项目总经理，并根据总经理的提名，聘任或解聘其他高级管理人员。

11.【2018 年真题】根据《国务院关于投资体制改革的决定》，实行备案制的项目是（　　）。

A. 政府直接投资的项目

B. 采用资本金注入方式的政府投资项目

C.《政府核准的投资项目目录》外的企业投资项目

D.《政府核准的投资项目目录》内的企业投资项目

【解析】 根据《国务院关于投资体制改革的决定》中关于健全备案制度的规定，对于《政府核准的投资项目目录》以外的企业投资项目，实行备案制。

12.【2018 年真题】为了保护环境，在项目实施阶段应做到“三同时”。这里的“三同时”是指主体工程与环保措施工程要（　　）。

A. 同时施工、同时验收、同时投入运行

B. 同时审批、同时设计、同时施工

C. 同时设计、同时施工、同时投入运行

D. 同时施工、同时移交、同时使用

【解析】 对环保与节能有要求的工程，在项目实施阶段必须“三同时”，即同时设计、同时施工、同时投入运行。

13.【2018 年真题】对于实行项目法人责任制的项目，属于项目董事会职权的是（　　）。

A. 审核项目概算文件　　B. 组织工程招标工作

C. 编制项目财务决算　　D. 拟订生产经营计划

【解析】 同第10题。

14. 【2017年真题】根据《国务院关于投资体制改革的决定》，对于采用直接投资和资本金注入方式的政府投资项目，除特殊情况外，政府主管部门不再审批（　　）。

A. 项目建议书　　B. 项目初步设计

C. 项目开工报告　　D. 项目可行性研究报告

【解析】 根据《国务院关于投资体制改革的决定》关于简化和规范政府投资项目审批程序的规定，对于政府投资项目，采用直接投资和资本金注入方式的，从投资决策角度只审批项目建议书和可行性研究报告，除特殊情况外不再审批开工报告，同时应严格政府投资项目的初步设计、概算审批工作。

15. 【2017年真题】为了实现工程造价的模拟计算和动态控制，可应用建筑信息建模（BIM）技术，在包含进度数据的建筑模型上加载费用数据而形成（　　）模型。

A. 6D　　B. 5D　　C. 4D　　D. 3D

【解析】 应用BIM技术模拟施工，3D建筑模型+进度=4D，4D+费用=5D。

16. 【2016年真题】根据《建筑工程施工质量验收统一标准》，下列工程中，属于分项工程的是（　　）。

A. 计算机机房工程　　B. 轻钢结构工程

C. 土方开挖工程　　D. 外墙防水工程

【解析】 根据GB 50300—2013《建筑工程施工质量验收统一标准》的相关规定，分项工程是指将分部工程按主要工种、材料、施工工艺、设备类别等划分的工程。例如：土方开挖、土方回填、钢筋、模板、混凝土、砖砌体、木门窗制作与安装、钢结构基础等工程。

17. 【2015年真题】下列工程中，属于分部工程的是（　　）。

A. 既有工厂的车间扩建工程　　B. 工业车间的设备安装工程

C. 房屋建筑的装饰装修工程　　D. 基础工程中的土方开挖工程

【解析】 根据GB 50300—2013《建筑工程施工质量验收统一标准》的相关规定，建筑工程的分部工程包括：地基与基础、主体结构、装饰装修、屋面、给排水及供暖、通风与空调、建筑电气、智能建筑、建筑节能、电梯等。简称：两能两电风和水、地主屋面与装修。

18. 【2015年真题】根据《国务院关于投资体制改革的决定》，对于采用贷款贴息方式的政府投资项目，政府需要审批（　　）。

A. 项目建议书　　B. 可行性研究报告

C. 工程概算　　D. 资金申请报告

【解析】 根据《国务院关于投资体制改革的决定》关于简化和规范政府投资项目审批程序的规定，采用投资补助、转贷和贷款贴息方式的，只审批资金申请报告。具体的权限划分和审批程序由国务院投资主管部门会同有关方面研究制定，报国务院批准后颁布实施。

19. 【2013年真题】根据《国务院关于投资体制改革的决定》，实施核准制的项目，企业应向政府主管部门提交（　　）。

A. 项目建议书　　B. 项目可行性研究

C. 项目申请报告　　D. 项目开工报告

【解析】 根据《国务院关于投资体制改革的决定》关于规范政府核准制的规定，企业投资建设实行核准制的项目，仅需向政府提交项目申请报告，不再经过批准项目建议书、可行性研究报告和开工报告的程序。

20. **【2013 年真题】** 下列项目开工建设准备工作中，在办理工程质量监督手续之后才能进行的工作是（　　）。

A. 办理施工许可证　　B. 编制施工组织设计

C. 编制监理规划　　D. 审查施工图设计文件

【解析】 根据《建设工程质量管理条例》规定，建设单位在领取施工许可证或开工报告前，应当按照国家有关规定办理工程质量监督手续。

21. **【2012 年真题】** 建设工程施工许可证应当由（　　）申请领取。

A. 施工单位　　B. 设计单位　　C. 监理单位　　D. 建设单位

【解析】 根据《建筑法》的有关规定，建设单位应当按照国家有关规定向工程所在地县级以上人民政府建设行政主管部门申请领取施工许可证。

22. **【2011 年真题】** 建设单位在办理工程质量监督注册手续时，需提供（　　）。

A. 投标文件　　B. 专项施工方案

C. 施工组织设计　　D. 施工图设计文件

【解析】 建设单位在办理施工许可证之前应当到规定的工程质量监督机构办理工程质量监督注册手续。办理质量监督注册手续时需提供下列资料：①施工图设计文件审查报告和批准书；②中标通知书和施工、监理合同；③建设单位、施工单位和监理单位工程项目的负责人和机构组成；④施工组织设计和监理规划（监理实施细则）等。

23. **【2011 年真题】** 根据《关于实行建设项目法人责任制的暂行规定》，项目总经理的基本职责是（　　）。

A. 筹措工程建设投资　　B. 组织工程建设实施

C. 提出项目开工报告　　D. 审定债务偿还计划

【解析】 根据《关于实行建设项目法人责任制的暂行规定》第十四条，按照《公司法》的规定，根据建设项目的特点，项目总经理具体行使以下职权：

① 组织编制项目初步设计文件，对项目工艺流程、设备选型、建设标准、总图布置提出意见，提交董事会审查。

② 组织工程设计、施工监理、施工队伍和设备材料采购的招标工作，编制和确定招标方案、标底和评标标准，评选和确定投、中标单位。实行国际招标的项目，按现行规定办理。

③ 编制并组织实施项目年度投资计划、用款计划、建设进度计划。

④ 编制项目财务预、决算。

⑤ 编制并组织实施归还贷款和其他债务计划。

⑥ 组织工程建设实施，负责控制工程投资、工期和质量。

⑦ 在项目建设过程中，在批准的概算范围内对单项工程的设计进行局部调整（凡引起生产性质、能力、产品品种和标准变化的设计调整以及概算调整，需经董事会决定并报原审批单位批准）。

⑧ 根据董事会授权处理项目实施中的重大紧急事件，并及时向董事会报告。

⑨ 负责生产准备工作和培训有关人员。

⑩ 负责组织项目试生产和单项工程预验收。

⑪ 拟订生产经营计划、企业内部机构设置、劳动定员定额方案及工资福利方案。

⑫ 组织项目后评价，提出项目后评价报告。

⑬ 按时向有关部门报送项目建设、生产信息和统计资料。

⑭ 提请董事会聘任或解聘项目高级管理人员。

24. **【2010 年真题】** 城镇市政基础设施工程的建设单位应在开工前向（　　）申请领取施工许可证。

A. 国务院建设主管部门

B. 工程所在地省级以上人民政府建设主管部门

C. 工程所在地市级以上人民政府建设主管部门

D. 工程所在地县级以上人民政府建设主管部门

【解析】 同第 21 题。

25. **【2010 年真题】** 根据《关于实行建设项目法人责任制的暂行规定》，项目法人应在（　　）正式成立。

A. 项目建议书批准后　　B. 项目施工总设计文件审查通过后

C. 项目可行性研究报告被批准后　　D. 项目初步设计文件被批准后

【解析】 根据《关于实行建设项目法人责任制的暂行规定》第六条的规定，项目可行性研究报告经批准后，正式成立项目法人，并按有关规定确保资本金按时到位，同时及时办理公司设立登记。

26. **【2008 年真题】** 对一般工业与民用建筑工程而言，下列工程中属于子分部工程的是（　　）。

A. 土方开挖工程　　B. 砖砌体工程　　C. 地下防水工程　　D. 土方回填工程

【解析】 此题用排除法，分部工程——两能两电风和水、地主屋面与装修，分项工程——土木钢板砖混。其中 A、B、D 三个选项均属于分项工程，将其排除。

27. **【2008 年真题】** 根据《国务院关于投资体制改革的决定》，对于采用直接投资和资本金注入方式的政府投资项目，政府需要严格审批其（　　）。

A. 初步设计和概算　　B. 开工报告

C. 资金申请报告　　D. 项目核准报告

【解析】 同第 14 题。

28. **【2008 年真题】** 根据《国务院关于投资体制改革的决定》，为了广泛听取社会各方对政府投资项目的意见和建议，国家将逐步实行政府投资项目（　　）制度。

A. 专家评审　　B. 公示　　C. 咨询评估　　D. 听证

【解析】 同第 8 题。

29. **【2007 年真题】** 根据《建筑工程施工图设计文件审查暂行办法》，（　　）应当将施工图报送建设行政主管部门，由其委托有关机构进行审查。

A. 设计单位　　B. 建设单位　　C. 咨询单位　　D. 质量监督机构

【解析】 根据《建筑工程施工图设计文件审查暂行办法》的规定，建设单位应当将施工图报送建设行政主管部门，由其委托有关机构进行审查。

30. **【2005 年真题】** 根据我国项目法人责任制的相关规定，下列表述中正确的是（　　）。

A. 项目法人筹备组由投资方负责组建

B. 项目董事会由项目使用单位在项目建成后负责组建

C. 由原有企业负责建设的项目，新设立子公司时原企业法人即为项目法人

D. 由原有企业负责建设的项目，设分厂时必须重新设立项目法人

【解析】 根据《关于实行建设项目法人责任制的暂行规定》第四条的规定，新上项目在项目建议书被批准后，应及时组建项目法人筹备组，具体负责项目法人的筹建工作。项目法人筹备组应主要由项目的投资方派代表组成。

根据第十条的规定，国有独资公司设立董事会。董事会由投资方负责组建。国有控股或参股的有限责任公司、股份有限公司设立股东会、董事会和监事会。董事会、监事会由各投资方按照《公司法》的有关规定进行组建。

根据第九条的规定，由原有企业负责建设的基建大中型项目，需新设立子公司的，要重新设立项目法人，并按上述规定的程序办理；只设分公司或分厂的，原企业法人即是项目法人。对这类项目，原企业法人应向分公司或分厂派遣专职管理人员，并实行专项考核。

二、多项选择题（每题2分。每题的备选项中，有2个或2个以上符合题意，且至少有1个错项。错选，本题不得分；少选，所选的每个选项得0.5分）

1. **【2022年真题】**《国务院关于投资体制改革的决定》，不使用政府资金投资建设的企业投资，政府实行（　　）。

A. 审批制　　B. 核准制

C. 承诺制　　D. 登记备案制

E. 审查制

【解析】 政府投资项目实行审批制；非政府投资项目实行核准制或登记备案制。

2. **【2020年真题】** 在工程建设实施过程中，为了做好环境保护，主体工程与环保措施工程必须同时进行的工作有（　　）。

A. 招标　　B. 设计

C. 施工　　D. 竣工结算

E. 投入运行

【解析】 在项目实施阶段，必须做到“三同时”，即主体工程与环保措施工程同时设计、同时施工、同时投入运行。

3. **【2018年真题】** 工程项目决策阶段编制的项目建议书应包括的内容有（　　）。

A. 环境影响的初步评价　　B. 社会评价和风险分析

C. 主要原材料供应方案　　D. 资金筹措方案设想

E. 项目进度安排

【解析】 项目建议书一般包括：①项目提出的必要性及依据；②规划和设计方案、产品方案、拟建规模、建设地点的初步设想；③资源情况、建设条件、协作关系和设备技术引进国别、厂商的初步分析；④投资估算、资金筹措和还贷方案设想；⑤项目进度安排；⑥经济效益和社会效益的初步估计；⑦环境影响的初步评价。

4. **【2017年真题】** 根据《建筑工程施工质量验收统一标准》，下列工程中，属于分部工程的有（　　）。

A. 砌体结构工程　　B. 智能建筑工程

C. 建筑节能工程　　　　　　　　　　D. 土方回填工程

E. 装饰装修工程

【解析】 根据《建筑工程施工质量验收统一标准》的规定，建筑工程的分部工程包括：地基与基础、主体结构、装饰装修、屋面、给排水及供暖、通风与空调、建筑电气、智能建筑、建筑节能、电梯等。

选项 A 为子分部工程，选项 D 为分项工程。

5. 【2016 年真题】建设单位在办理工程质量监督注册手续时需提供的资料有（　　）。

A. 中标通知书　　　　　　　　　　B. 施工进度计划

C. 施工方案　　　　　　　　　　　D. 施工组织设计

E. 监理规划

【解析】 建设单位办理质量监督注册手续须提供的资料包括：①图审报告和批准书；②中标通知书和施工、监理合同；③建、施、监的项目负责人和机构组成；④施工组织设计和监理规划（监理实施细则）。

6. 【2015 年真题】实行法人责任制的建设项目，项目总经理的职权有（　　）。

A. 负责筹措建设资金　　　　　　　B. 负责提出项目竣工验收申请报告

C. 组织编制项目初步设计文件　　　D. 组织工程设计招标工作

E. 负责生产准备工作和培训有关人员

【解析】 同单项选择题第 23 题。

7. 【2014 年真题】根据《房屋建筑和市政基础设施工程施工图设计文件审查管理办法》，施工图审查机构对施工图设计文件审查的内容有（　　）。

A. 是否按限额设计标准进行施工图设计

B. 是否符合工程建设强制性标准

C. 施工图预算是否超过批准的工程概算

D. 地基基础和主体结构的安全性

E. 危险性较大的工程是否有专项施工方案

【解析】 根据《房屋建筑和市政基础设施工程施工图设计文件审查管理办法》第十一条的规定，审查机构应当对施工图审查下列内容：

① 是否符合工程建设强制性标准。

② 地基基础和主体结构的安全性。

③ 是否符合民用建筑节能强制性标准，对执行绿色建筑标准的项目，还应当审查是否符合绿色建筑标准。

④ 勘察设计企业和注册执业人员以及相关人员是否按规定在施工图上加盖相应的图章和签字。

⑤ 法律、法规、规章规定必须审查的其他内容。

8. 【2011 年真题】关于工程项目后评价的说法，正确的有（　　）。

A. 项目后评价应在竣工验收阶段进行

B. 项目后评价的基本方法是对比法

C. 项目效益后评价主要是经济效益后评价

D. 过程后评价是项目后评价的重要内容

E. 项目后评价全部采用实际运营数据

【解析】 项目后评价是在竣工验收后的一个独立的阶段。项目后评价的基本方法是对比法（实际和预测对比）。后评价包括：效益后评价和过程后评价。效益后评价包括：经济、环境、社会、可持续性、综合效益后评价。

9. 【2010 年真题】根据《国务院关于投资体制改革的决定》，企业投资建设《政府核准的投资项目目录》中的项目时，不再经过批准（　　）的程序。

A. 项目建议书　　B. 项目可行性研究报告

C. 项目初步设计　　D. 项目施工图设计

E. 项目开工报告

【解析】 同单项选择题第 19 题。

10. 【2009 年真题】根据《国务院关于投资体制改革的决定》，只需审批资金申请报告的政府投资项目是指采用（　　）方式的项目。

A. 直接投资　　B. 资本金注入

C. 投资补助　　D. 转贷

E. 贷款贴息

【解析】 根据《国务院关于投资体制改革的决定》关于改革项目审批制度，落实企业投资自主权的规定，对于企业使用政府补助、转贷、贴息投资建设的项目，政府只审批资金申请报告。

11. 【2008 年真题】根据《关于实行建设项目法人责任制的暂行规定》，项目董事会的职权包括（　　）。

A. 提出项目开工报告　　B. 组织材料设备采购招标工作

C. 组织项目后评价　　D. 审核、上报项目初步设计和概算文件

E. 负责按时偿还债务

【解析】 同单项选择题第 13 题。

三、答案

单项选择题

题号	1	2	3	4	5	6	7	8	9	10
答案	D	B	A	D	D	A	D	A	B	D
题号	11	12	13	14	15	16	17	18	19	20
答案	C	C	A	C	B	C	C	D	C	A
题号	21	22	23	24	25	26	27	28	29	30
答案	D	C	B	D	C	C	A	B	B	A

多项选择题

题号	1	2	3	4	5	6
答案	BD	BCE	ADE	BCE	ADE	CDE
题号	7	8	9	10	11	—
答案	BD	BD	ABE	CDE	ADE	—

四、2023 考点预测

1. 工程项目组成的四大分类
2. 工程项目按投资来源的划分
3. 施工图审查的内容
4. 办理质量监督注册手续提供的资料
5. 国家发展改革委明确必须招标的工程范围

第二节　工程项目组织

考点一、业主方项目管理组织模式
考点二、工程项目发承包模式
考点三、工程项目管理组织机构形式

一、单项选择题（每题 1 分。每题的备选项中，只有 1 个最符合题意）

1. **【2022 年真题】**某施工项目管理组织机构如下图所示，其组织形式是（　　）。

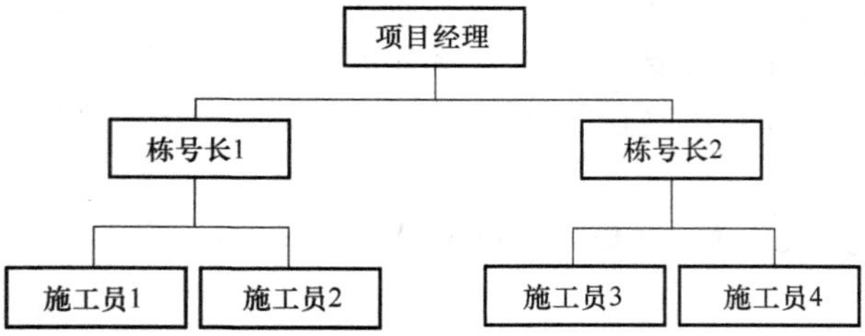

A. 直线制　　B. 直线职能制　　C. 职能制　　D. 矩阵制

【解析】 直线制是一种最简单的组织机构形式，各职位均按直线垂直排列。

2. **【2021 年真题】**建设单位将工程项目设计与施工发包给工程项目管理公司，工程项目管理公司再将所承接的设计和施工任务全部分包给专业设计单位和施工单位，自己专心致力于工程项目管理工作。该项目组织模式属于（　　）。

A. 项目管理承包模式　　B. 工程代建制
C. 总分包模式　　D. CM 承包模式

【解析】 总分包模式中还有一种特殊的项目组织模式——工程项目总承包管理模式，即建设单位将工程项目设计与施工的主要部分发包给专门从事设计与施工组织管理的工程项目管理公司，该公司自己既没有设计力量，也没有施工队伍，而是将其所承接的设计和施工任务全部分包给其他设计单位和施工单位。工程项目管理公司则专心致力于工程项目管理工作。

3. **【2021 年真题】**某公司为完成某大型复杂的工程项目，要求在项目管理组织机构内设置职能部门以发挥各类专家的作用。同时从公司临时抽调专业人员到项目管理组织机构，要求所有成员只对项目经理负责，项目经理全权负责该项目。该项目管理组织机构宜采用的组织形式是（　　）。

A. 直线制　　　　　　　　　　　　B. 强矩阵制

C. 职能制　　　　　　　　　　　　D. 弱矩阵制

【解析】 强矩阵制形式的项目管理组织，项目经理由企业最高领导任命，并全权负责项目。项目经理直接向最高领导负责，项目组成员的绩效完全由项目经理进行考核，项目组成员只对项目经理负责。其特点是拥有专职的、具有较大权限的项目经理以及专职项目管理人员。强矩阵制组织形式适用于技术复杂且时间紧迫的工程项目。

4.【2020 年真题】关于工程项目管理组织机构特点的说法，正确的是（　　）。

A. 矩阵制组织中，项目成员受双重领导

B. 职能制组织中指令唯一且职责清晰

C. 直线制组织中可实现专业化管理

D. 强矩阵制组织中，项目成员仅对职能经理负责

【解析】 统一指挥——直线制和直线职能制；专业化——职能制和直线职能制；多头领导——职能制和矩阵制（双）。

5.【2019 年真题】根据《国务院关于投资体制改革的决定》，工程代建制是针对（　　）项目的。

A. 经营性政府投资　　　　　　　　B. 基础设施投资

C. 非经营性政府投资　　　　　　　D. 核准目录内企业投资

【解析】 根据《国务院关于投资体制改革的决定》关于加强政府投资项目管理、改进建设实施方式的规定，对非经营性政府投资项目加快推行“代建制”，即通过招标等方式，选择专业化的项目管理单位负责建设实施，严格控制项目投资、质量和工期，竣工验收后移交给使用单位。

6.【2019 年真题】关于 CM（Construction Management，施工管理）承包模式，以下说法正确的是（　　）。

A. 工程设计与施工由一个总承包单位统筹安排

B. 秉承在工程设计全部结束之后，进行施工招标

C. 使工程项目实现有条件的“边设计，边施工”

D. 所有分包不通过招标的方式展开竞争

【解析】 本题考查 CM 承包模式的特点。CM 采用加速路径法施工，即边设计边施工。

7.【2018 年真题】对于技术复杂，各职能部门之间的技术界面比较繁杂的大型工程项目，宜采用的项目组织形式是（　　）组织形式。

A. 直线制　　　　　　　　　　　　B. 弱矩阵制

C. 中矩阵制　　　　　　　　　　　D. 强矩阵制

【解析】 本题考核矩阵制的三种组织形式的应用：强矩阵适用于复杂、紧迫工程；弱矩阵适用于简单工程；中矩阵适用于中等项目。

8.【2017 年真题】建设工程采用平行承包模式的特点是（　　）。

A. 有利于缩短建设工期　　　　　　B. 不利于控制工程质量

C. 业主组织管理简单　　　　　　　D. 工程造价控制难度小

【解析】 平行承包模式的特点是：可优选承包商，有利于控制质量（自控、他控）、缩短工期（设计施工搭接），管理协调工作量大（多个合同），造价控制难度大（总价不易短

期确定并且需要控制多个合同价），不利于发挥高技术水平、高管理能力、综合优势强的承包商的优势。

9. **【2017 年真题】**直线职能制组织结构的特点是（　　）。

A. 信息传递路径较短　　B. 容易形成多头领导

C. 各职能部门间横向联系强　　D. 各职能部门职责清楚

【解析】 直线职能制组织结构的特点是集中领导、职责清楚、利于管理，但横向联系差、信息传递长，职能部门与指挥部门之间容易产生矛盾。

10. **【2016 年真题】**CM（Construction Management，施工管理）承包模式的特点是（　　）。

A. 建设单位与分包单位直接签订合同　　B. 采用流水施工法施工

C. CM 单位可赚取总分包之间的差价　　D. 采用快速路径法施工

【解析】 本题考查 CM 承包模式的特点：采用快速路径法施工，即边设计边施工。

代理型 CM 不负责分包工程的发包，故不与分包商签订分包合同，CM 合同采用简单成本加酬金合同。而非代理型 CM 直接与分包商签订分包合同，CM 合同采用保证最大工程费用 GMP 加酬金合同。

CM 单位不赚取总包与分包之间的差价，赚的是酬金。

11. **【2016 年真题】**下列项目管理组织机构形式中，未明确项目经理角色的是（　　）组织机构。

A. 职能制　　B. 弱矩阵制　　C. 平衡矩阵制　　D. 强矩阵制

【解析】 在弱矩阵制组织形式中，未明确项目经理，即使有项目负责人，其角色也是协调者。

12. **【2015 年真题】**关于 CM 承包模式的说法，正确的是（　　）。

A. CM 合同采用成本加酬金的计价方式

B. 分包合同由 CM 单位与分包单位签订

C. 总包与分包之间的差价归 CM 单位

D. 订立 CM 合同时需要一次性确定施工合同总价

【解析】 同第10 题。

13. **【2015 年真题】**某项目组织机构如下图所示，该组织机构属于（　　）组织形式。

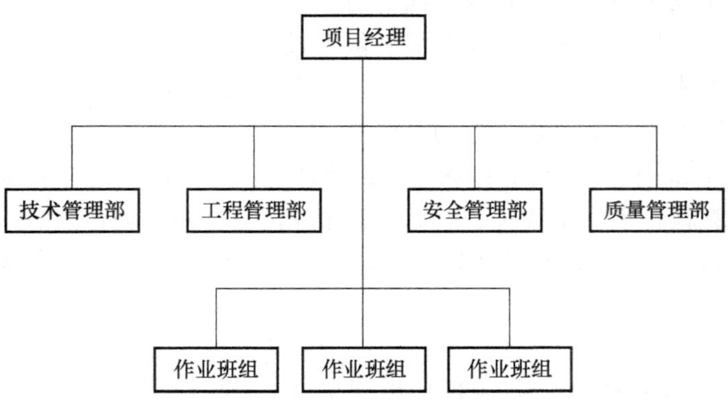

A. 直线制　　B. 职能制　　C. 直线职能制　　D. 矩阵制

【解析】　组织形式命令源：认定组织形式的依据为命令的走向。

14.【2014 年真题】工程项目承包模式中，建设单位组织协调工作量小，但风险较大的是（　　）。

A. 总分包模式　　B. 合作体承包模式

C. 平行承包模式　　D. 联合体承包模式

【解析】　本题考查六种发承包模式其中一种的优缺点。组织协调小、风险大——合作体（不捆绑）。

15.【2014 年真题】工程项目管理组织机构采用直线制形式的主要优点是（　　）。

A. 管理业务专门化，易提高工作质量　　B. 部门间横向联系强，管理效率高

C. 隶属关系明确，易实现统一指挥　　D. 集权与分权结合，管理机构灵活

【解析】　直线制组织机构的特点：结构简单、权力集中、易于指挥、隶属明确、权职分明，但无职能部门，无法实现专业化。

16.【2013 年真题】代理型 CM 合同由建设单位与分包单位直接签订，一般采用（　　）的合同形式。

A. 固定单价　　B. 可调总价

C. GMP 加酬金　　D. 简单的成本加酬金

【解析】　同第 10 题。

17.【2012 年真题】关于 CM 承包模式的说法，正确的是（　　）。

A. CM 单位负责分包工程的发包

B. CM 合同总价在签订 CM 合同时即确定

C. GMP 可大大减少 CM 单位的承包风险

D. CM 单位不赚取总包与分包之间的差价

【解析】　同第 10 题。

18.【2012 年真题】工程项目管理组织机构采用直线制形式的优点是（　　）。

A. 人员机动，组织灵活　　B. 多方指导，辅助决策

C. 权力集中，职责分明　　D. 横向联系，信息流畅

【解析】　同第 15 题。

19.【2011 年真题】关于 Partnering 模式的说法，正确的是（　　）。

A. Partnering 协议是业主与承包商之间的协议

B. Partnering 模式是一种独立存在的承发包模式

C. Partnering 模式特别强调工程参建各方基层人员的参与

D. Partnering 协议不是法律意义上的合同

【解析】　Partnering 模式的主要特征是：出于自愿高管参，信息开放非合同。

20.【2011 年真题】下列工程项目管理组织机构形式中，具有较大的机动性和灵活性，能够实现集权与分权的最优结合，但因有双重领导，容易产生扯皮现象的是（　　）。

A. 矩阵制　　B. 直线职能制

C. 直线制　　D. 职能制

【解析】　双重领导矩阵制，统一指挥带“直线”，管理专业有“职能”，职能矩阵易扯皮。

21.【2010 年真题】下列工程项目管理组织机构中，结构简单、隶属关系明确，便于统一指挥，决策迅速的是（　　）。

A. 直线制　　B. 矩阵制

C. 职能制　　D. 直线职能制

【解析】 同第 15 题。

22.【2009 年真题】建设工程采用 CM 承包模式时，CM 单位有代理型和非代理型两种。工程分包商的签约对象是（　　）。

A. 代理型为业主，非代理型为 CM 单位　　B. 代理型为 CM 单位，非代理型为业主

C. 无论代理型或非代理型，均为业主　　D. 无论代理型或非代理型，均为 CM 单位

【解析】 同第 10 题。

23.【2008 年真题】建设工程项目实施 CM 承包模式时，代理型合同由（　　）的计价方式签订。

A. 业主与分包商以简单的成本加酬金

B. 业主与分包商以保证最大工程费用加酬金

C. CM 单位与分包商以简单的成本加酬金

D. CM 单位与分包商以保证最大工程费用加酬金

【解析】 同第 10 题。

24.【2008 年真题】下列工程项目管理组织机构形式中，易于实现统一指挥的是（　　）。

A. 矩阵制和职能制　　B. 职能制和直线制

C. 直线制和直线职能制　　D. 直线职能制和矩阵制

【解析】 同第 20 题。

25.【2006 年真题】在下列组织机构形式中，具有集中领导，职责清晰，但各职能部门之间的横向联系差，信息传递路线长等特点的是（　　）组织机构形式。

A. 直线制　　B. 职能制

C. 直线职能制　　D. 矩阵制

【解析】 同第 9 题。

26.【2005 年真题】与平行承包模式相比较，EPC 承包模式的特点表现为（　　）。

A. 业主组织管理和协调工作量大　　B. 有利于业主对工程质量实施控制

C. 有利于吸引更多的投标人参与竞争　　D. 有利于控制工程造价

【解析】 本题考查 EPC，即设计—采购—施工总承包模式的特点：

EPC 合同数量少，因而业主的组织管理协调工作量少；总分包模式和平行承包模式均有利于工程质量实施控制；对建设单位而言，总承包选择范围小，因而不利于投标人参与竞争；由于总包合同价格可以较早确定，因而利于控制造价。

27.【2005 年真题】下列关于工程项目管理组织机构形式的表述中，正确的是（　　）。

A. 直线制组织机构中各职能部门的职责分明，但信息传递路线长

B. 职能制组织机构中各职能部门能够分别从职能角度对下级进行业务管理

C. 直线职能制组织机构中各职能部门可以直接下达指令，信息传递路线短

D. 矩阵制组织机构实现了集权与分权的最优结合，具有较强的稳定性

【解析】 因为带“直线”就是统一指挥，因而选项A、C错误，选项D矩阵制稳定性差。

本题考查四类工程项目组织机构形式的特点。

28. 【2004年真题】工程项目有多种组织管理模式，并各具特点。下列有关组织管理模式特点的评价中，不恰当的是（　　）。

A. 与平行承包模式相比，EPC模式中业主控制工程造价的难度大

B. 与总分包模式相比，平行承包模式扩大了业主选择承包商的范围

C. EPC模式和CM模式都可以实现有条件的边设计、边施工

D. 与EPC模式相比，平行承包模式不利于承包商设计施工综合管理能力的发挥

【解析】 EPC模式由于总包合同价格可以较早确定，因而利于控制造价，故选项A的描述不恰当。

29. 【2004年真题】下列工程项目组织机构形式中，能够实现集权和分权的有效结合，能够根据任务的实际情况组建和调整组织机构，但稳定性差，其成员容易受双重领导的组织机构是（　　）。

A. 直线制　　B. 职能制

C. 直线职能制　　D. 矩阵制

【解析】 在工程项目组织机构形式中，矩阵制的优点是能根据任务的实际情况组建与之相适应的管理机构，具有较大的机动性和灵活性，实现了集权和分权的有效结合，有利于调动各类人员的工作积极性，使工程项目管理工作顺利地进行。但矩阵制组织机构经常变动，稳定性差，其成员容易受双重领导。

二、多项选择题（每题2分。每题的备选项中，有2个或2个以上符合题意，且至少有1个错项。错选，本题不得分；少选，所选的每个选项得0.5分）

1. 【2022年真题】对建设单位而言，工程项目总分包模式的特点有（　　）。

A. 需要管理的合同数量多　　B. 组织管理和协调工作量少

C. 选择的总承包单位范围小　　D. 不利于控制工程造价

E. 有利于缩短建设周期

【解析】 总分包模式的特点：有利于工程项目的组织管理；有利于控制工程造价；有利于控制工程质量；有利于缩短建设工期。对建设单位而言，选择总承包单位的范围小，一般合同金额较高。对总承包单位而言，责任重、风险大，需要具有较高的管理水平和丰富的实践经验。当然，获得高额利润的潜力也比较大。

2. 【2020年真题】与EPC总承包模式相比，平行承包模式的特点有（　　）。

A. 建设单位可在更大范围内选择承包商

B. 建设单位组织协调工作量大

C. 建设单位合同管理工作量大

D. 有利于建设单位较早确定工程造价

E. 有利于建设单位向承包单位转移风险

【解析】 平行承包模式的特点：

① 有利于建设单位择优选择承包单位。

② 有利于控制工程质量。

③ 有利于缩短建设工期。工程设计与施工阶段有可能形成搭接关系，从而缩短整个工程项目的建设工期。

④ 组织管理和协调工作量大。

⑤ 工程造价控制难度大。一是总合同价不易短期确定，从而影响工程造价控制的实施；二是招标任务量大，需控制多项合同价格，从而增加工程造价控制的难度。

⑥ 相对于总分包模式而言，平行承包模式不利于发挥那些技术水平高、综合管理能力强的承包单位的综合优势。

3. **【2019 年真题】** 项目管理采用矩阵制组织机构形式的特点有（　　）。

A. 组织机构稳定性强　　B. 容易造成职责不清

C. 组织机构灵活性大　　D. 组织机构机动性强

E. 每一个成员受双重领导

【解析】 本题考查矩阵制组织机构形式的优缺点：

矩阵制机动性、灵活性好，但稳定性差，故选项 A 错误；容易造成职责不清是职能制特点，故选项 B 错误。

4. **【2015 年真题】** 建设工程采用平行承包模式时，建设单位控制工程造价难度大的原因有（　　）。

A. 合同价值小，建设单位选择承包单位的范围小

B. 合同数量多，组织协调工作量大

C. 总合同价不易在短期内确定，影响造价控制的实施

D. 建设周期长，增加时间成本

E. 工程招标任务量大，需控制多项合同价格

【解析】 平行承包模式的工程造价控制难度大，是因为总合同价不易短期确定并且由于招标任务量大，因而需要控制多项合同价。

5. **【2014 年真题】** 下列关于 CM 承包模式的说法，正确的有（　　）。

A. CM 承包模式下采用快速路径法施工

B. CM 单位直接与分包单位签订分包合同

C. CM 合同采用成本加酬金的计价方式

D. CM 单位与分包单位之间的合同价是保密的

E. CM 单位不赚取总包与分包之间的差价

【解析】 同单项选择题第 10 题。

6. **【2013 年真题】** 关于强矩阵组织形式的说法，正确的有（　　）。

A. 项目经理具有较大权限

B. 需要配备训练有素的协调人员

C. 项目组织成员绩效完全由项目经理考核

D. 适用于技术复杂且时间紧迫的工程项目

E. 项目经理直接向企业最高领导负责

【解析】 强矩阵组织形式的特点是：拥有专职、具有较大权限的项目经理以及专职项目管理人员，适用于技术复杂且时间紧迫的工程项目。“需要配备训练有素的协调人员”是

中矩阵组织特点，故选项 B 错误。

7.【2012 年真题】建设工程总分包模式的特点有（　　）。

A. 总承包商的责任重，获利潜力大

B. 业主合同结构简单，组织协调工作量小

C. 业主选择总承包商的范围大，合同总价较低

D. 总包合同价格可以较早确定，业主风险小

E. 承包商内部增加了控制环节，有利于控制工程量

【解析】 总分包模式的特点是：合同少，管理协调工作量小，总造价金额较早确定；选择总包范围小，合同金额较高；有利于控制质量（自控、监控）；EPC 模式有利于缩短工期（设计施工搭接）；总承包商风险大责任重，自然利润也多。

8.【2011 年真题】建设工程施工联合体承包模式的特点有（　　）。

A. 业主的合同结构简单，组织协调工作量小

B. 通过联合体内部合同约束，增加了工程质量监控环节

C. 施工合同总价可以较早确定，业主可承担较少风险

D. 施工合同风险大，要求各承包商有较高的综合管理水平

E. 能够集中联合体成员单位优势，增强抗风险能力

【解析】 联合体承包模式的特点是：合同简单，组织协调工作量小（一个合同），有利于控制造价和工期，联合体各成员可发挥资金、技术、管理优势，增强抗风险能力和竞争力。

9.【2010 年真题】建设工程设计与施工采用总分包模式的特点有（　　）。

A. 对总承包商要求高，业主选择范围小

B. 总包合同价格可较早确定，合同金额较低

C. 业主的合同结构简单，组织协调工作量小

D. 工程设计与施工有机结合，有利于缩短建设工期

E. 分包单位多，简化了工程质量控制工作

【解析】 同第 7 题。

10.【2009 年真题】对业主而言，建设工程采用平行承包模式的特点有（　　）。

A. 选择承包商的范围大

B. 组织协调工作量小

C. 合同结构简单

D. 工程招标任务量大

E. 工程造价控制难度大

【解析】 同单项选择题第 8 题。

11.【2007 年真题】建设工程项目采用 Partnering 模式的特点有（　　）。

A. Partnering 协议是工程建设参与各方共同签署的协议

B. Partnering 协议是工程合同文件的组成部分

C. Partnering 模式需要工程建设参与各方高层管理者的参与

D. Partnering 模式强调资源共享和风险分担

E. Partnering 模式可以独立于其他承包模式而存在

【解析】 同单项选择题第 19 题。

三、答案

单项选择题

题号	1	2	3	4	5	6	7	8	9	10
答案	A	C	B	A	C	C	D	A	D	D
题号	11	12	13	14	15	16	17	18	19	20
答案	B	A	C	B	C	D	D	C	D	A
题号	21	22	23	24	25	26	27	28	29	—
答案	A	A	A	C	C	D	B	A	D	—

多项选择题

题号	1	2	3	4	5	6
答案	BCE	ABC	CDE	CE	ACE	ACDE
题号	7	8	9	10	11	—
答案	ABDE	AE	ACD	ADE	ACD	—

四、2023 考点预测

1. 六大项目发承包模式
2. 四大项目管理组织机构形式

第三节　工程项目计划与控制

考点一、工程项目计划体系
考点二、工程项目施工组织设计
考点三、工程项目目标控制的内容、措施和方法

一、单项选择题（每题 1 分。每题的备选项中，只有 1 个最符合题意）

1. **【2022 年真题】**工程项目一览表，将初步设计中确定的建设内容，按照（　　）归类并编号。

A. 单项工程或单位工程　　B. 单位工程或分部工程

C. 分部工程或分项工程　　D. 单位工程或分项工程

【解析】 工程项目一览表将初步设计中确定的建设内容，按照单项工程或单位工程归类并编号。

2. **【2022 年真题】**根据施工总进度计划，施工总平面布置时，办公区、生活区和生产区宜（　　）。

A. 分离设置，满足节能、环保、安全和消防等要求

B. 集中布置，布置在建筑红线和建筑中间，减少二次搬运

C. 充分利用既有建筑物和既有设施，增加生活区临时配套设施

D. 建在红线下

【解析】 临时设施应方便生产、生活，办公区、生活区和生产区宜分离设置。

3. 【2021 年真题】工程项目建设总进度计划表格部分的主要内容有（　　）。

A. 工程项目一览表、工程项目总进度计划表、投资计划年度分配表、工程项目进度平衡表

B. 工程项目一览表、年度计划项目表、年度竣工投产交付使用计划表、年度建设资金平衡表

C. 工程概况表、施工总进度计划表、主要资源配置计划表、工程项目进度平衡表

D. 工程概况表、工程项目前期工作进度计划表、工程项目总进度计划表、工程项目年度计划表

【解析】 表格部分包括工程项目一览表、工程项目总进度计划表、投资计划年度分配表和工程项目进度平衡表。

4. 【2020 年真题】工程项目计划体系中，用来阐明各单位工程建设规模、投资额、新增固定资产、新增生产能力等建设总规模及本年计划完成情况的计划表是（　　）。

A. 年度计划项目表

B. 年度竣工投产交付使用计划表

C. 年度建设资金平衡表

D. 投资计划年度分配表

【解析】 年度竣工投产交付使用计划表，用来阐明各单位工程建设规模、投资额、新增固定资产、新增生产能力等建设总规模及本年计划完成情况，并阐明其竣工日期。

5. 【2020 年真题】S 曲线法比较实际进度和计划进度时，实际累计在计划累计线上，表示（　　）。

A. 实际进度落后于计划进度　　B. 计划进度编制过于保守

C. 实际进度超前于计划进度　　D. 计划进度偏于紧迫

【解析】 横坐标，水平距离表示进度偏差，实际进度超前计划进度。

6. 【2019 年真题】专项施工方案由（　　）组织审核。

A. 建设单位　　B. 监理单位

C. 监督机构　　D. 施工单位技术部门

【解析】 根据《建筑施工组织设计规范》的规定，施工方案应由项目技术负责人审批；重点、难点分部（分项）工程和专项工程施工方案应由施工单位技术部门组织相关专家评审，施工单位技术负责人批准。

7. 【2019 年真题】下列工程项目目标控制方法中，可以随时了解生产过程中质量变化情况的是（　　）。

A. 排列图法　　B. 直方图法　　C. 控制图法　　D. 鱼刺图法

【解析】 想要随时了解质量变化必定进行动态分析，而排列图法和直方图法均为静态的质量控制方法，直接排除 A、B 两个选项。而鱼刺图法又称因果分析图法，是寻找质量问题产生原因的方法。四类质量目标控制方法中只有控制图法为动态的控制方法。

8. 【2018 年真题】施工承包单位的项目管理实施规划应由（ ）组织编制。

A. 施工企业经营负责人　　B. 施工项目经理

C. 施工项目技术负责人　　D. 施工企业技术负责人

【解析】 项目管理规划大纲是项目管理工作中具有战略性、全局性、宏观性的指导文件，由企业管理层在投标时编制；项目管理实施规划是在开工前由项目经理组织编制，并报企业管理层审批的项目管理文件。

9. 【2018 年真题】下列组成内容中，属于单位工程施工组织设计纲领性内容的是（ ）。

A. 施工进度计划　　B. 施工方法

C. 施工现场平面布置　　D. 施工部署

【解析】 根据《建筑施工组织设计规范》的规定，施工部署是施工组织设计纲领性内容。

10. 【2018 年真题】适用于分析和描述某种质量问题产生原因的统计分析工具是（ ）。

A. 直方图　　B. 控制图

C. 因果分析图　　D. 主次因素分析图

【解析】 本题考查工程项目目标控制方法中后四种有关质量目标控制方法的对比区分。

因果分析图法又叫树枝图或鱼刺图，是用来寻找某种质量问题产生原因的有效工具。

四种质量控制：排列主次寻因素，因果鱼树找原因，质量波动看直方，动态控制观点子。

11. 【2017 年真题】下列计划表中，属于建设单位计划体系中工程项目建设总进度计划的是（ ）。

A. 年度计划项目表　　B. 年度建设资金平衡表

C. 投资计划年度分配表　　D. 年度设备平衡表

【解析】 总进度计划中的表格部分包括：工程项目一览表、工程总进度计划、工程进度平衡表、投资计划年度分配表。

12. 【2017 年真题】编制单位工程施工进度计划时，确定工作项目持续时间需要考虑每班工人数量，限定每班工人数量上限的因素是（ ）。

A. 工作项目工程量　　B. 最小劳动组合

C. 人工产量定额　　D. 最小工作面

【解析】 最小工作面限定了每班安排人数的上限，而最小劳动组合限定了每班安排人数下限。

13. 【2017 年真题】应用直方图法分析工程质量状况时，直方图出现折齿型分布的原因是（ ）。

A. 数据分组不当或组距确定不当　　B. 少量材料不合格

C. 短时间内工人操作不熟练　　D. 数据分类不当

【解析】 本题考查应用直方图法进行质量目标控制时，当出现非正常型图形时，所产生的原因。

分居（分组、组距）不当易折齿，主观操作易绝壁，少量工人在孤岛，分类混淆双峰型。

14.【2016年真题】根据《建筑施工组织设计规范》，施工组织设计三个层次是指（　　）。

A. 施工组织总设计、单位工程施工组织设计和施工方案

B. 施工组织总设计、单位工程施工组织设计和施工进度计划

C. 施工组织设计、单位进度计划和施工方案

D. 指导性施工组织设计、实施性施工组织设计和施工方案

【解析】根据《建筑施工组织设计规范》的规定，施工组织设计按编制对象可分为施工组织总设计、单位工程施工组织设计和施工方案。

15.【2016年真题】香蕉曲线法和S曲线法均可用来控制工程造价和工程进度。两者的主要区别是香蕉曲线以（　　）为基础绘制。

A. 施工横道计划　　B. 流水施工计划

C. 工程网络计划　　D. 增值分析计划

【解析】S曲线法和香蕉曲线法的原理基本相同，都可以进行进度控制和造价控制。但香蕉曲线法是以工程网络计划为基础绘制的，香蕉曲线是以网络计划为基础的上ES、下LS的双曲线。

16.【2015年真题】根据《建筑施工组织设计规范》，施工组织总设计应由（　　）主持编制。

A. 总承包单位技术负责人　　B. 施工项目负责人

C. 总承包单位法定代表人　　D. 施工项目技术负责人

【解析】根据《建筑施工组织设计规范》的规定，施工组织设计（各层次的施工组织设计）应由项目负责人主持编制，可根据需要分阶段编制和审批。

17.【2015年真题】下列控制措施中，属于工程项目目标被动控制措施的是（　　）。

A. 制订实施计划时，考虑影响目标实现和计划实施的不利因素

B. 识别和揭示影响目标实现和计划实施的潜在风险因素

C. 制定必要的备用方案，以应对可能出现的影响目标实现的情况

D. 跟踪目标实施情况，发现目标偏离时及时采取纠偏措施

【解析】本题主要考查主动控制与被动控制措施的区分。

做此类题型，把握一个大的原则：主动控制属于事前预控，事中、事后控制均为被动控制。

只要出现纠偏这个关键词就是被动控制，同样只要出现防偏这个关键词就是主动控制。

18.【2014年真题】下列工程项目目标控制方法中，可用来掌握产品质量波动情况及质量特征的分布规律，以便对质量状况进行分析判断的是（　　）。

A. 直方图法　　B. 鱼刺图法　　C. 控制图法　　D. S曲线法

【解析】本题考查工程项目目标控制方法中各种控制方法的定义及对比区分。

直方图又叫频数分布直方图，它是通过直方图形的高度表示一定范围内数值发生的频率，据此掌握产品质量的波动情况，了解质量特征的分布规律。

19.【2013年真题】根据《建筑施工组织设计规范》，单位工程施工组织设计应由（　　）主持编制。

A. 建设单位项目负责人　　B. 施工项目负责人
C. 施工单位技术负责人　　D. 施工项目技术负责人

【解析】 同第 16 题。

20. 【2013 年真题】下列工程项目目标控制方法中，可用来找出工程质量主要影响因素的是（　　）。

A. 直方图法　　B. 鱼刺图法　　C. 排列图法　　D. S 曲线法

【解析】 排列图法又叫主次因素分析图或者帕累特图，是用来寻找影响产品质量主要因素的一种工具。其中左边的纵坐标表示频数，右边的纵坐标表示频率，横坐标表示影响质量的各种因素。

21. 【2012 年真题】下列工程项目计划表中，用来阐明各单位工程的建筑面积、投资额、新增固定资产、新增生产能力等建筑总规模及本年计划完成情况的是（　　）。

A. 年度竣工投产交付使用计划表　　B. 年度计划项目表
C. 年度建设资金平衡表　　D. 投资计划年度分配表

【解析】 本题考查工程项目计划体系中，有关工程项目建设总进度计划表与工程项目年度计划表格的定义区分。

年度竣工投产交付使用计划表，用来阐明各单位工程的建设规模、投资额、新增固定资产、新增生产能力等建设总规模及本年计划完成情况，并阐明其竣工日期。

22. 【2012 年真题】下列工程项目目标控制方法中，可以用来判断工程造价偏差的是（　　）。

A. 控制图法　　B. 鱼刺图法
C. S 曲线法　　D. 网络计划法

【解析】 工程项目目标控制方法中，控制质量的方法有四种，分别是排列图法、因果分析图法即鱼刺图法、直方图法和控制图法。

选项 A 和 B 属于质量控制的方法。而选项 D 是控制进度的方法。

S 曲线法，是将累计的实际 S 曲线与累计的计划 S 曲线进行对比，从而判断工程的进度偏差和造价偏差的方法。

23. 【2011 年真题】下列进度计划表中，用来确定年度施工项目的投资额和年末形象进度，并阐明建设条件落实情况的是（　　）。

A. 投资计划年度分配表　　B. 年度建设资金平衡表
C. 年度计划项目表　　D. 工程项目进度平衡表

【解析】 本题属于较难的概念题。

年度计划项目表，用来确定年度施工项目的投资额和年末形象进度，并阐明建设条件（图纸、设备、材料、施工力量）的落实情况，即投资进度两手抓。

24. 【2011 年真题】下列工程项目目标控制方法组中，控制的原理基本相同，目的也相同的是（　　）。

A. 香蕉曲线法和 S 曲线法　　B. 网络计划法和香蕉曲线法
C. 排列图法和网络计划法　　D. S 曲线法和排列图法

【解析】 同第 15 题。

25. 【2010 年真题】下列进度计划表中，用来明确各种设计文件交付日期，主要设备交付日期，施工单位进场日期，水、电及道路畅通日期的是（　　）。

A. 工程项目总进度计划表　　B. 工程项目进度平衡表

C. 工程项目施工总进度表　　D. 单位工程总进度计划表

【解析】 本题属于较难的概念题。

建设单位工程项目建设总进度计划中的工程项目进度平衡表，用来明确各种设计文件交付日期、主要设备交货日期、施工单位进场日期、水电及道路接通日期等。

26. 【2010年真题】下列方法中，可同时用来控制工程造价和工程进度的是（　　）。

A. S曲线法和直方图法　　B. 直方图法和鱼刺图法

C. 鱼刺图法和香蕉曲线法　　D. 香蕉曲线法和S曲线法

【解析】 同第15题。

27. 【2009年真题】作为施工承包单位计划体系的重要内容，项目管理实施规划应由（　　）编制。

A. 企业管理层在投标之前　　B. 项目经理部在投标之前

C. 企业管理层在开工之前　　D. 项目经理部在开工之前

【解析】 承包单位的计划体系中，项目管理实施规划是在开工前由施工项目经理组织编制，并报企业管理层审批。

28. 【2009年真题】为了有效地控制建设工程项目目标，可采取的组织措施之一是（　　）。

A. 制订工作考核标准　　B. 论证技术方案

C. 审查工程付款　　D. 选择合同计价方式

【解析】 本题考查工程项目目标控制措施方法的区分。

组织措施一般与人、分工、流程等有关。选项B属于技术措施，选项C属于经济措施，选项D属于合同措施。

29. 【2008年真题】作为施工承包单位计划体系的重要内容，项目管理规划大纲应由（　　）编制。

A. 项目经理部在投标之前　　B. 企业管理层在中标之后

C. 项目经理部在中标之后　　D. 企业管理层在投标之前

【解析】 承包单位计划体系中，作为具有战略性、全局性和宏观性的指导文件的项目管理规划大纲，投标前由企业管理层编制。

30. 【2007年真题】用来分析工程质量主要影响因素的方法是（　　）。

A. 排列图法　　B. 责任图法　　C. 直方图法　　D. 控制图法

【解析】 同第20题。

31. 【2006年真题】下列建设工程项目目标控制措施中，属于被动控制措施的是（　　）。

A. 调查分析外部环境条件　　B. 揭示目标实现和计划实施的影响因素

C. 及时反馈计划执行的偏差程度　　D. 落实目标控制的任务和管理职能

【解析】 同第17题。

32. 【2006年真题】用于控制建设工程质量的静态分析方法是（　　）。

A. 香蕉图法和鱼刺图法　　B. 排列图法和控制图法

C. 控制图法和责任图法　　D. 直方图法和排列图法

【解析】 本题考查工程项目目标控制方法中有关质量控制方法的动、静态区分。

进度控制方法有三种，分别是S曲线法、网络计划技术、香蕉曲线法，排除选项A。

质量控制四种方法中，排列图法和直方图法都是静态分析方法，而控制图法属于动态质量控制方法。

33. 【2005年真题】下列控制措施中属于主动控制措施的是（　　）。

A. 采用科学手段定期检查工程实施过程

B. 依据合同合理确定工程索赔费用

C. 应用科学方法定量分析工程风险

D. 根据工程实施情况及时纠正偏差

【解析】 同第17题。

34. 【2005年真题】排列图中左侧纵坐标和右侧纵坐标分别表示质量影响因素出现的（　　）。

A. 频率和重要程度　　B. 频数和重要程度

C. 频数和频率　　D. 频率和频数

【解析】 同第20题。

35. 【2004年真题】在控制工程项目目标的措施中，审核工程概预算，编制资金使用计划属于（　　）。

A. 组织措施　　B. 技术措施

C. 合同措施　　D. 经济措施

【解析】 同第28题。

二、多项选择题（每题2分。每题的备选项中，有2个或2个以上符合题意，且至少有1个错项。错选，本题不得分；少选，所选的每个选项得0.5分）

1. 【2022年真题】在单位工程施工组织设计中，资源配置计划包括（　　）。

A. 劳动力配置计划

B. 主要周转材料配置计划

C. 监理人员配置

D. 工程材料和设备配置计划

E. 计量、测量和检验仪器配置计划

【解析】 资源配置计划包括劳动力配置计划和物资配置计划。

劳动力配置计划包括：①确定各施工阶段用工量；②根据施工进度计划确定各施工阶段劳动力配置计划。

物资配置计划包括：①主要工程材料和设备的配置计划应根据施工进度计划确定，包括各施工阶段所需主要工程材料、设备的种类和数量；②工程施工主要周转材料、施工机具的配置计划应根据施工部署和施工进度计划确定，包括施工阶段所需主要周转材料、施工机具的种类和数量。

2. 【2021年真题】施工总进度计划是施工组织总设计的主要组成部分，编制施工总进度计划的主要工作有（　　）。

A. 确定总体施工准备条件
B. 计算工程量
C. 确定各单位工程的施工期限
D. 确定各单位工程的开竣工时间和相互搭接关系
E. 确定主要施工方法

【解析】 施工总进度计划的编制步骤和方法如下：
① 计算工程量。
② 确定各单位工程的施工期限。
③ 确定各单位工程的开竣工时间和相互搭接关系。
④ 编制初步施工总进度计划。
⑤ 编制正式的施工总进度计划。

3. **【2020 年真题】** 下列项目控制方法中，可用来综合控制造价和进度的是（　　）。
A. 控制图法　　B. 因果分析法
C. S 曲线法　　D. 香蕉曲线法
E. 直方图法

【解析】 S 曲线法可用于控制工程造价和工程进度。与 S 曲线法相同，香蕉曲线法同样可用来控制工程造价和工程进度。

4. **【2020 年真题】** 关于排列图的说法，正确的是（　　）。
A. 排列图左边的纵坐标表示影响因素发生的频数
B. 排列图中直方图形的高度表示影响因素造成损失的大小
C. 排列图右边的纵坐标表示影响因素累计发生频率
D. 累计频率在 90%~100%范围内的因素是影响工程质量的主要因素
E. 排列图可用于判定工程质量主要影响因素造成的费用增加值

【解析】 排列图左边的纵坐标表示频数，右边的纵坐标表示频率，横坐标表示影响质量的各种因素。
直方图形的高度则表示影响因素的大小程度。
累计频率在 0%~80%范围内的因素，成为 A 类因素，是主要因素。
排列图是用来寻找影响工程质量主要因素的一种有效工具。

5. **【2019 年真题】** 下列工程项目目标控制方法中，可用来控制工程造价和工程进度的方法有（　　）。
A. 香蕉曲线法　　B. 目标管理法
C. S 曲线法　　D. 责任矩阵法
E. 因果分析图法

【解析】 同单项选择题第 15 题。

6. **【2016 年真题】** 根据《建筑施工组织设计规范》，单位工程施工组织设计中的施工部署应包括（　　）。
A. 施工资源配置计划　　B. 施工进度安排和空间组织
C. 施工重点和难点分析　　D. 工程项目管理组织机构
E. 施工现场平面布置

【解析】 根据《建设施工组织设计规范》，作为施工组织设计中纲领性内容的施工部署应包括：施工目标、进度安排和空间组织、施工重点和难点分析、施工项目管理组织机构等。

7. 【2016年真题】采用控制图法控制生产过程质量时，说明点子在控制界限内排列有缺陷的情形有（ ）。

A. 点子连续在中心线一侧出现7个以上

B. 连续7个以上的点子上升或下降

C. 连续11个点子落在一倍标准偏差控制界限之外

D. 点子落在两倍标准偏差控制界限之外

E. 点子落在三倍标准偏差控制界限附近

【解析】 本题偏且难，不易拿分。

控制图法是动态分析质量的方法，点子在控制界限内有缺陷的情形：7升7降7一侧，周期波动有缺陷，11加3，10加2，3273104。

8. 【2015年真题】下列项目目标控制方法中，可用于控制工程质量的有（ ）。

A. S曲线法

B. 控制图法

C. 排列图法

D. 直方图法

E. 横道图法

【解析】 质量控制四方法：排列图法、直方图法、控制图法、因果分析图法。而选项A是进度和造价控制的方法；选项E是进度的控制方法。

9. 【2014年真题】建设单位编制的工程项目建设总进度计划包括的内容有（ ）。

A. 竣工投产交付使用计划表

B. 工程项目一览表

C. 年度建设资金平衡表

D. 工程项目进度平衡表

E. 投资计划年度分配表

【解析】 同单项选择题第11题。

10. 【2012年真题】采用频数分布直方图分析工程质量波动情况时，如果出现孤岛型分布，说明（ ）。

A. 数据分组不当

B. 少量材料不合格

C. 组距确定不当

D. 短时间内工人操作不熟练

E. 两个分布相混淆

【解析】 同单项选择题第13题。

11. 【2011年真题】下列建设工程项目目标控制方法中，可用来判断工程进度偏差的有（ ）。

A. 直方图法

B. 网络计划法

C. S曲线法

D. 香蕉曲线法

E. 控制图法

【解析】 建设工程项目目标控制方法中，网络计划技术、S曲线法和香蕉曲线法均可以用来判断工程进度偏差。

12. 【2007年真题】在下列建设工程项目目标控制方法中，可用来综合控制工程进度和工程造价的方法有（ ）。

A. 树枝图法　　B. 网络计划法
C. S 曲线法　　D. 决策树法
E. 香蕉曲线法

【解析】 同单项选择题第 15 题。

13.【2006 年真题】在建设单位的计划体系中，工程项目年度计划的编制依据包括（　　）。

A. 工程项目建设总进度计划　　B. 年度竣工投产交付使用计划
C. 年度劳动力需求计划　　D. 批准的设计文件
E. 技术组织措施计划

【解析】 工程项目年度计划编制的依据是项目建设总进度计划和批准的设计文件。

14.【2005 年真题】建设单位编制的工程项目年度计划包括（　　）。

A. 年度计划项目表　　B. 年度劳动生产率计划表
C. 年度风险损失估算表　　D. 年度竣工投产交付使用计划表
E. 年度建设资金平衡表

【解析】 本题属于比较偏的归类题。一般工程项目年度计划，“年度”两字都在前。建设单位编制的年度计划的表格部分包括：年度计划项目表、年度竣工投产交付使用计划表、年度建设资金平衡表以及年度设备平衡表。

15.【2004 年真题】主动控制和被动控制是项目目标的两种重要控制方式，下列措施中属于主动控制措施的是（　　）。

A. 进行风险识别，在计划实施过程中做好风险管理工作
B. 分析外界环境条件，找出其对项目目标实现不利的因素，并制订项目计划
C. 根据项目管理组织中出现的问题，积极采取处理措施
D. 针对可能出现的偏离，制定备用方案
E. 根据近期发生的不可预见事件对进度的影响，对计划进行调整

【解析】 同单项选择题第 17 题。

三、答案

单项选择题

题号	1	2	3	4	5	6	7	8	9	10
答案	A	A	A	B	C	D	C	B	D	C
题号	11	12	13	14	15	16	17	18	19	20
答案	C	D	A	A	C	B	D	A	B	C
题号	21	22	23	24	25	26	27	28	29	30
答案	A	C	C	A	B	D	D	A	D	A
题号	31	32	33	34	35	—	—	—	—	—
答案	C	D	C	C	D	—	—	—	—	—

多项选择题

题号	1	2	3	4	5
答案	ABD	BCD	CD	ABC	AC
题号	6	7	8	9	10
答案	BCD	AB	BCD	BDE	BD
题号	11	12	13	14	15
答案	BCD	CE	AD	ADE	ABD

四、2023 考点预测

1. 建设单位三大计划的内容
2. 施工部署的内容
3. 招标投标制
4. 工程项目目标控制措施

第四节 流水施工组织方法

考点一、流水施工的特点和参数
考点二、流水施工的基本组织方式

一、单项选择题（每题 1 分。每题的备选项中，只有 1 个最符合题意）

1. 【2022 年真题】横道图的横轴和纵轴分别表示（　　）。

A. 空间参数和施工进度　　B. 空间位置和施工段

C. 施工进度和施工过程　　D. 施工过程和施工进度

【解析】 横道图的横轴表示施工持续时间，纵轴表示施工过程的名称或编号。

2. 【2022 年真题】专业工作队在各个施工段上的劳动量要大致相等，其相差幅度不宜超过（　　）。

A. 5%　　B. 10%~15%

C. 15%~20%　　D. 20%~25%

【解析】 同一专业工作队在各个施工段上的劳动量应大致相等，相差幅度不宜超过10%~15%。

3. 【2022 年真题】某固定节拍流水施工，施工过程 $m=3$，施工段 $n=4$，流水节拍 $t=2$，其中施工过程一和施工过程二间隔 1 天，求该流水施工总工期（　　）。

A. 10　　B. 11

C. 12　　D. 13

【解析】 流水施工总工期 $=(3+4-1)\times2+1=13$（天）。

4. 【2021 年真题】在单位工程施工组织设计文件中，施工流水段划分一般属于

（　　）部分的内容。

A. 工程概况　　B. 施工进度计划

C. 施工部署　　D. 主要施工方案

【解析】 施工组织总设计中应对工程项目总体施工做出下列宏观部署：

① 确定工程项目施工总目标，包括进度、质量、成本、安全生产及环境保护目标。

② 根据工程项目施工总目标要求，确定工程项目分阶段（期）交付使用计划。

③ 确定工程项目分阶段（期）施工的合理顺序和空间组织。

5. **【2021 年真题】**针对危险性较大的分部分项工程，施工单位应编制专项施工方案，其主要内容除工程概况、编制依据和施工安全保证措施以外，还应有（　　）。

A. 施工计划、施工现场平面布置、季节性施工方案

B. 施工进度计划、资金使用计划、变更计划、临时设施的准备

C. 投资费用计划、资源配置计划、施工方法及工艺要求

D. 施工计划、施工工艺技术、劳动力计划、计算书及相关图纸

【解析】 专项施工方案应当包括以下内容：

① 工程概况。危险性较大的分部分项工程概况、施工平面布置、施工要求和技术保证条件。

② 编制依据。相关法律、法规、规范性文件、标准、规范及图纸（国标图集）、施工组织设计等。

③ 施工计划。施工进度计划、材料与设备计划。

④ 施工工艺技术。技术参数、工艺流程、施工方法、检查验收等。

⑤ 施工安全保证措施。组织保障、技术措施、应急预案、监测监控等。

⑥ 劳动力计划。专职安全生产管理人员、特种作业人员等。

⑦ 计算书及相关图纸。

6. **【2021 年真题】**采用排列图分析影响工程质量的主次因素时，将影响因素分为三类，其中 A 类因素是指累计频率在（　　）范围内的因素。

A. 0~70%　　B. 0~80%

C. 80%~90%　　D. 90%~100%

【解析】 分析排列图，找出影响工程（产品）质量的主要因素。在一般情况下，将影响质量的因素分为三类，累计频率在 0~80%范围内的因素，称为 A 类因素，是主要因素；在 80%~90%范围内的为 B 类因素，是次要因素；在 90%~100%范围内的为 C 类因素，是一般因素。

7. **【2021 年真题】**某楼板结构工程由三个施工段组成，每个施工段均包括模板安装、钢筋绑扎和混凝土浇筑三个施工过程，每个施工过程由各自专业工作队施工，流水节拍见下表。该工程钢筋绑扎和混凝土浇筑之间的流水步距为（　　）天。

某楼板结构工程的流水节拍表

施工段	施工过程		
	模板安装	钢筋绑扎	混凝土浇筑
第一区	5	4	2
第二区	4	5	3
第三区	4	6	2

A. 2　　B. 5　　C. 8　　D. 10

【解析】

5	9	13			4	9	15	
	4	9	15			2	5	7
5	5	4	−15		4	7	10	−7

8. **【2020 年真题】** 建设工程组织流水施工时，用来表达流水施工在施工工艺方面进展状态的参数（　　）。

A. 流水强度和施工过程　　B. 流水节拍和施工段

C. 工作面和施工过程　　D. 流水步距和施工段

【解析】 工艺参数主要是指在组织流水施工时，用以表达流水施工在施工工艺方面进展状态的参数，通常包括施工过程和流水强度。

9. **【2019 年真题】** 在组织流水施工时，用以表达流水施工在施工工艺方面进展状态的参数是（　　）。

A. 施工段和流水步距　　B. 流水步距和施工过程

C. 施工过程和流水强度　　D. 流水强度和施工段

【解析】 本题属于历年高频考点，考查流水施工参数。

工艺参数——施工过程、流水强度。

空间参数——施工段、工作面。

时间参数——流水节拍、流水步距、流水工期。

10. **【2019 年真题】** 工程项目有 3 个施工过程，4 个施工段，流水节拍分别为 4 天、2 天、4 天，组织成倍节拍流水施工，则流水施工工期为（　　）天。

A. 12　　B. 14　　C. 16　　D. 24

【解析】 "题眼"——流水步距 K，等步距异节奏 K 为各流水节拍最大公约数。

① $K=(4, 2, 4)=2$，

② $n'=4/2+2/2+4/2=5$ 个专业队，

③ $T=(m+n'-1)\times K=(4+5-1)\times 2=16$（天）。

11. **【2018 年真题】** 某分部工程流水施工计划如下图所示，该流水施工的组织形式是（　　）。

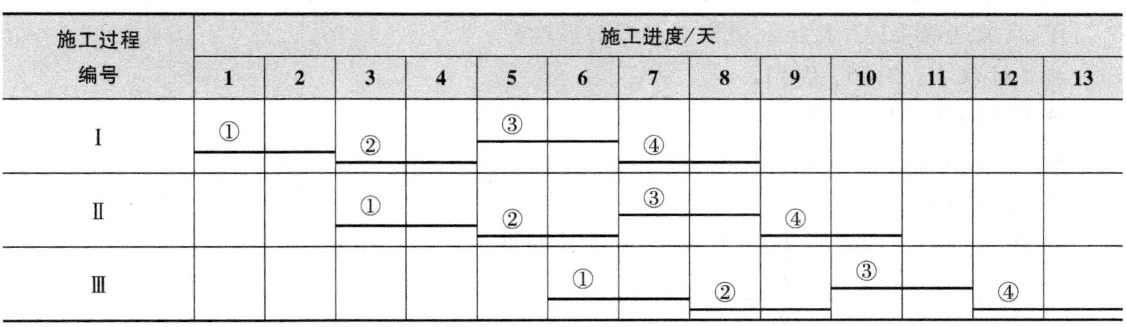

A. 异步距异节奏流水施工

B. 等步距异节奏流水施工

C. 有提前插入时间的固定节拍流水施工

D. 有间歇时间的固定节拍流水施工

【解析】 由上图可知流水节拍都是 2 天，流水步距都是 2，施工过程Ⅱ和Ⅲ之间存在 1 天的间歇。

12. 【2018 年真题】某工程有 3 个施工过程，分为 3 个施工段组织流水施工。3 个施工过程的流水节拍依次为 3 天、3 天、4 天，5 天、2 天、1 天和 4 天、1 天、5 天，则流水施工工期为（　　）天。

A. 6　　B. 17　　C. 18　　D. 19

【解析】 “题眼”——流水步距 K，无节奏流水步距用“大差法”。

① 施工过程在施工段上的流水节拍累加成数列：

施工过程Ⅰ：3，6，10

施工过程Ⅱ：5，7，8

施工过程Ⅲ：4，5，10

② 错位相减：

Ⅰ和Ⅱ：

$$\begin{array}{r} 3,\ 6,\ 10\qquad\quad \\ -)\qquad 5,\ 7,\ 8 \\ \hline 3,\ 1,\ 3,\ -8 \end{array}$$

Ⅱ和Ⅲ：

$$\begin{array}{r} 5,\ 7,\ 8\qquad\quad \\ -)\qquad 4,\ 5,\ 10 \\ \hline 5,\ 3,\ 3,\ -10 \end{array}$$

③ 取大差作为流水步距 K

$K_{1\text{-}2}=\max\{3,1,3,-8\}=3$（天），$K_{2\text{-}3}=\max\{5,3,3,-10\}=5$（天），

$T=\sum K+\sum t_n=(3+5)+(4+1+5)=18$（天）。

13. 【2017 年真题】下列流水施工参数中，属于时间参数的是（　　）。

A. 施工过程和流水步距　　B. 流水步距和流水节拍

C. 施工段和流水强度　　D. 流水强度和工作面

【解析】 同第 9 题。

14. 【2017 年真题】某工程有 3 个施工过程，分为 4 个施工段组织流水施工。各施工过程在各施工段上的流水节拍分别为 2 天、3 天、4 天、3 天，4 天、2 天、3 天、5 天，3 天、2 天、2 天、4 天。则流水施工工期为（　　）天。

A. 17　　B. 19　　C. 20　　D. 21

【解析】 “题眼”——流水步距 K，无节奏流水步距用“大差法”。

① 施工过程在施工段上的流水节拍累加成数列：

施工过程Ⅰ：2，5，9，12

施工过程Ⅱ：4，6，9，14

施工过程Ⅲ：3，5，7，11

② 错位相减：

Ⅰ和Ⅱ：

$$\begin{array}{r} 2,\ 5,\ 9,\ 12\qquad\quad \\ -)\qquad 4,\ 6,\ 9,\ 14 \\ \hline 2,\ 1,\ 3,\ 3,\ -14 \end{array}$$

Ⅱ和Ⅲ：

$$\begin{array}{r} 4,\ 6,\ 9,\ 14\qquad\quad \\ -)\qquad 3,\ 5,\ 7,\ 11 \\ \hline 4,\ 3,\ 4,\ 7,\ -11 \end{array}$$

③ 取大差作为流水步距 K

$K_{1\text{-}2}=\max\{2,1,3,3,-14\}=3$（天），$K_{2\text{-}3}=\max\{4,3,4,7,-11\}=7$（天），

$T=\sum K+\sum t_n=(3+7)+(3+2+2+4)=21$（天）。

15.【2016 年真题】工程项目组织非节奏流水施工的特点是（　　）。

A. 相邻施工过程的流水步距相等　　B. 各施工段上的流水节拍相等

C. 施工段之间没有空闲时间　　D. 专业工作队数等于施工过程数

【解析】 非节奏流水施工的特点：

① 各施工过程在各施工段的流水节拍 t 不全相等。

② 相邻施工过程的流水步距 K 不尽相等。

③ 专业队数 n' 等于施工过程数 n。

④ 各专业工作队能够在施工段上连续作业，但有的施工段之间可能有空闲时间。

16.【2016 年真题】某工程分为 3 个施工过程，4 个施工段组织加快的成倍节拍流水施工，流水节拍分别为 4 天、6 天和 4 天，则需要派出（　　）个专业工作队。

A. 7　　B. 6　　C. 4　　D. 3

【解析】 等步距异节奏流水施工，$K=(4，6，6，4)=2$，$n'=4/2+6/2+4/2=7$。

17.【2015 年真题】下列流水施工参数中，属于空间参数的是（　　）。

A. 施工过程和流水强度　　B. 工作面和流水步距

C. 施工段和工作面　　D. 流水强度和流水段

【解析】 同第 9 题。

18.【2015 年真题】某工程划分为 3 个施工过程，4 个施工段组织固定节拍流水施工，流水节拍为 5 天，累计间歇时间为 2 天，累计提前插入时间为 3 天，该工程流水施工工期为（　　）天。

A. 29　　B. 30　　C. 34　　D. 35

【解析】 等节奏流水施工：$T=(m+n-1)\times t+\sum G+\sum Z-\sum C=(4+3-1)\times 5+2-3=29$（天）。

19.【2014 年真题】建设工程组织流水施工时，某施工过程（专业工作队）在单位时间内完成的工程量为（　　）。

A. 流水节拍　　B. 流水步距　　C. 流水节奏　　D. 流水能力

【解析】 本题考查流水强度的定义。

流水强度又称为流水能力或生产能力，是指流水施工的某施工过程或施工专业队在单位时间内完成的工作量。

20.【2014 年真题】某工程划分为 3 个施工过程、4 个施工段组织流水施工，流水节拍见下表，则该工程流水施工工期为（　　）天。

流水节拍表

施工过程	施工段及流水节拍/天			
	(1)	(2)	(3)	(4)
Ⅰ	4	5	3	4
Ⅱ	3	2	3	2
Ⅲ	4	3	5	4

A. 22　　B. 23

C. 26　　D. 27

【解析】 观察流水节拍，此题属于非节奏流水施工。

“题眼”——流水步距 K，非节奏流水即无节奏流水施工的流水步距用“大差法”。

① 施工过程在施工段上的流水节拍累加成数列：

施工过程Ⅰ：4，9，12，16

施工过程Ⅱ：3，5，8，10，

施工过程Ⅲ：4，7，12，16

② 错位相减：

Ⅰ和Ⅱ：

$$\begin{array}{rrrrrr} & 4, & 9, & 12, & 16 & \\ -) & & 3, & 5, & 8, & 10 \\ \hline & 4, & 6, & 7, & 8, & -10 \end{array}$$

Ⅱ和Ⅲ：

$$\begin{array}{rrrrrr} & 3, & 5, & 8, & 10, & \\ -) & & 4, & 7, & 12, & 16 \\ \hline & 3, & 1, & 1, & -2, & -16 \end{array}$$

③ 取大差作为流水步距 K

$K_{1\text{-}2}=\max\{4, 6, 7, 8, -10\}=8$（天），$K_{2\text{-}3}=\max\{3, 1, 1, -2, -16\}=3$（天），

$T=\sum K+\sum t_n=(8+3)+(4+3+5+4)=27$（天）。

21. 【2013 年真题】某工程划分为 3 个施工过程、4 个施工段，组织加快的成倍节拍流水施工，流水节拍分别为 4 天、4 天和 2 天，则应派（　　）个专业工作队参与施工。

A. 2　　B. 3　　C. 4　　D. 5

【解析】 等步距异节奏流水施工，$K=(4, 4, 2)=2$，$n'=4/2+4/2+2/2=5$。

22. 【2012 年真题】某分部工程划分为 2 个施工过程，3 个施工段组织流水施工，流水节拍分别为 3 天、4 天、2 天和 3 天、5 天、4 天，则流水步距为（　　）天。

A. 2　　B. 3　　C. 4　　D. 5

【解析】 无节奏流水施工，流水步距采用“大差法”计算。

23. 【2012 年真题】关于建设工程等步距异节奏流水施工特点的说法，正确的是（　　）。

A. 施工过程数大于施工段数　　B. 流水步距等于流水节拍

C. 施工段之间可能有空闲时间　　D. 专业工作队数大于施工过程数

【解析】 等步距异节奏流水施工，又称作成倍节拍流水施工，其特点是：

① 同一施工过程在其各个施工段上的流水节拍均相等；不同施工过程的流水节拍不等，但其数值成倍数关系。

② 相邻施工过程的流水步距相等，且等于流水节拍的最大公约数（K）。

③ 专业工作队数大于施工过程数。

④ 各专业工作队能够在施工段上连续作业，施工段之间没有空闲时间。

24. 【2011 年真题】建设工程流水施工中，某专业工作队在一个施工段上的施工时间称为（　　）。

A. 流水步距　　B. 流水节拍　　C. 流水强度　　D. 流水节奏

【解析】 本题属于简单的概念考查题。

流水节拍 t，是指某个专业队在一个施工段上的施工时间，数值越小，其流水速度越快，节奏感也越强。

25. 【2011 年真题】某分部工程划分为 3 个施工过程、4 个施工段组织流水施工，流水节拍分别为 3 天、5 天、4 天、4 天，4 天、4 天、3 天、4 天和 3 天、4 天、2 天、3 天，则

其流水施工工期为（　　）天。

A. 19　　B. 20　　C. 21　　D. 23

【解析】 观察流水节拍，此题属于非节奏流水施工。

“题眼”——流水步距K，无节奏流水步距用“大差法”。

$K_{1\text{-}2}=5$天，$K_{2\text{-}3}=6$天，$T=\sum K+\sum t_n=(5+6)+(3+4+2+3)=23$（天）。

26. 【2010年真题】固定节拍流水施工的特点之一是（　　）。

A. 专业工作队数大于施工过程数　　B. 施工段之间可能存在空闲时间

C. 流水节拍等于流水步距　　D. 流水步距等于施工过程数

【解析】 固定节拍：t为常数$=K$，专业队数$n'=n$，施工段间无空闲。

27. 【2010年真题】某分部工程划分为3个施工过程，4个施工段，组织加快的成倍节拍流水施工，流水节拍分别为6天、4天、4天，则专业工作队数为（　　）个。

A. 3　　B. 4　　C. 6　　D. 7

【解析】 $K=(6，4，4)=2$，$n'=6/2+4/2+4/2=7$。

28. 【2010年真题】某分部工程划分为3个施工过程，3个施工段组织流水施工，流水节拍分别为3天、5天、4天，4天、4天、3天和3天、4天、2天，则流水施工工期为（　　）天。

A. 16　　B. 17　　C. 18　　D. 19

【解析】 观察流水节拍，此题属于非节奏流水施工。

“题眼”——流水步距K，无节奏流水步距用“大差法”。

$K_{1\text{-}2}=4$天，$K_{2\text{-}3}=5$天，$T=\sum K+\sum t_n=(4+5)+(3+4+2)=18$（天）。

29. 【2009年真题】在组织建设工程流水施工时，用来表达流水施工在空间布置上开展状态的参数是（　　）。

A. 流水节拍　　B. 施工段　　C. 流水强度　　D. 施工过程

【解析】 同第9题。

30. 【2009年真题】等节奏流水施工与非节奏流水施工的共同特点是（　　）。

A. 相邻施工过程的流水步距相等

B. 施工段之间可能有空闲时间

C. 专业工作队数等于施工过程数

D. 各施工过程在各施工段的流水节拍相等

【解析】 四类流水施工中，除了等步距异节奏流水施工工作队数$n'>$施工过程数n外，其他三类都是工作队数$n'=$施工过程数n。

31. 【2009年真题】某分部工程划分为4个施工过程、3个施工段，组织加快的成倍节拍流水施工，如果流水节拍分别为6天、4天、4天、2天，则流水步距为（　　）天。

A. 1　　B. 2　　C. 4　　D. 6

【解析】 加快成倍流水施工中，流水步距取流水节拍的最大公约数2。

32. 【2009年真题】某分部工程由3个施工过程组成，分为3个施工段进行流水施工，流水节拍分别为3天、4天、2天，4天、3天、2天和2天、4天、3天。则流水施工工期为（　　）天。

A. 14　　B. 15　　C. 16　　D. 17

【解析】 观察流水节拍，此题属于非节奏流水施工。

“题眼”——流水步距 K，无节奏流水步距用“大差法”。

$K_{1\text{-}2}=3$ 天，$K_{2\text{-}3}=5$ 天，$T=\sum K+\sum t_n=(3+5)+(2+4+3)=17$（天）。

33. **【2008 年真题】** 某场馆地面工程，分基底垫层、基层、面层和抛光四个工艺过程，按四个分区流水施工，受区域划分和专业人员配置的限制，各工艺过程在四个区域依次施工天数分别为：5 天，8 天，6 天，10 天；7 天，12 天，9 天，16 天；3 天，5 天，3 天，4 天；4 天，5 天，4 天，6 天。则其流水工期应为（　　）。

A. 29 天　　B. 43 天　　C. 44 天　　D. 62 天

【解析】 利用大差法计算流水步距：$K_{1\text{-}2}=6$ 天，$K_{2\text{-}3}=33$ 天，$K_{3\text{-}4}=4$ 天，

$T=\sum K+\sum t_n=(6+33+4)+(4+5+4+6)=62$（天）。

34. **【2008 年真题】** 某三跨工业厂房安装预制钢筋混凝土屋架，分吊装就位、矫直、焊接加固 3 个工艺流水作业，各工艺作业时间分别为 10 天、4 天、6 天，其中矫直后需稳定观察 3 天才可焊接加固，则按异节奏组织流水施工的工期应为（　　）。

A. 20 天　　B. 27 天　　C. 30 天　　D. 47 天

【解析】 利用大差法计算流水步距：$K_{1\text{-}2}=22$ 天，$K_{2\text{-}3}=4$ 天，

$T=\sum K+\sum t_n+\sum G+\sum Z-\sum C=(22+4)+(6+6+6)+3=47$（天）。

35. **【2008 年真题】** 某工程分为 A、B、C 三个工艺过程，按 5 个施工段顺序组织施工，各工艺过程在各段持续时间均为 7 天，B、C 工艺之间可搭接 2 天。实际施工中，B 过程在第二段延误 3 天，则实际流水施工工期应为（　　）。

A. 47 天　　B. 49 天　　C. 51 天　　D. 50 天

【解析】 等节奏流水施工：

$T=(m+n-1)\times t+\sum G-\sum C=(5+3-1)\times 7+3-2=50$（天）。

36. **【2007 年真题】** 某建筑物的主体工程采用等节奏流水施工，共分六个独立的工艺过程，每一过程划分为四部分依次施工，计划各部分持续时间各为 108 天，实际施工时第二个工艺过程在第一部分缩短了 10 天。第三个工艺过程在第二部分延误了 10 天，实际总工期为（　　）。

A. 432 天　　B. 972 天　　C. 982 天　　D. 1188 天

【解析】 Ⅱ2 受到两项紧前工作有Ⅱ1 和Ⅰ2 同时制约，仅缩短Ⅱ1 的 10 天，总工期并不会提前，但是Ⅲ2 延误则必然导致工期延长，故总工期为 $(6+4-1)\times 108+10=982$（天）。

37. **【2007 年真题】** 已知某基础工程由开挖、垫层、砌基础和回填夯实四个过程组成。按平面划分为 4 段顺序施工，各过程流水节拍分别为 12 天、4 天、10 天和 6 天，按异节奏组织流水施工的工期则为（　　）。

A. 38 天　　B. 40 天　　C. 86 天　　D. 128 天

【解析】 注意：组织等步距异节奏——各施工过程专业队数≤施工段 M。

此题，只能用异步距异节奏（一般的异节奏）：

大差法，$K_{1\text{-}2}=36$ 天，$K_{2\text{-}3}=4$ 天，$K_{3\text{-}4}=22$ 天，

$T=\sum K+\sum t_n=(36+4+22)+(6+6+6+6)=86$（天）。

38. **【2006 年真题】** 某工程划分为 A、B、C、D 4 个施工过程，3 个施工段，流水节拍均为 3 天，其中 A 与 B 之间间歇 1 天，B 与 C 之间搭接 1 天，C 与 D 之间间歇 2 天，则该工

程计划工期应为（　　）。

A. 19 天　　B. 20 天　　C. 21 天　　D. 23 天

【解析】 等节奏流水施工：

$T=(m+n-1)\times t+\sum J-\sum C=(4+3-1)\times 3+(1+2)-1=20$（天）。

39. 【2006 年真题】某工程按全等节拍流水组织施工，共分 4 道施工工序，3 个施工段，估计工期为 72 天，则其流水节拍应为（　　）。

A. 6 天　　B. 9 天　　C. 12 天　　D. 18 天

【解析】 等节奏流水 $(m+n-1)\times t=T$，$(4+3-1)\times t=72$ 解得 $t=12$（天）。

40. 【2005 年真题】某项目组成了甲、乙、丙、丁共 4 个专业队进行等节奏流水施工，流水节拍为 6 周，最后一个专业队（丁队）从进场到完成各施工段的施工共需 30 周。根据分析，乙与甲、丙与乙之间各需 2 周技术间歇，而经过合理组织，丁对丙可插入 3 周进场，该项目总工期为（　　）周。

A. 49　　B. 51　　C. 55　　D. 56

【解析】 $\sum K+\sum t_n+\sum J+\sum C=(n'-1)t+30+(2+2)-3=(4-1)\times 6+30+4-3=49$（周）。

41. 【2004 年真题】对确定流水步距大小没有影响的是（　　）。

A. 技术间歇　　B. 组织间歇

C. 流水节拍　　D. 施工过程数

【解析】 ABC 三个选项均影响流水步距 K 的大小，选项 D 则是影响流水步距 K 的个数。

42. 【2004 年真题】某分部工程有甲、乙、丙三个施工过程，分 4 段施工，甲施工过程的流水节拍是 3 周、5 周、2 周、4 周；乙施工过程的流水节拍是 4 周、3 周、3 周、3 周；丙施工过程的流水节拍是 5 周、2 周、4 周、2 周。为了实现连续施工，乙、丙两施工过程间的流水步距应是（　　）周。

A. 3　　B. 4　　C. 5　　D. 6

【解析】 同第 22 题。

二、多项选择题（每题 2 分。每题的备选项中，有 2 个或 2 个以上符合题意，且至少有 1 个错项。错选，本题不得分；少选，所选的每个选项得 0.5 分）

1. 【2022 年真题】组织流水施工，表达流水施工所处状态时间安排的参数是（　　）。

A. 流水强度　　B. 流水节拍

C. 流水步距　　D. 流水施工工期

E. 总时差和自由时差

【解析】 流水施工时间参数主要包括流水节拍、流水步距和流水施工工期等。

2. 【2021 年真题】关于流水施工方式特点的说法，正确的有（　　）。

A. 施工工期较短，可以尽早发挥项目的投资效益

B. 实现专业化生产，可以提高施工技术水平和劳动生产率

C. 工人连续施工，可以充分发挥施工机械和劳动力的生产率

D. 提高工程质量，可以增加建设工程的使用寿命

E. 工作队伍较多，可能增加总承包单位的成本

【解析】 流水施工的特点：

① 施工工期较短。

② 实现专业化生产。

③ 连续施工。

④ 提高工程质量。

⑤ 降低工程成本。

3. 【2021 年真题】下列流水施工参数中，属于空间参数的有（　　）。

A. 流水步距　　B. 工作面

C. 流水强度　　D. 施工过程

E. 施工段

【解析】 空间参数：工作面、施工段。

4. 【2019 年真题】建设工程组织固定节拍流水施工的特点有（　　）。

A. 专业工作队数大于施工过程数　　B. 施工段之间没有空闲时间

C. 相邻施工过程的流水步距相等　　D. 各施工段上的流水节拍相等

E. 各专业队能在各施工段上连续作业

【解析】 固定节拍即等节奏流水施工的特点：t 为常数 $=K$，专业队数 $=n$，施工段间无空闲。

5. 【2018 年真题】建设工程组织流水施工时，确定流水节拍的方法有（　　）。

A. 定额计算法　　B. 经验估计法

C. 价值工程法　　D. ABC 分析法

E. 风险概率法

【解析】 流水节拍或者算，或者估。

6. 【2017 年真题】建设工程组织加快的成倍节拍流水施工的特点有（　　）。

A. 同一施工过程的各施工段上的流水节拍成倍数关系

B. 相邻施工过程的流水步距相等

C. 专业工作队数等于施工过程数

D. 各专业工作队在施工段上可连续工作

E. 施工段之间可能有空闲时间

【解析】 等步距异节奏：节拍成倍 K 相等，专业队数大于 n，施工段间无空闲。

7. 【2016 年真题】下列流水施工参数中，用来表达流水施工在空间布置上开展状态的参数有（　　）。

A. 流水能力　　B. 施工工程

C. 流水强度　　D. 工作面

E. 施工段

【解析】 同单项选择题第 9 题。

8. 【2013 年真题】非节奏流水施工的特点有（　　）。

A. 各施工段的流水节拍均相等　　B. 相邻施工过程的流水步距不尽相等

C. 专业工作队数等于施工过程数　　D. 施工段之间可能有空闲时间

E. 有的专业工作队不能连续作业

【解析】 同单项选择题第15题。

9. 【2009年真题】组织建设工程流水施工时，划分施工段的原则有（　　）。

A. 同一专业工作队在各个施工段上的劳动量应大致相等

B. 施工段的数量应尽可能多

C. 每个施工段内要有足够的工作面

D. 施工段的界限应尽可能与结构界限相吻合

E. 多层建筑物应既分施工段又分施工层

【解析】 原则就是尽量流水流的好，也就是节拍（劳动量）均匀，工作面（空间）足够，与工艺结构界限吻合，不增加质量控制难点。层多了再分层。

10. 【2008年真题】关于流水施工参数，说法错误的是（　　）。

A. 流水强度属于工艺参数

B. 流水步距决定了施工速度和施工的节奏性

C. 施工过程属于空间参数

D. 流水节拍属于时间参数

E. 基础开挖后的验槽时间为工艺间歇时间

【解析】 同单项选择题第9题。

三、答案

单项选择题

题号	1	2	3	4	5	6	7	8	9	10
答案	C	B	D	C	D	B	D	A	C	C
题号	11	12	13	14	15	16	17	18	19	20
答案	D	C	B	D	D	A	C	A	D	D
题号	21	22	23	24	25	26	27	28	29	30
答案	D	C	D	B	D	C	D	C	B	C
题号	31	32	33	34	35	36	37	38	39	40
答案	B	D	D	D	D	C	C	B	C	A
题号	41	42	—	—	—	—	—	—	—	—
答案	D	B	—	—	—	—	—	—	—	—

多项选择题

题号	1	2	3	4	5
答案	BCD	ABCD	BE	BCDE	AB
题号	6	7	8	9	10
答案	BD	DE	BCD	ACDE	BCE

四、2023考点预测

1. 流水施工特点
2. 流水施工参数
3. 流水施工计算

第五节 工程网络计划技术

考点一、网络图绘制
考点二、网络计划时间参数计算
考点三、双代号时标网络计划
考点四、网络计划优化
考点五、网络计划执行中的控制

一、单项选择题（每题1分。每题的备选项中，只有1个最符合题意）

1. **【2022年真题】** 某两段施工过程，顺序都为基坑开挖→基础砌筑→土方回填，下列属于组织关系的是（　　）。

A. 基坑开挖1→基础砌筑1　　B. 基础砌筑2→土方回填2

C. 基坑开挖1→土方回填1　　D. 基坑开挖2→基坑开挖1

【解析】 工作之间由于组织安排需要或资源（劳动力、原材料、施工机具等）调配需要而规定的先后顺序关系称为组织关系。

2. **【2022年真题】** 某项目有6项工作，逻辑关系和持续时间见下表，则该项目有（　　）条关键线路，工期为（　　）。

工作名称	K	L	M	P	Q	R
紧前工作	—	—	—	K	P	K、L、M
持续时间	6	6	5	4	3	8

A. 1，13　　B. 1，14

C. 2，13　　D. 2，14

【解析】 口诀：高铁进站定四定。

3. **【2022年真题】** 双代号时标网络计划中，某工作有3项紧后工作，这3项紧后工作所谓总时差分别为3、5、2，该工作与3项紧后工作的时间间隔为2、1、2，则该工作的总时差是（　　）。

A. 2　　B. 4　　C. 5　　D. 6

【解析】 3+2=5，5+1=6，2+2=4，三者取小值，该工作总时差为4。

4. **【2021年真题】** 已知某项目由八项工作组成，相互之间的逻辑关系见下表。该项目双代号网络图中，虚箭线至少应有（　　）条。

工作逻辑关系表

工作	A	B	C	D	E	F	G	H
紧前工作	—	—	—	A	A、B、C	A	D、E	E、F

A. 1　　B. 2　　C. 4　　D. 6

【解析】 同第 2 题。

5. **【2021 年真题】** 已知某工作的最早开始时间为 15，最早完成时间为 19，最迟完成时间为 22，紧后工作的最早开始时间为 20。该工作的最迟开始时间和自由时差分别是（　　）。

A. 18；1　　B. 18；3　　C. 19；1　　D. 19；3

【解析】 自由时差：22−19=3，22−20=2，3−2=1；最迟开始时间：15+3=18。

6. **【2021 年真题】** 某工程项目由工作 A、B、C、D、E、F、G 组成，工作持续时间及逻辑关系见下表。当使用单代号网络图表达该项目的进度计划时，所有相邻两项工作之间时间间隔的最大值是（　　）天。

工作持续时间及逻辑关系表

工作名称	A	B	C	D	E	F	G
紧前工作	—	—	A	A、B	B	C、D	D、E
持续时间/天	5	7	8	9	13	10	8

A. 1　　B. 2

C. 3　　D. 4

【解析】 20−16=4（天）。

7. **【2021 年真题】** 工程项目网络计划的费用优化是寻求工程总成本最低时的工期安排或按要求工期寻求最低成本的计划安排的过程，该优化过程通常假定工作的直接费与其持续时间之间的关系可被近似地认为是（　　）。

A. 一条平行于横坐标的直线　　B. 一条下降的直线

C. 一条上升的直线　　D. 一条上凸的曲线

【解析】

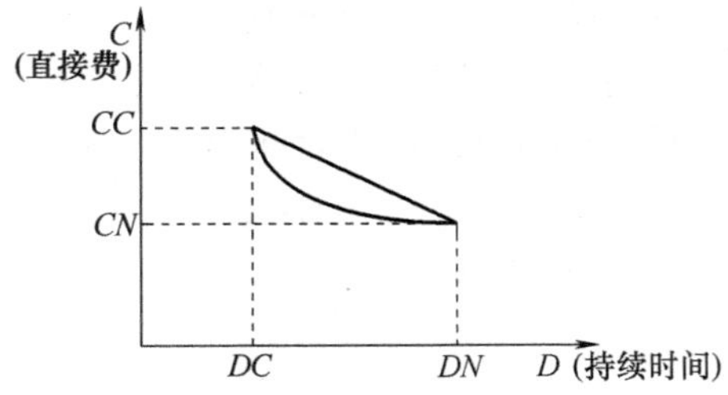

直接费-持续时间曲线

DN—工作的正常持续时间　*CN*—按正常持续时间完成工作时所需的直接费

DC—工作的最短持续时间　*CC*—按最短持续时间完成工作时所需的直接费

8. **【2020 年真题】** 某工程网络计划执行过程中，工作 M 的实际进度拖后的时间已经超过其自由时差，但未超过总时差，则工作 M 实际进度拖后产生的影响是（　　）。

A. 既不影响后续工作的正常进行，也不影响总工期

B. 影响紧后工作中的最早开始时间，但不影响总工期

C. 影响紧后工作的最迟开始时间，同时影响总工期

D. 影响紧后工作的最迟开始时间，但不影响总工期

【解析】 自由时差是不影响其紧后工作最早开始的前提下本工作可以利用的机动时间。总时差是不影响总工期的前提下本工作可以利用的机动时间。

9. **【2020 年真题】**工程网络计划中，应将（　　）的关键工作作为压缩持续时间的对象。

A. 直接费率最小的　　B. 持续时间最长的

C. 直接费率最大的　　D. 资源强度最大的

【解析】 在压缩关键工作的持续时间以达到缩短工期的目的时，应将直接费用率最小的关键工作作为压缩对象。

10. **【2019 年真题】**双代号网络计划中，关于关键节点说法正确的是（　　）。

A. 关键工作两端节点必然是关键节点

B. 关键节点的最早时间与最迟时间必然相等

C. 关键节点组成的线路必为关键线路

D. 两端是非关键节点的工作必然是关键工作

【解析】 关键工作两端的节点必为关键节点，关键节点的最迟时间与最早时间差值最小（只有 $T_P=T_C$ 时，才相等），关键节点组成的线路不一定是关键线路（下图 A→C→F→G）。

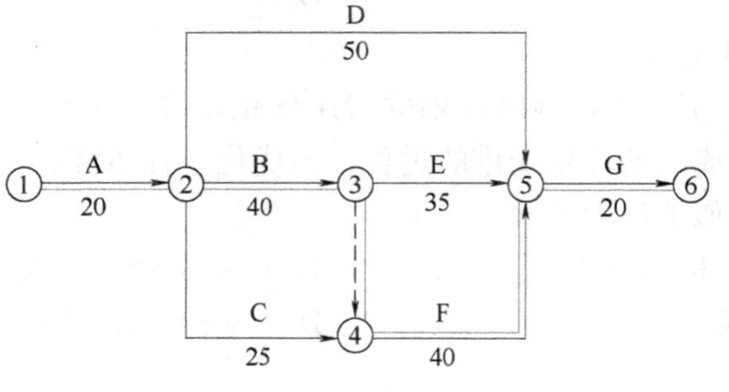

关键线路：①→②→③→④→⑤→⑥（A→B→F→G）。

11. **【2018 年真题】**某工程网络计划中，工作 M 有两项紧后工作，最早开始时间分别为 12 和 13。工作 M 的最早开始时间为 8，持续时间为 3，则工作 M 的自由时差为（　　）。

A. 1　　B. 2　　C. 3　　D. 4

【解析】 $FF_M=\min(12,13)-(8+3)=1$

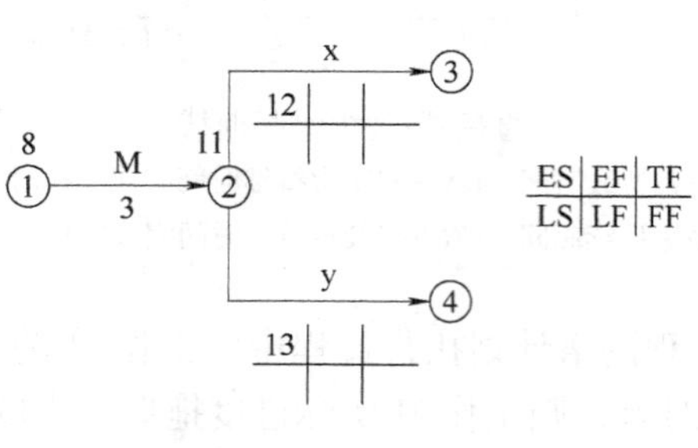

$FF_M=12-11=1$

（自由时差是指在不影响其紧后工作最早开始时间的前提下，本工作可以利用的机动时间。）

12. **【2018 年真题】** 工程网络计划中，对关键线路描述正确的是（ ）。

A. 双代号网络计划中由关键节点组成

B. 单代号网络计划中时间间隔均为零

C. 双代号时标网络计划中无虚工作

D. 单代号网络计划中由关键工作组成

【解析】 如图 a、图 b 所示。

A，图 b 中的 B、K 工作两端都是关键节点，但 B→D→K 不是关键线路。

C，图 b 中 A→D→M 是关键线路，包含②→③和⑤→⑦两项虚工作。

D，图 a 中的 A、B、C 均为关键工作，但 A→C 即①→③不是关键线路。

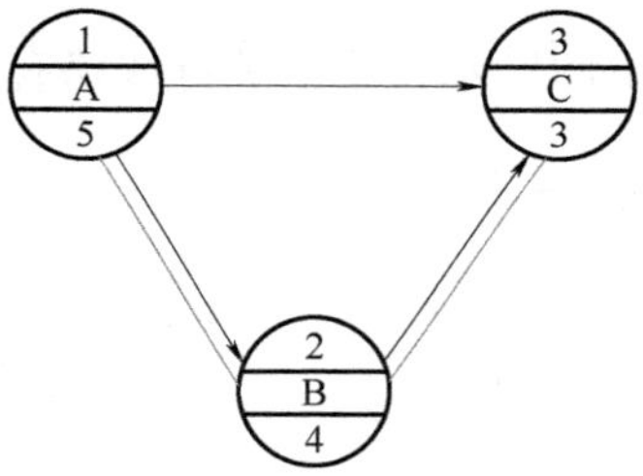

a)

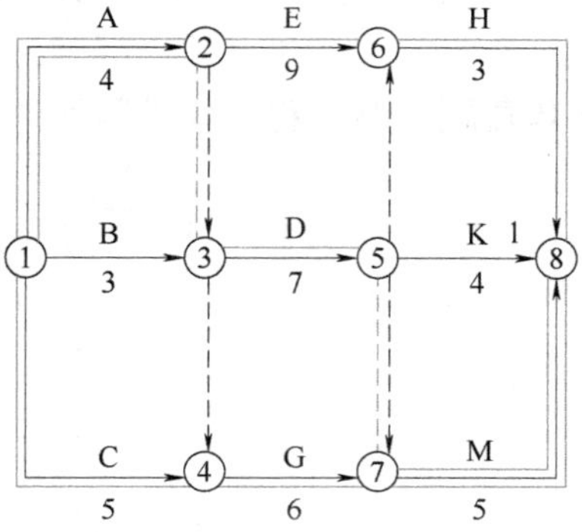

b)

13. **【2018 年真题】** 为缩短工期而采取的进度计划调整方法中，不需要改变网络计划中工作间逻辑关系的是（ ）。

A. 将顺序进行的工作改为平行作业

B. 重新划分施工段组织流水施工

C. 采取措施压缩关键工作持续时间

D. 将顺序进行的工作改为搭接作业

【解析】 网络计划中的工期优化，是在不改变网络计划中各项工作逻辑关系的前提下，通过压缩关键工作的持续时间达到优化目标。

14. **【2017 年真题】** 某工程双代号网络图如下图所示，存在的绘制错误是（ ）。

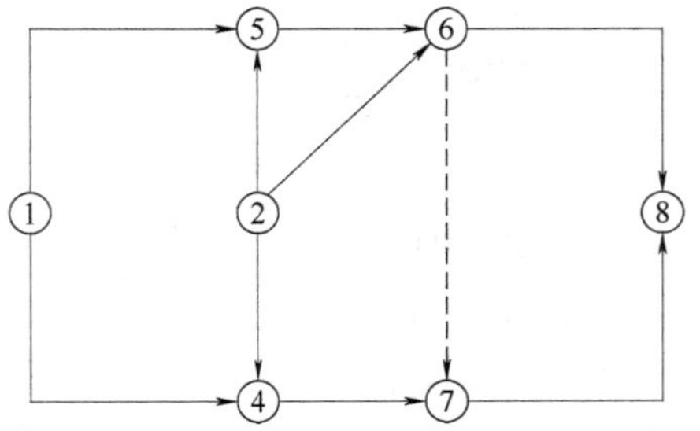

A. 多个起点节点

B. 多个终点节点

C. 节点编号有误　　　　　　　　　　D. 存在循环回路

【解析】 绘图规则：一对节点与一条箭线相对应，不能出现循环箭线和逆向箭线，节点编号可以不连续但不能由大指向小，只能有唯一的起始和终点节点。

本图①和②两个节点都是只有外向箭线的起点节点，故存在多个起点节点错误。

15. 【2017年真题】工程网络计划中，工作D有两项紧后工作，最早开始时间分别为17和20，工作D的最早开始时间为12，持续时间为3，则工作D的自由时差为（　　）。

A. 5　　　　B. 4　　　　C. 3　　　　D. 2

【解析】 $FF_D=\min(17,\ 20)-(12+3)=2$。

16. 【2017年真题】工程网络计划资源优化的目的是通过改变（　　），使资源按照时间的分布符合优化目标。

A. 工作间逻辑关系　　　　　　　　B. 工作的持续时间

C. 工作的开始时间和完成时间　　　D. 工作的资源强度

【解析】 工程网络计划中的资源优化，按照时间的分布符合就是与工作的开始时间和完成时间相匹配。

17. 【2016年真题】某工程双代号网络计划如下图所示，其中关键线路有（　　）条。

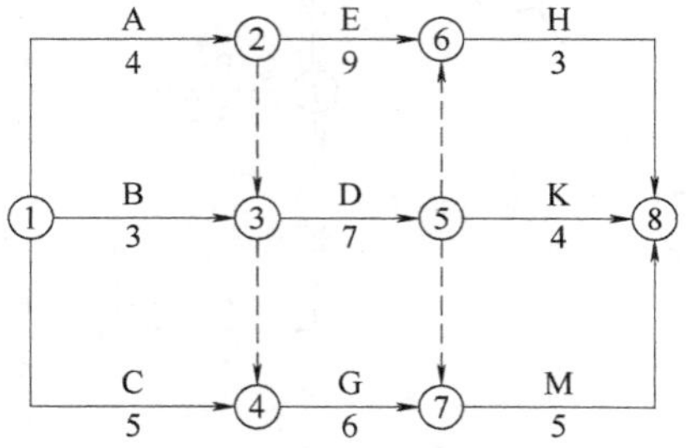

A. 1　　　　B. 2　　　　C. 3　　　　D. 4

【解析】 如下图所示：

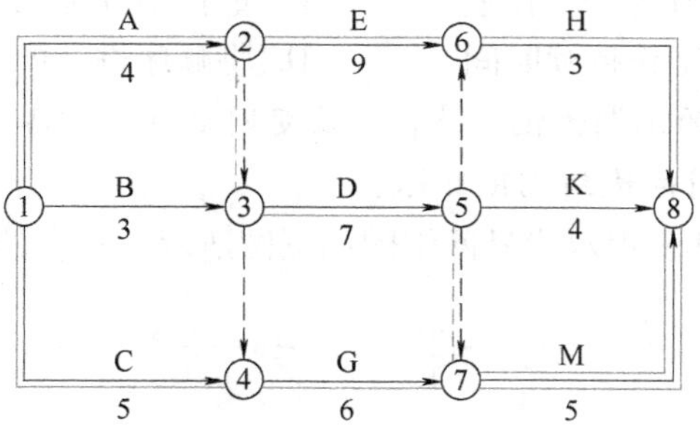

关键线路有三条，分别为：

①→②→⑥→⑧　　　　(A→E→H)

①→②→③→⑤→⑦→⑧　(A→D→M)

①→④→⑦→⑧　　　　(C→G→M)

18. 【2016年真题】单代号网络计划中，关键线路是指（　　）的线路。

A. 由关键工作组成　　　　　　　　B. 相邻两项工作之间时间间隔均为零

C. 由关键节点组成　　D. 相邻两项工作之间间歇时间均相等

【解析】 单代号网络计划中，相邻两项工作之间的时间间隔均为零的线路为关键线路。

19. 【2016 年真题】工程网络计划费用优化的基本思路是，在网络计划中，当有多条关键线路时，应通过不断缩短（　　）的关键工作持续时间来达到优化目的。

A. 直接费总和最大　　B. 组合间接费用率最小

C. 间接费总和最大　　D. 组合直接费用率最小

【解析】 本题考查工程网络计划中的费用优化。

当只有单条关键线路时，选择直接费用率最小的关键工作，压缩其持续时间。

当存在多条关键线路时，则选择组合直接费用率最小的一组关键工作作为缩短持续时间的对象。

20. 【2015 年真题】某工程双代号网络计划如下图所示。当计划工期等于计算工期时，则工作 D 的自由时差和总时差分别为（　　）。

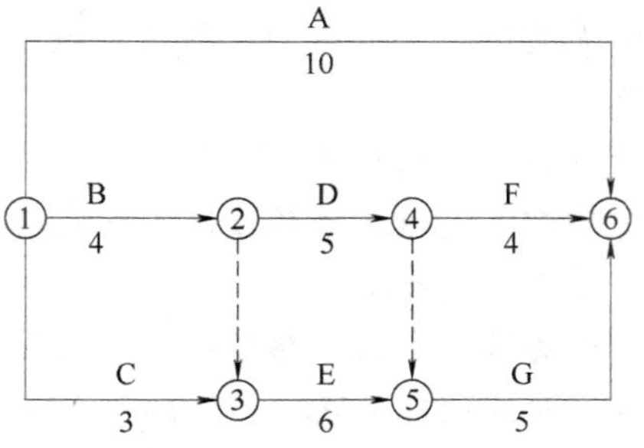

A. 2 和 2　　B. 1 和 2

C. 0 和 2　　D. 0 和 1

【解析】 $FF_D=0$，$TF_D=\min(1, 2)=1$。

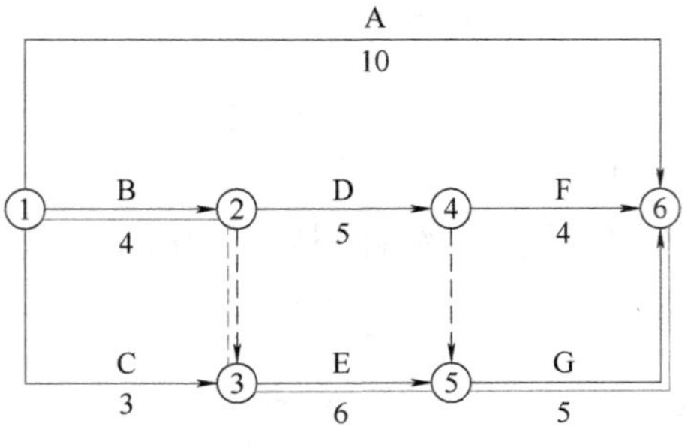

21. 【2015 年真题】计划工期与计算工期相等的双代号网络计划中，某工作的开始节点和完成节点均为关键节点时，说明该工作（　　）。

A. 一定是关键工作　　B. 总时差为零

C. 总时差等于自由时差　　D. 自由时差为零

【解析】 进入到关键节点的工作，其总时差等于自由时差。

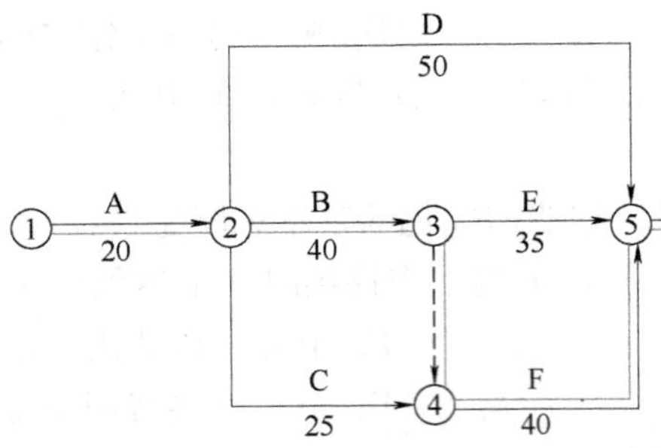

关键线路：

①→②→③→④→⑤→⑥（A→B→F→G）

C、D、E三项工作的开始节点和完成节点均为关键节点

其TF=FF即总时差等于自由时差。

22.【2014年真题】工程网络计划中，关键线路是指（　　）。

A. 双代号网络计划中无虚箭线　　B. 单代号网络计划中由关键工作组成

C. 双代号时标网络计划中无波形线　　D. 双代号网络计划中由关键节点组成

【解析】关键线路的判断：

① 双代号时标网络中，所有的工作均为关键工作，线路必为关键线路。

② 单代号网络中，所有工作都是关键工作的线路不一定是关键线路。

③ 持续时间最长的线路必定是关键线路。

④ 双代号网络所有节点均为关键节点的线路不一定是关键线路。

⑤ 单代号网络中，自始至终时间间隔LAG全部为0的线路必是关键线路。

⑥ 时标网络中，自始至终没有波形线的线路必是关键线路。

23.【2013年真题】某工程双代号网络计划中，工作N两端节点的最早时间和最迟时间如下图所示，工作N自由时差为（　　）。

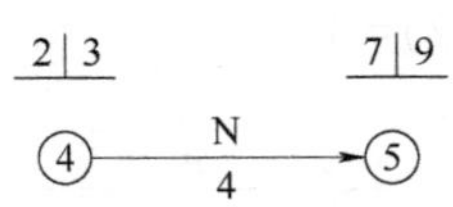

A. 0　　B. 1　　C. 2　　D. 3

【解析】$FF_N=7-(2+4)=1$。

24.【2013年真题】某工程双代号网络计划如下图所示，其中关键线路有（　　）条。

A. 1　　B. 2　　C. 3　　D. 4

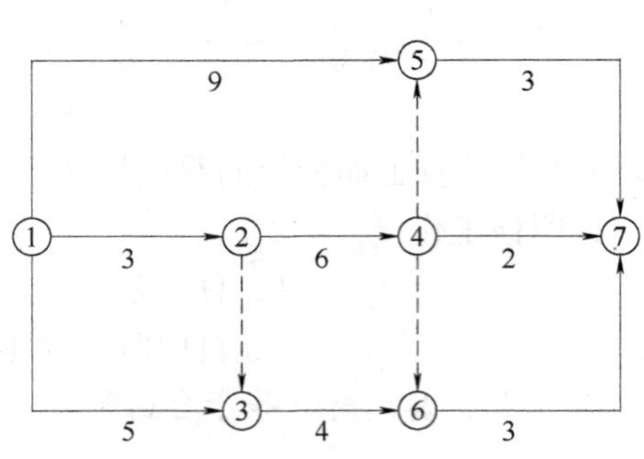

【解析】

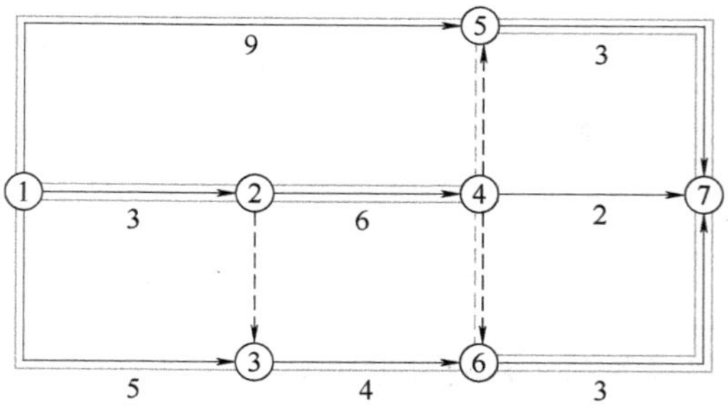

25. 【2013 年真题】工程网络计划费用优化的目的是寻求（　　）。

A. 工程总成本最低时的最优工期安排

B. 工期固定条件下的工程费用均衡安排

C. 工程总成本固定条件下的最短工期安排

D. 工期最短条件下的最低工程总成本安排

【解析】 费用优化是工程总成本最低时的最优工期安排或按要求工期求得最低成本的计划安排。

26. 【2012 年真题】在工程网络计划中，关键工作是指（　　）的工作。

A. 最迟完成时间与最早完成时间的差值最小

B. 双代号网络计划中开始节点和完成节点均为关键节点

C. 双代号时标网络计划中无波形线

D. 单代号网络计划中时间间隔为零

【解析】 关键工作的判断：

① 总时差最小的工作为关键工作，关键线路上的工作必为关键工作。

② 总时差为 0 的工作不一定是关键工作。（$T_P = T_C$ 是前提）

③ 持续时间最长的工作不一定是关键工作。

④ 双代号网络中两端节点均为关键节点的工作不一定是关键工作。

⑤ 单代号网络中与紧后工作时间间隔为 0 的工作不一定是关键工作。

⑥ 时标网络图中没有波形线的工作不一定是关键工作。

27. 【2012 年真题】工程网络计划费用优化是通过（　　）寻求工程总成本最低时的工期安排。

A. 调整组合直接费用率最小的关键工作的逻辑关系

B. 缩短组合直接费用率最大的关键工作的持续时间

C. 缩短组合直接费用率最小的关键工作的持续时间

D. 调整组合直接费用率最大的关键工作的逻辑关系

【解析】 工程网络计划费用优化是通过压缩（组合）直接费用率最小的关键工作的持续时间，从而达到优化的目的。

28. 【2011 年真题】某工程双代号网络计划如下图所示，其中关键线路有（　　）条。

A. 4　　　　B. 3　　　　C. 2　　　　D. 1

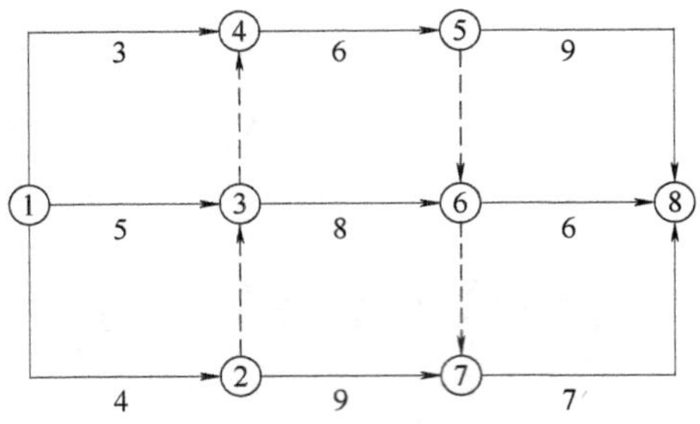

【解析】　确定关键线路最快的方法是标号法。

29.【2011 年真题】在建设工程施工方案一定的前提下，工程费用会因工期的不同而不同，随着工期的缩短，工程费用的变化趋势是（　　）。

A. 直接费增加，间接费减少　　B. 直接费和间接费均增加

C. 直接费减少，间接费增加　　D. 直接费和间接费都减少

【解析】　建设工程费用会随着工期缩短，造成直接费增加，间接费减少。

30.【2010 年真题】某工程双代号时标网络计划如下图所示，其中工作 A 的总时差为（　　）周。

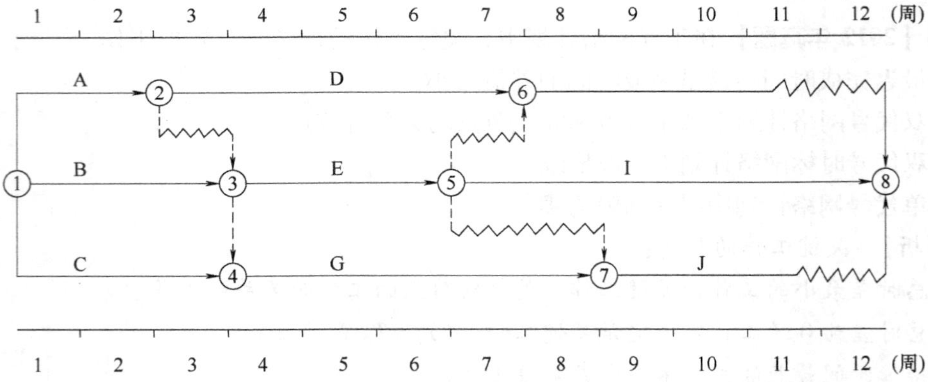

A. 1　　B. 2　　C. 3　　D. 4

【解析】　经过 A 工作到达终点⑧节点，线路上波形线之和取小。

$TF_A = \min(2, 1+1+2, 1, 1+2+1, 1+1) = 1$（周）。

31.【2010 年真题】工程网络计划工期优化的目的是（　　）。

A. 计划工期满足合同工期　　B. 计算工期满足计划工期

C. 要求工期满足合同工期　　D. 计算工期满足要求工期

【解析】　满足要求工期是大前提，而且得可行，即计算工期满足要求工期。

32.【2008 年真题】甲、乙、丙三项工作持续时间分别为 5 天、7 天、6 天，甲、乙两项工作完成后丙工作开始，甲、乙最早开始时间分别为 3 天、4 天，丙工作最迟完成时间为 17 天，则丙工作最早完成时间为（　　）。

A. 11 天　　B. 14 天　　C. 17 天　　D. 24 天

【解析】　$EF_{丙} = ES_{丙} + 6 = \max\{3+5, 4+7\} + 6 = 17$（天）。

33.【2008 年真题】A 工作的紧后工作为 B、C，A、B、C 工作持续时间分别为 6 天、5

天、5 天，A 工作最早开始时间为 8 天，B、C 工作最迟完成时间分别为 25 天、22 天，则 A 工作的总时差应为（　　）。

A. 0 天　　B. 3 天　　C. 6 天　　D. 9 天

【解析】 $TF_A = LF_A - EF_A = \min(ES_B, ES_C) - (ES_A+6) = \min(25-5, 22-5) - (8+6) = 17-14 = 3$（天）。

34. **【2008 年真题】** 关于网络图绘制规则，说法错误的是（　　）。

A. 双代号网络图中的虚箭线严禁交叉，否则容易引起混乱

B. 双代号网络图中严禁出现循环回路，否则容易造成逻辑关系混乱

C. 双代号时标网络计划中的虚工作可用波形线表示自由时差

D. 单代号搭接网络图中相邻两工作的搭接关系可表示在箭线上方

【解析】 根据《工程网络计划技术规程》（JGJ/T 121—2015）的规定，绘制网络图时应尽量避免交叉，若无法避免则采用过桥法或指向法。

35. **【2007 年真题】** 已知某工作总时差为 8 天，最迟完成时间为第 16 天，最早开始时间为第 7 天，则该工作的持续时间为（　　）。

A. 8 天　　B. 7 天　　C. 4 天　　D. 1 天

【解析】 持续时间 $= EF - ES = (LF - TF) - ES = (16-8) - 7 = 1$（天）。

36. **【2007 年真题】** 已知 A、B 工作的紧后工作为 C、D。其持续时间分别为 3 天、4 天、2 天、5 天。A、B 工作的最早开始时间为第 6 天、第 4 天，则 D 工作的最早完成时间为第（　　）。

A. 10 天　　B. 11 天　　C. 13 天　　D. 14 天

【解析】 $EF_D = \max\{6+3, 1+4\} + 5 = 9+5 = 14$（天）。

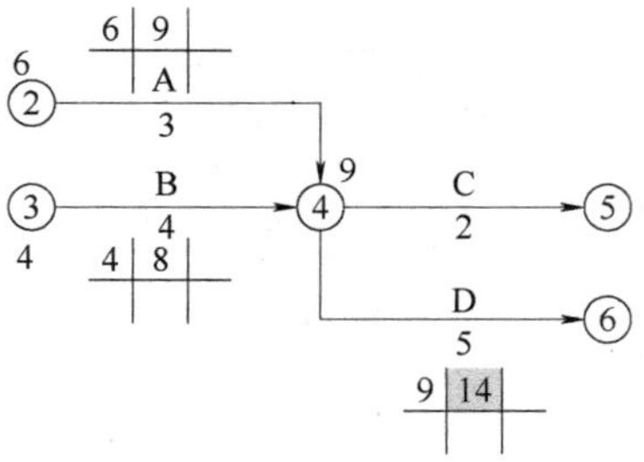

37. **【2007 年真题】** 已知 A、B 工作的紧后工作为 C，持续时间分别为 11 天、15 天、19 天，A、B 工作最早开始时间分别为第 18 天、第 14 天，C 工作的最迟完成时间为第 49 天，则 A 工作的最迟开始时间应为第（　　）。

A. 19 天　　B. 21 天　　C. 18 天　　D. 30 天

【解析】 $LS_A = ES_A + TF_A$　$TF_A = TF_C = LF_C - EF_C = 49 - (LS_C + 19) = 49 - (29+19) = 1$（天）
$LS_A = 18 + 1 = 19$（天）。

38. **【2006 年真题】** 双代号时标网络计划中，不能从图上直接识别非关键工作的时间参数是（　　）。

A. 最早开始时间　　B. 最早完成时间

C. 自由时差　　D. 总时差

【解析】 双代号时标网络计划中，不能直接从图上识别出非关键工作的总时差。

39. **【2006 年真题】** 在不影响其紧后工作最早开始时间的前提下，本工作可以利用的机动时间为（　　）。

A. 总时差　　B. 最迟开始时间

C. 自由时差　　D. 最迟完成时间

【解析】 本题考查自由时差的概念，要注意和总时差的概念进行区分。

自由时差是不影响其紧后工作均最早开始的前提下本工作可以利用的机动时间；

总时差是不影响总工期的前提下，本工作可以利用的机动时间。

40. **【2005 年真题】** 某工作的总时差为 3 天，自由时差为 1 天，由于非承包商的原因，使该工作的实际完成时间比最早完工时间延迟了 5 天，则承包商可索赔工期最多是（　　）天。

A. 1　　B. 2　　C. 3　　D. 4

【解析】 是否影响工期的判断准则是总时差。5−3=2（天），可索赔 2 天。

41. **【2005 年真题】** 对于按计算工期绘制的双代号时标网络图，下列说法中错误的是（　　）。

A. 除网络起点外，每个节点的时标都是一个工作的最早完工时间

B. 除网络终点外，每个节点的时标都是一个工作的最早开工时间

C. 总时差不为零的工作，箭线在时标轴上的水平投影长度不等于该工作持续时间

D. 波形箭线指向的节点可以不只是一个箭头的节点

【解析】 如下图所示：A、C、D、G 四项工作均为非关键工作，其总时差均不为 0，但箭线在时标轴上的水平投影长度等于该工作持续时间。

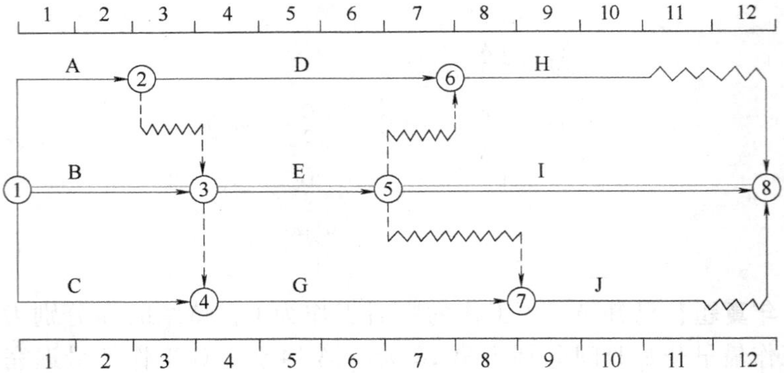

42. **【2004 年真题】** 已知 E 工作有一个紧后工作 G。G 工作的最迟完成时间为第 14 天，持续时间为 3 天，总时差为 2 天。E 工作的最早开始时间为第 6 天，持续时间为 1 天，则 E 工作的自由时差为（　　）天。

A. 1　　B. 2　　C. 3　　D. 4

【解析】 (14−2−3)−(6+1)=2（天）。

43. **【2004 年真题】** 关于双代号时标网络计划，下述说法中错误的是（　　）。

A. 自终点至起点不出现波形线的线路是关键线路

B. 双代号时标网络计划中表示虚工作的箭线有可能出现波形线

C. 每条箭线的末端（箭头）所对应的时标就是该工作的最迟完成时间

D. 每条实箭线的箭尾所对应的时标就是该工作的最早开始时间

【解析】 如下图所示：B→E→I 为关键线路，②→③、⑤→⑥、⑤→⑦均为带波形线的虚工作，时标网络（早时标——最早开始时间）。

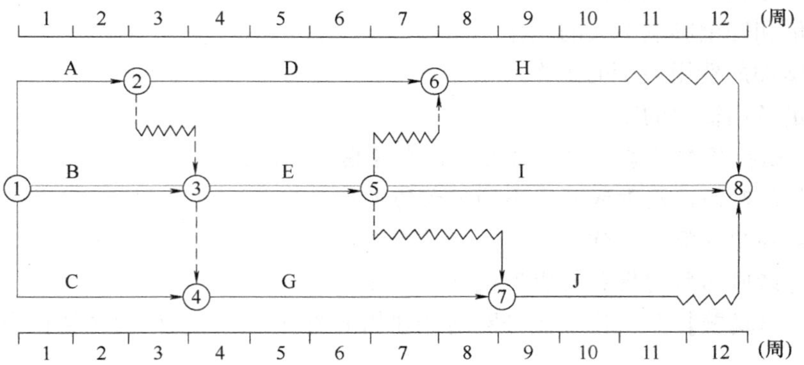

44. 【2004 年真题】为缩短总工期，应该采取措施缩短双代号网络计划中（ ）。

A. 总时差最大的项目的持续时间

B. 自由时差为零的项目的持续时间

C. 某关键线路上的关键项目的持续时间

D. 所有关键线路的持续时间

【解析】 为缩短总工期，应压缩关键线路上的关键工作持续时间，当存在多条关键线路时需要同时压缩。

45. 【2004 年真题】双代号网络计划的网络图中，虚箭线的作用是（ ）。

A. 正确表达两工作的间隔时间

B. 正确表达相关工作的持续时间

C. 正确表达相关工作的自由时差

D. 正确表达相关工作的逻辑关系

【解析】 虚箭线是为了更加清晰地表达工作之间的逻辑关系，有联系、断路、形式上区分的作用。

二、多项选择题（每题 2 分。每题的备选项中，有 2 个或 2 个以上符合题意，且至少有 1 个错项。错选，本题不得分；少选，所选的每个选项得 0.5 分）

1. 【2022 年真题】实际进度延后影响总工期，需调整进度计划，有效的调整方式是（ ）。

A. 加强管理，提高关键工作质量控制，减少返工

B. 不增加投入，将关键工作顺序作业改为搭接作业

C. 不增加投入，将关键工作平行作业改为顺序作业

D. 增加投入，缩短关键工作持续时间

E. 增加投入，缩短非关键工作持续时间

【解析】 改变关键线路和超过计划工期的非关键线路上的有关工作之间的逻辑关系可

以缩短工期。

2. 【2021年真题】当工程项目网络计划的计算工期不能满足要求工期时，需压缩关键工作的持续时间，此时可选择的关键工作有（　　）。

A. 持续时间长的工作

B. 紧后工作较多的工作

C. 对质量和安全影响不大的工作

D. 所需增加的费用最少的工作

E. 有充足备用资源的工作

【解析】 选择压缩对象时宜在关键工作中考虑下列因素：

① 缩短持续时间对质量和安全影响不大的工作。

② 有充足备用资源的工作。

③ 缩短持续时间所需增加的费用最少的工作。

3. 【2018年真题】某工作双代号网络计划如下图所示，存在的绘图错误有（　　）。

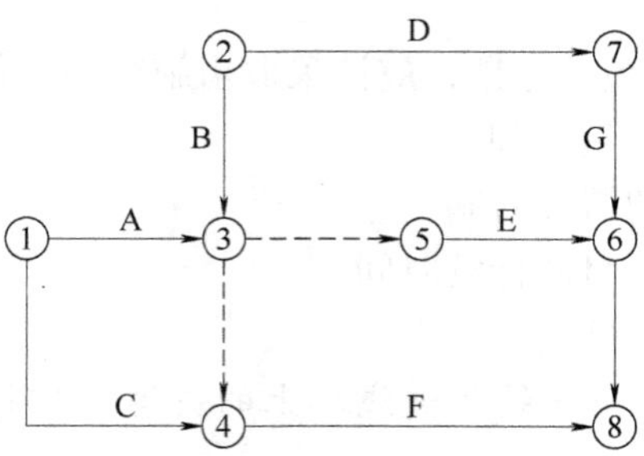

A. 多个起点节点　　B. 多个终点节点

C. 存在循环回路　　D. 节点编号有误

E. 有多余虚工作

【解析】 观察题图所示双代号网络计划图，发现有如下错误：

①、②两个起点节点；③→⑤为多余虚工作；⑦→⑥节点编号错误，网络计划中节点编号不可以由大的节点编号指向小的节点编号。

4. 【2018年真题】某工程网络计划执行到第8周末检查的进度情况见下表，则（　　）。

工作名称	检查计划时尚需作业周数	到计划最迟完成时尚余周数	原有总时差
H	3	2	1
K	1	2	0
M	4	4	2

A. 工作H影响总工期1周　　B. 工作K提前1周

C. 工作K尚有总时差为零　　D. 工作M按计划进行

E. 工作H尚有总时差1周

【解析】

工作名称	检查计划所需作业周数	到计划最迟尚需周数	原有总时差	尚有总时差	判 断
H	3	2	1	−1	拖后 2 周，影响总工期 1 周
K	1	2	0	1	提前 1 周，工期提前 1 周
M	4	4	2	0	拖后 2 周，不影响工期

5. 【2017 年真题】在工程网络计划中，关键工作是指（　　）的工作。

A. 最迟完成时间与最早完成时间之差最小

B. 自由时差为零

C. 总时差最小

D. 持续时间最长

E. 时标网络计划中没有波形线

【解析】 早参数与晚参数差值即为总时差，总时差最小的工作为关键工作。

6. 【2016 年真题】某工程双代号时标网络计划如下图所示，由此可以推断出（　　）。

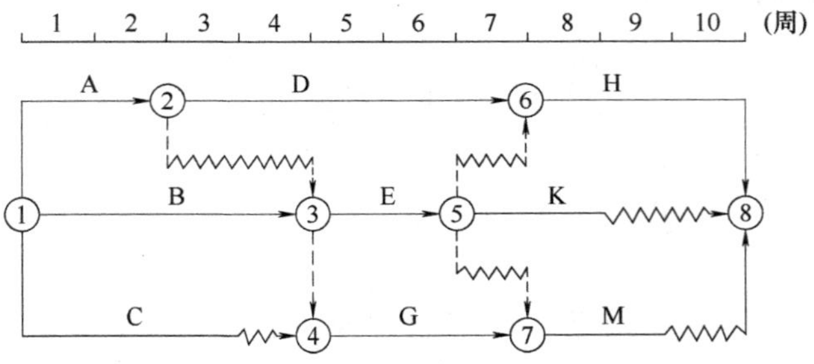

A. 工作 B 为关键工作

B. 工作 C 的总时差为 2

C. 工作 E 的总时差为 0

D. 工作 G 的自由时差为 0

E. 工作 K 的总时差与自由时差相等

【解析】 $TF_B=\min(1，2，1+1)=1$；$TF_E=\min(1，2，1+1)=1$。

7. 【2015 年真题】某工程时标网络计划如下图所示。计划执行到第 5 期末检查实际进度，发现 D 工作尚需 3 周完成，E 工作尚需 1 周完成，F 工作刚刚开始。由此可以判断出（　　）。

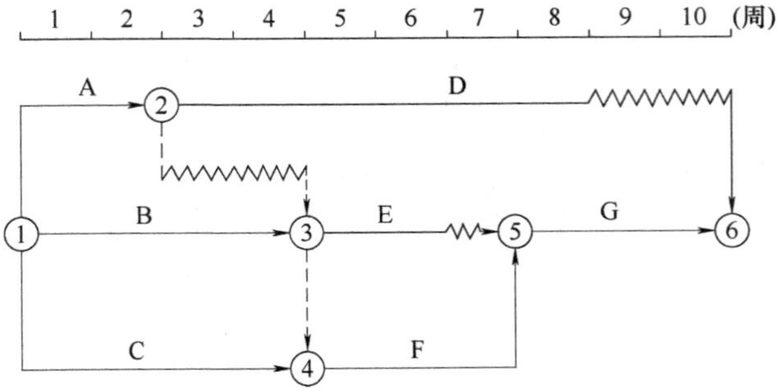

A. A、B、C 工作均已提前完成　　B. D 工程按计划进行

C. E 工作提前 1 周　　D. F 工作进度不影响总工期

E. 总工期需延长 1 周

【解析】 如下图所示，D、E 实际进度点与标准轴重合即与计划进度一致，F 工作在标准轴左侧 1 周，即比计划滞后 1 周，又因其为关键工作，故影响总工期 1 周。

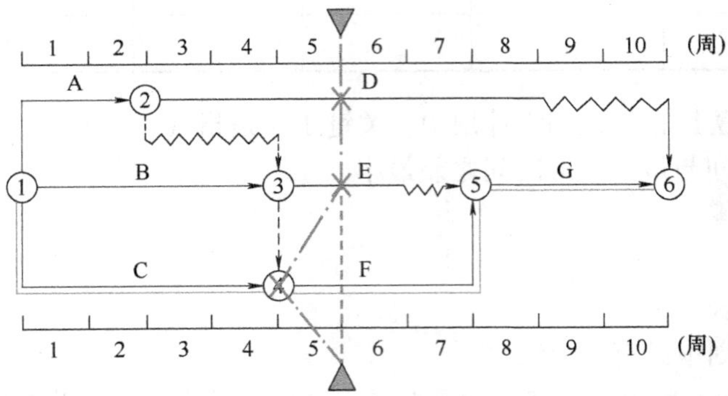

8. 【2012 年真题】某工程双代号网络计划如下图所示，图中已标出各项工作的最早开始时间和最迟开始时间，该计划表明（　　）。

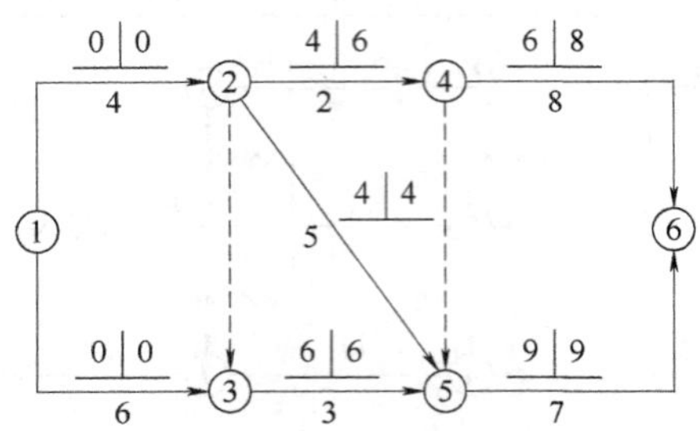

A. 工作①~③的自由时差为 0　　B. 工作②~④的自由时差为 2

C. 工作②~④为关键工作　　D. 工作③~⑤总时差为 0

E. 工作②~④的总时差为 2

【解析】 用二时标注法，$FF_{2\text{-}4}=\min(ES_{4\text{-}6},ES_{5\text{-}6})-EF_{2\text{-}4}=\min(6,9)-6=0$，$TF_{2\text{-}4}=LS\text{-}ES=6-4=2$。

9. 【2010 年真题】某工程双代号网络计划如下图所示，图中已标出各个节点的最早时间和最迟时间，该计划表明（　　）。

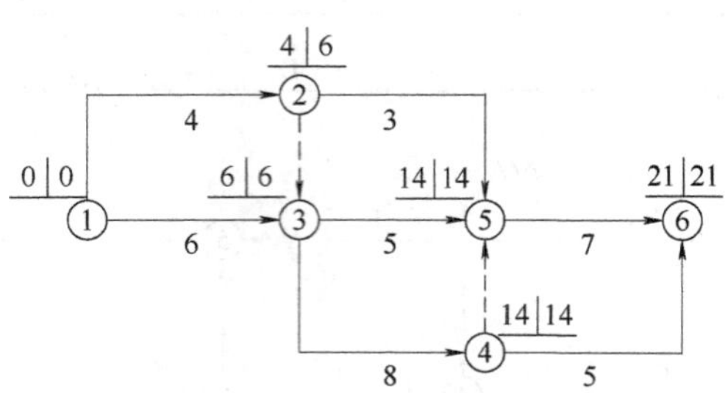

A. 工作 1—2 的自由时差为 2
B. 工作 2—5 的总时差为 7
C. 工作 3—4 为关键工作
D. 工作 3—5 为关键工作
E. 工作 5—6 的总时差为 0

【解析】　节点计算法。

$FF_{1-2}=4-(0+4)=0$；$TF_{3-5}=14-(6+5)=3$。

10. 【2008 年真题】关于网络计划，说法正确的是（　　）。
A. 双代号网络图可用于表达复杂的逻辑关系
B. 双代号网络图只允许一个起点节点但可以有多个终点节点
C. 单代号网络图应只有一个起点节点和一个终点节点
D. 工作自由时差，是指在不影响其紧后工作按最迟开始时间开始的前提下本工作可以利用的机动时间
E. 从起点节点开始到终点均为关键工作的线路，为单代号网络计划的关键线路

【解析】　此题为典型的文字辨析题，属于较难得分的一类考题。
网络计划中起点节点和终点节点均唯一。
自由时差是不影响紧后工作均最早开始的前提下本工作可以利用的机动时间。
总时差是不影响总工期的前提下本工作可以利用的机动时间。
双代号所有工作为关键工作的线路为关键线路。
单代号所有节点均为关键工作的线路不一定为关键线路。

三、答案

单项选择题

题号	1	2	3	4	5	6	7	8	9	10
答案	D	D	B	C	A	D	B	B	A	A
题号	11	12	13	14	15	16	17	18	19	20
答案	A	B	C	A	D	C	C	B	D	D
题号	21	22	23	24	25	26	27	28	29	30
答案	C	C	B	D	A	A	C	B	A	A
题号	31	32	33	34	35	36	37	38	39	40
答案	D	C	B	A	D	D	A	D	C	B
题号	41	42	43	44	45	—	—	—	—	—
答案	C	B	C	D	D	—	—	—	—	—

多项选择题

题号	1	2	3	4	5
答案	ABD	CDE	ADE	AB	AC
题号	6	7	8	9	10
答案	BDE	BE	ADE	BCE	AC

四、2023 考点预测

1. 关键线路及关键工作的判断
2. 双代号网络图的绘图规则
3. 网络计划时间参数计算
4. 网络计划的优化
5. 前锋线进度分析

第六节　工程项目合同管理

考点一、工程勘察设计合同管理
考点二、工程施工合同管理
考点三、材料设备采购合同管理
考点四、工程总承包合同管理

一、单项选择题（每题 1 分。每题的备选项中，只有 1 个最符合题意）

1.【2022 年真题】合同文件的解释顺序正确的是（　　）。

A. 中标通知书、投标函及附录、专用合同条款

B. 投标函及附录、中标通知书、专用合同条款

C. 专用合同条款、中标通知书、投标函及附录

D. 中标通知书、专用合同条款、投标函及附录

【解析】除专用合同条款另有约定外，解释合同文件的优先顺序如下：

①合同协议书；②中标通知书；③投标函及投标函附录；④专用合同条款；⑤通用合同条款；⑥技术标准和要求；⑦图纸；⑧已标价工程量清单；⑨其他合同文件。

2.【2022 年真题】承包人对工程的照管和维护到（　　）为止。

A. 工程结算　　　　B. 履约证书颁发

C. 工程接收证书颁发　　　　D. 缺陷责任期满

【解析】工程接收证书颁发前，承包人应负责照管和维护工程，直至竣工后移交给发包人。

3.【2021 年真题】《标准设计招标文件》中涉及的合同文件有：①投标函及投标函附录；②通用合同条款；③专用合同条款；④发包人要求；⑤设计方案；⑥设计费用清单；⑦中标通知书。以上文件存在矛盾或不一致时，正确的优先解释顺序是（　　）。

A. ①-⑦-②-③-④-⑥-⑤　　B. ①-⑦-③-②-④-⑤-⑥

C. ⑦-①-④-⑤-⑥-③-②　　D. ⑦-①-③-②-④-⑥-⑤

【解析】

《标准勘察（设计）招标文件》	《标准施工招标文件》	《标准材料（设备）采购招标文件》	《标准设计施工总承包招标文件》
1）中标通知书 2）投标函及投标函附录 3）专用合同条款 4）通用合同条款 5）发包人要求 6）勘察（设计）费用清单 7）勘察纲要（设计方案） 8）其他合同文件	1）合同协议书 2）中标通知书 3）投标函及投标函附录 4）专用合同条款 5）通用合同条款 6）技术标准和要求 7）图纸 8）已标价工程量清单 9）其他合同文件	1）中标通知书 2）投标函 3）商务和技术偏差表 4）专用合同条款 5）通用合同条款 6）供货要求 7）分项报价表 8）中标材料质量标准的详细描述（中标设备技术性能指标的详细描述） 9）相关服务计划（技术服务和质保期服务计划） 10）其他合同文件	1）中标通知书 2）投标函及投标函附录 3）专用合同条款 4）通用合同条款 5）发包人要求 6）价格清单 7）承包人建议 8）其他合同文件

4.【**2021年真题**】建设单位与某供应商签订350万元的采购合同，供应商迟延35天交付，建设单位迟延支付合同价款185天。根据《标准材料采购招标文件》通用合同条款，建设单位应向供应商实际支付违约金的总额是（　　）。

A. 25.20　　B. 35.00

C. 42.00　　D. 51.80

【解析】 350×0.08%×185=51.8，350×10%=35（万元）。

5.【**2020年真题**】根据《标准招标投标文件》中的通用条款，属于发包人义务的是（　　）。

A. 发出开工通知　　B. 编制施工组织总设计

C. 组织设计交底　　D. 施工期间照管工程

【解析】 发包人在合同履行过程中的一般义务包括：

① 在履行合同过程中应遵守法律，并保证承包人免于承担因发包人违反法律而引起的任何责任。

② 应委托监理人按合同约定的时间向承包人发出开工通知。

③ 应按专用合同条款的约定向承包人提供施工场地，以及施工场地内地下管线和地下设施等有关资料，并保证资料的真实、准确、完整。

④ 应协助承包人办理法律规定的有关施工证件和批件。

⑤ 应根据合同进度计划，组织设计单位向承包人进行设计交底。

⑥ 应按合同约定向承包人及时支付合同价款。

⑦ 应按合同约定及时组织竣工验收。

⑧ 应履行合同约定的其他义务。

6.【2020年真题】承包单位8月8日提交竣工验收报告，发包单位急着使用，未验收，于9月11日进入办公，经承包单位催促，建设单位于11月10日组织验收，11月11日签署验收报告。工程竣工时间为（　　）。

A. 8月8日　　B. 9月11日

C. 11月10日　　D. 11月11日

【解析】 当事人对建设工程实际竣工日期有争议的，按照以下情形分别处理：建设工程经竣工验收合格的，以竣工验收合格之日为竣工日期；承包人已经提交竣工验收报告，发包人拖延验收的，以承包人提交验收报告之日为竣工日期；建设工程未经竣工验收，发包人擅自使用的，以转移占有建设工程之日为竣工日期。

7.【2019年真题】根据国家发展改革委等九部委联合发布的《标准设计施工总承包招标文件》（2012年版）中的合同条款及格式，对于①发包人要求、②中标通知书、③承包人建议，仅就这三项内容而言，合同文件优先解释顺序是（　　）。

A. ①-②-③　　B. ②-①-③

C. ③-①-②　　D. ③-②-①

【解析】 根据《标准设计施工总承包招标文件》（2012年版）第1.4条关于合同文件的优先顺序的约定，组成合同的各项文件应互相解释，互为说明。除专用合同条款另有约定外，解释合同文件的优先顺序如下：①合同协议书；②中标通知书；③投标函及投标函附录；④专用合同条款；⑤通用合同条款；⑥发包人要求；⑦承包人建议书；⑧价格清单；⑨其他合同文件。

8. 根据《标准勘察招标文件》（2017年版），勘察合同条款由（　　）组成。

A. 合同协议书、履约保证金

B. 协议书、通用合同条款和专用合同条款

C. 通用合同条款和专用合同条款

D. 协议书、通用合同条款、专用合同条款和履约保证金

【解析】 根据《标准勘察招标文件》（2017年版）中的合同条款及格式，勘察合同条款由通用合同条款和专用合同条款两部分组成，同时还规定了合同协议书和履约保证金的格式。

9. 根据《标准勘察招标文件》（2017年版），勘察文件解释效力最高的文件是（　　）。

A. 专用合同条款　　B. 中标通知书

C. 勘察纲要　　D. 勘察费用清单

【解析】 同第7题。

10. 根据《标准勘察招标文件》（2017年版），发包人应提前（　　）向勘察人发出开始勘察通知。

A. 5天　　B. 7天　　C. 15天　　D. 14天

【解析】 根据《标准勘察招标文件》（2017年版），发包人提前7天发出通知，开始勘察通知中应载明的开始勘察日期。

11. 根据《标准设计招标文件》（2017年版），由于发包人未按时提供文件造成设计服务期限延误的（　　）。

A. 延长期限并增加设计费

B. 给予费用补偿

C. 只延长设计期限

D. 双方协商解决

【解析】 根据《标准设计招标文件》(2017 年版),因发包人原因导致设计服务期限延误的,发包人应当延期并承担由此增加的设计费用。

12. 根据《标准施工招标文件》(2017 年版),下列施工合同文件解释效力最高的文件是( )。

A. 合同协议书

B. 中标通知书

C. 技术标准和要求

D. 专用合同条款

【解析】 同第 7 题。

13. 根据《施工合同法律解释一》,施工合同无效,但建设工程经竣工验收合格,承包人请求参照合同约定支付工程价款的,正确的处理方式为( )。

A. 应予支持　　B. 不予支持

C. 折价支付工程价款　　D. 双方协商解决

【解析】 根据《施工合同法律解释一》第二条的规定,建设工程施工合同无效,但建设工程经竣工验收合格,承包人请求参照合同约定支付工程价款的,应予支持。

14. 根据《标准材料采购招标文件》(2017 年版),卖方未能按时交付合同材料的,应向买方支付迟延交货违约金,迟延交付违约金的最高限额为合同价格的( )。

A. 3%　　B. 10%　　C. 0.08%　　D. 5%

【解析】 根据《标准材料采购招标文件》(2017 年版),卖方未能按时交付合同材料的,应向买方支付迟延交货违约金。卖方支付迟延交货违约金,不能免除其继续交付合同材料的义务。除专用合同条款另有约定外,迟延交付违约金计算方法如下:

迟延交付违约金=迟延交付材料金额×0.08%×延迟交货天数。

迟延交付违约金的最高限额为合同价格的 10%。

15. 根据《标准设备采购招标文件》(2017 年版),卖方未能按时交付合同设备的,应向买方支付迟延交货违约金,从迟交的第 5 周到第 8 周,每周迟延交付违约金为迟交合同设备价格的( )。

A. 1%　　B. 0.5%　　C. 1.5%　　D. 10%

【解析】 根据《标准设备采购招标文件》(2017 年版),卖方迟延交付违约金的计算方法如下:

① 从迟交的第 1 周到第 4 周,每周迟延交付的违约金为迟交合同设备价格的 0.5%。

② 从迟交的第 5 周到第 8 周,每周迟延交付的违约金为迟交合同设备价格的 1%。

③ 从迟交的第 9 周起,每周迟延交付的违约金为迟交合同设备价格的 1.5%。

二、多项选择题(每题 2 分。每题的备选项中,有 2 个或 2 个以上符合题意,且至少有 1 个错项。错选,本题不得分;少选,所选的每个选项得 0.5 分)

1. **【2021 年真题】** 根据《标准设计施工总承包招标文件》,下列情形中,属于发包人违约的有（　　）。

A. 发包人拖延批准付款申请

B. 设计图纸不符合合同约定

C. 监理人无正当理由未在约定期限内发出复工通知

D. 恶劣气候原因造成停工

E. 在工程接收证书颁发前，未对工程照管和维护

【解析】

发包人违约	1）发包人未能按合同约定支付价款，或拖延、拒绝批准付款申请和支付凭证，导致付款延误 2）发包人原因造成停工 3）监理人无正当理由没有在约定期限内发出复工指示，导致承包人无法复工 4）发包人无法继续履行或明确表示不履行或实质上已停止履行合同 5）发包人不履行合同约定的其他义务

2. **【2019 年真题】** 根据九部委联合发布的《标准材料采购招标文件》和《标准设备采购招标文件》，关于当事人义务的说法，正确的有（　　）。

A. 迟延交付违约金的总额不超过合同价格的 5%

B. 支付迟延交货违约金不能免除卖方继续交付合同材料的义务

C. 采购合同订立时卖方营业地为标的物交付地

D. 卖方在交货时应将产品合格证随同产品交买方据以验收

E. 迟延付款违约金的总额不得超过合同价格的 10%

【解析】 根据九部委联合发布的《标准材料采购招标文件》和《标准设备采购招标文件》，无论材料还是设备，违约金总额不超过合同价格的 10%。故选项 A 错误，选项 E 正确。

支付迟延交货违约金不能免除卖方继续交付合同材料或设备的义务。故选项 B 正确。

合同当事人双方应当约定交付标的物的地点，没有约定或约定不明确的，事后也没有达成补充协议，也无法按照合同有关条款或交易习惯确定的，标的物需要运输的，卖方应当将标的物交付给第一承运人以运交给卖方；标的物不需要运输的，买卖双方在签订合同时知道标的物在某一地点的，卖方应当在该地点交付标的物；不知道标的物在某一地点的，应当在卖方订立合同时的营业点交付标的物。故选项 C 错误。

卖方在交货时，应当将产品合格证随同产品交买方据以验收。故选项 D 正确。

3. 下列合同中，合同条款和格式都由通用合同条款、专用合同条款组成并规定了合同协议书、履约保证金格式的是（　　）。

A. 工程勘察合同　　　　B. 材料采购合同

C. 工程设计合同　　　　D. 设备采购合同

E. 工程施工合同

【解析】 《标准施工招标文件》（2017 年版）中的合同条款由通用合同条款、专用合同条款组成，同时还规定了合同协议书、履约担保和预付款担保文件的格式。故选项 E 错误。

4. 根据《标准勘察招标文件》（2017 年版），属于勘察人违约的情形是（　　）。

A. 勘察人在约定的开始勘查日期开始勘察工作

B. 勘察文件不符合法律和合同约定
C. 未经发包人同意擅自分包勘察任务
D. 未按合同计划完成勘察，从而造成工程损失
E. 停止履行合同

【解析】 根据《标准勘察招标文件》（2017 年版），勘察人在履行合同的过程中发生下列情形之一的，属于勘察人违约：

① 勘察文件不符合法律以及合同约定。
② 勘察人转包、违法分包或者未经发包人同意擅自分包。
③ 勘察人未按合同计划完成勘察，从而造成工程损失。
④ 勘察人无法履行或停止履行合同。
⑤ 勘察人不履行合同约定的其他义务。

5. 根据《标准施工招标文件》（2017 年版），发包人在合同履行过程中的一般义务是（　　）。

A. 按合同约定的时间向承包人发出开工通知
B. 应协助承包人办理法律规定的有关施工证件和批件
C. 应按合同约定及时组织竣工验收
D. 应按有关法律规定纳税
E. 应按专用合同条款的约定向承包人提供施工场地

【解析】 根据《标准施工招标文件》（2017 年版），发包人义务包括：

① 遵守法律。
② 委托监理人发出开工通知。
③ 提供施工场地。
④ 协助承包人办理证件和批件。
⑤ 组织设计交底。
⑥ 支付合同价款。
⑦ 组织竣工验收。
⑧ 其他义务。

6. 根据《标准施工招标文件》（2017 年版），下列情况属于承包人违约情形的是（　　）。

A. 承包人违反合同约定，私自将合同的全部或部分权利转让给其他人
B. 承包人违反合同约定，使用了不合格材料或工程设备
C. 承包人未能按合同进度计划提前完成合同约定的工作
D. 承包人实质上已停止履约合同
E. 私自将已按合同约定进入施工场地的施工设备、临时设施或材料撤离施工场地

【解析】 根据《标准施工招标文件》（2017 年版），在履行合同过程中发生的下列情况属承包人违约：

① 承包人违反有关条款的约定，私自将合同的全部或部分权利转让给其他人，或私自将合同的全部或部分义务转移给其他人。

② 承包人违反有关条款的约定，未经监理人批准，私自将已按合同约定进入施工场地的施工设备、临时设施或材料撤离施工场地。

③ 承包人违反有关条款约定使用了不合格材料或工程设备，工程质量达不到标准要求，又拒绝清除不合格工程。

④ 承包人未能按合同进度计划及时完成合同约定的工作，已造成或预期造成工期延误。

⑤ 承包人在缺陷责任期内，未能对工程接收证书所列的缺陷清单的内容或缺陷责任期内发生的缺陷进行修复，而又拒绝按监理人指示再进行修补。

⑥ 承包人无法继续履行或明确表示不履行或实质上已停止履行合同。

⑦ 承包人不按合同约定履行义务的其他情况。

7. 当事人对建设工程实际竣工日期有争议的，根据《施工合同法律解释一》，正确的处理方式是（ ）。

A. 建设工程经竣工验收合格的，以竣工验收合格之日为竣工日期

B. 建设工程经竣工验收合格的，以承包人提交验收报告之日为竣工日期

C. 承包人已经提交竣工验收报告，发包人拖延验收的，以承包人提交验收报告之日为竣工日期

D. 建设工程未经竣工验收，发包人擅自使用的，以承包人完成建设工程之日为竣工日期

E. 建设工程未经竣工验收，发包人擅自使用的，以转移占有建设工程之日为竣工日期

【解析】 同单项选择题第6题。

8. 根据《标准设计施工总承包招标文件》（2012年版），属于发包人义务的是（ ）。

A. 提供施工场地

B. 保证工程施工和人员的安全

C. 负责周边环境和生态的保护工作

D. 组织竣工验收

E. 办理证件和批件

【解析】 根据《标准设计施工总承包招标文件》（2012年版），发包人的义务包括：

① 遵守法律。

② 发出承包人开始工作通知。

③ 提供施工场地。

④ 办理证件和批件。

⑤ 支付合同价款。

⑥ 组织竣工验收。

⑦ 其他义务。

三、答案

单项选择题

题号	1	2	3	4	5	6	7	8	9
答案	A	C	D	B	C	B	B	C	B
题号	10	11	12	13	14	15	—	—	—
答案	B	A	A	A	B	A	—	—	—

多项选择题

题号	1	2	3	4	5
答案	AC	BDE	ABCD	BCDE	BCE
题号	6	7	8	—	—
答案	ABDE	ACE	ADE	—	—

四、2023 考点预测

1. 四大合同条款的组成及解释顺序
2. 采购合同违约金计算

第七节 工程项目信息管理

考点一、工程项目信息管理实施模式及策略
考点二、基于互联网的工程项目信息平台

一、单项选择题（每题 1 分。每题的备选项中，只有 1 个最符合题意）

1. **【2022 年真题】** 基于互联网的工程项目信息平台的基础功能有（ ）。

A. 集成电子商务功能
B. 视频会议功能
C. 在线项目管理
D. 工作流程管理

【解析】 基本功能包括：①变更与桌面管理；②日历和任务管理；③文档管理；④项目沟通与讨论；⑤工作流程管理；⑥网站管理与报告。

2. **【2021 年真题】** 下列基于互联网的工程项目信息平台的功能中，属于基本功能的是（ ）。

A. 在线项目管理、任务管理、多媒体信息交互
B. 工作流程管理、电子采购、任务管理
C. 工作流程管理、项目沟通与讨论、文档管理
D. 在线项目管理、项目沟通与讨论、文档管理

【解析】

基本功能	通知与桌面管理、日历和任务管理、文档管理、项目通信与协同工作、工作流程管理、网站管理与报告
拓展功能	多媒体的信息交互、在线项目管理、集成电子商务等功能，如视频会议、进度计划和投资计划的网上发布、电子采购、电子招标等

3. **【2019 年真题】** 工程项目管理信息系统得以正常运行的基础是（ ）。

A. 结构化数据
B. 非结构化数据
C. 信息管理制度
D. 计算机网络环境

【解析】　信息管理制度是工程项目管理信息系统得以正常运行的基础。

4. 工程项目信息管理实施模式中自行开发的优点和缺点分别是（　　）。

A. 维护工作量最小但安全性和可靠性较差

B. 对项目的针对性最强和维护费用较高

C. 安全性和可靠性较好和维护费用较高

D. 对项目的针对性最强和维护工作量较大

【解析】　自行开发随心但事多。

5. 以 Extranet 作为信息交换工作平台，其基本形式是（　　）。

A. 客户端的浏览器

B. 对信息进行加工、处理

C. 项目主题网

D. 一个文档系统

【解析】　Extranet 基本形式是项目主题网，它具有较高的安全性。

6. 基于互联网的工程项目信息平台实施的关键是（　　）。

A. 基于互联网技术标准的信息集成平台

B. 项目信息发布与传递层

C. 项目信息搜索层

D. 对信息进行加工、处理

【解析】　信息集成平台是项目信息平台实施的关键，是对信息源的有效集成。

7. 基于互联网的工程项目信息平台基本功能和拓展功能分别是（　　）。

A. 通知与桌面管理和日历和任务管理

B. 日历和任务管理和多媒体的信息交互

C. 多媒体的信息交互和项目通信与协同工作

D. 项目通信与协同工作和文档管理

【解析】　基于互联网的工程项目信息平台的基本功能：通知与桌面管理、日历和任务管理、文档管理、项目通信与协同工作、工作流管理、网站管理与报告；拓展功能：多媒体的信息交互、在线项目管理、集成电子商务。

二、答案

单项选择题

题号	1	2	3	4	5	6	7
答案	D	C	C	D	C	A	B

三、2023 考点预测

工程项目信息管理实施策略

第四章　工程经济

第一节　资金的时间价值及其计算

考点一、现金流量和资金的时间价值
考点二、利息的计算方法
考点三、等值计算

一、单项选择题（每题1分。每题的备选项中，只有1个最符合题意）

1. **【2022年真题】** 某公司年初贷款3000万元，年复利率为10%，贷款期限为8年，每年年末等额还款，则每年年末应还（　　）万元。

A. 374.89　　B. 447.09
C. 488.24　　D. 562.33

【解析】 $3000\times[10\%\times(1+10\%)^8]/[(1+10\%)^8-1]=562.33$（万元）。

2. **【2022年真题】** 某公司向银行贷款1000万元，年名义利率为12%，按季度复利计息，1年后贷款本利和为（　　）。

A. 1120.00　　B. 1124.81
C. 1125.51　　D. 1126.83

【解析】 有效利率 $i=r/m=12\%/4=3\%$，1年后本利和 $=1000\times(1+3\%)^4=1125.51$（万元）。

3. **【2022年真题】** 投资方案经济效果评价中，利息备付率是指（　　）。

A. 息税前利润与到期应付利息金额之比
B. 息税前利润与当期应还本付息金额
C. 税前利润与当期应付利息金额
D. 税前利润与当期应还本付息金额

【解析】 利息备付率是指投资方案在借款偿还期内的息税前利润（EBIT）与当期应付利息（PI）的比值。

4. **【2021年真题】** 某建设单位从银行获得一笔建设贷款，建设单位和银行分别绘制现金流量图时，该笔贷款表示为（　　）。

A. 建设单位现金流量图时间轴的上方箭线，银行现金流量图时间轴的上方箭线
B. 建设单位现金流量图时间轴的下方箭线，银行现金流量图时间轴的下方箭线
C. 建设单位现金流量图时间轴的上方箭线，银行现金流量图时间轴的下方箭线
D. 建设单位现金流量图时间轴的下方箭线，银行现金流量图时间轴的上方箭线

【解析】 与横轴相连的垂直箭线表示不同时点的现金流入或流出，在横轴上方的箭线表示现金流入，在横轴下方的箭线表示现金流出（上流入下流出）。

5. **【2021年真题】** 如果每年年初存入银行100万元，年利率3%，按年复利计息，则第3年年末的本利和为（　　）万元。

A. 109.27　　B. 309.09

C. 318.36　　D. 327.82

【解析】 $100\times(1+3\%)^1=103, 103\times[(1+3\%)^3-1/3\%]=318.36$（万元）。

6. **【2021年真题】** 某企业向银行申请贷款，期限1年。有四家银行可以提供贷款，各自的贷款利率和计息方式见下表。不考虑其他因素，该企业应选择的银行是（　　）。

银行名称	贷款年利率	计息方式
甲	4.5%	每年计息1次
乙	4%	每6个月计息1次，年末付息
丙	4.5%	每3个月计息1次，年末付息
丁	4%	每个月计息1次，年末付息

A. 甲　　B. 乙

C. 丙　　D. 丁

【解析】 甲：4.5%，乙：$(1+4\%/2)^2-1=4.04\%$，丙：$(1+4.5\%/4)^4-1=4.58\%$，丁：$(1+4\%/12)^{12}-1=4.07\%$。

7. **【2020年真题】** 现金流量图中表示现金流量三要素的是（　　）。

A. 利率、利息、净现值　　B. 时长、方向、作用点

C. 现值、终值、计算期　　D. 大小、方向、作用点

【解析】 现金流量三要素：大小（资金数额）、方向（资金流入或流出）和作用点（资金流入或流出的时间点）。

8. **【2020年真题】** 年初借款1000万，年利率5%，10年，每年年末还款（　　）万元。

A. 129.50　　B. 135.97　　C. 111.50　　D. 129.05

【解析】 $A=P\times(A/P,i,n)=1000\times[1.05^{10}\times0.05/(1.05^{10}-1)]=129.5$（万元）。

9. **【2020年真题】** 假设年名义利率为5%，计息周期为季度，则年有效利率为（　　）。

A. 5.0%　　B. 5.06%　　C. 5.09%　　D. 5.12%

【解析】 $i_{eff}=(1+5\%/4)^4-1=5.09\%$。

10. **【2019年真题】** 某企业向银行借款1000万元，借款期四年，年利率为6%，复利计息，年末结息。第四年年末需要向银行支付多少（　　）万元。

A. 1030　　B. 1060　　C. 1240　　D. 1262

【解析】 $F=P\times(1+i)^n=1000\times(1+6\%)^4=1262.48$（万元）。

11. **【2019年真题】** 某笔借款年利率为6%，每季度计息一次，则该笔借款的年实际利率是（　　）。

A. 6.03%　　B. 6.05%　　C. 6.14%　　D. 6.17%

【解析】 根据公式：年有效利率 $i_{eff}=\left(1+\frac{r}{m}\right)^m-1=\left(1+\frac{6\%}{4}\right)^4-1=6.14\%$。

12. 【2018 年真题】企业从银行借入资金 500 万元，年利率为 6%，期限 1 年，按季复利计息，到期还本付息，该项借款的年有效利率是（　　）。

A. 6.00%　　B. 6.09%　　C. 6.121%　　D. 6.136%

【解析】 根据公式：年有效利率 $i_{eff}=\left(1+\frac{r}{m}\right)^m-1=\left(1+\frac{6\%}{4}\right)^4-1=6.136\%$。

13. 【2018 年真题】关于利率及其影响因素的说法，正确的是（　　）。

A. 借出资本承担的风险越大利率就越大

B. 社会借贷资本供过于求时，利率就上升

C. 社会平均利润率是利率的最低界限

D. 借出资本的借款期限越长，利率就越低

【解析】 社会借贷资本供过于求时，利率下降，故选项 B 错误。

社会平均利润率是利率的最高界限，故选项 C 错误。

借出资本的借款期限越长，不可预见越多，风险就越大，利率也就越高，故选项 D 错误。

14. 【2017 年真题】在资金时间价值的作用下，下列现金流量图（单位：万元）中，有可能与现金流入现值 1200 万元等值的是（　　）。

A. 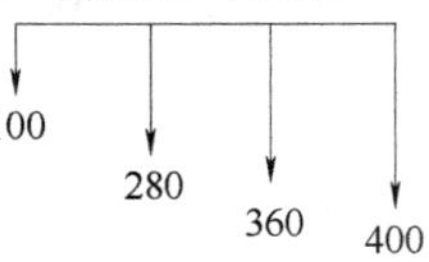

B. 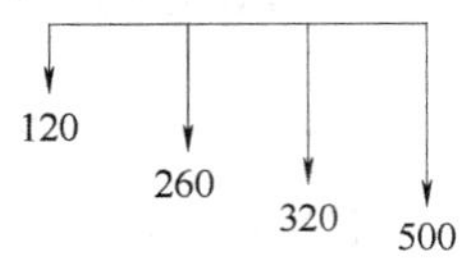

C. 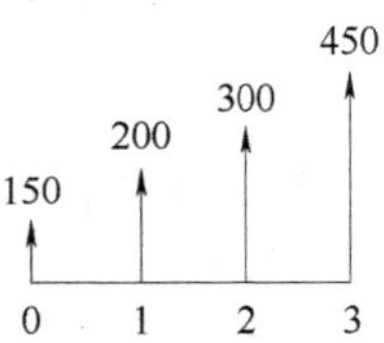

D. 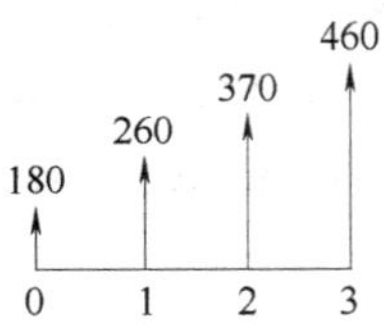

【解析】 选项 A、B 属于现金流出，故可直接排除；选项 C、D 中应当选择各年现金流入之和大于 1200 的，因为每年的现金流入折现后数值会变小。

15. 【2017 年真题】某企业前 3 年每年年初借款 1000 万元，按年复利计息，年利率为 8%，第 5 年年末还款 3000 万元，剩余本息在第 8 年年末全部还清，则第 8 年年末需还本付息（　　）万元。

A. 981.49　　B. 990.89

C. 1270.83　　D. 1372.49

【解析】 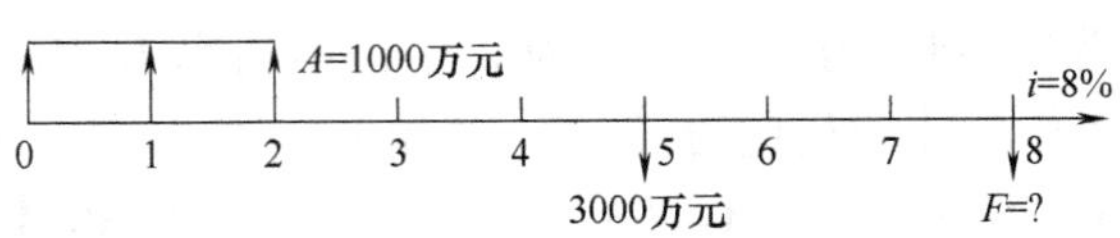

$$F=1000\times(F/A,8\%,3)(F/P,8\%,6)-3000\times(F/P,8\%,3)$$

$$=1000\times\frac{(1+8\%)^3-1}{8\%}\times(1+8\%)^6-3000\times(1+8\%)^3=1372.49\ (\text{万元})。$$

16.【2017 年真题】某项借款，名义利率为 10%，计息周期为月时，则有效利率是（　　）。

A. 8.33%　　B. 10.38%　　C. 10.47%　　D. 10.52%

【解析】　根据公式：年有效利率 $i_{eff}=\left(1+\dfrac{r}{m}\right)^{m}-1=\left(1+\dfrac{10\%}{12}\right)^{12}-1=10.47\%$。

17.【2016 年真题】在资金时间价值的作用下，下列现金流量图（单位：万元）中，有可能与第 2 期末 1000 万元现金流入等值的是（　　）。

A.
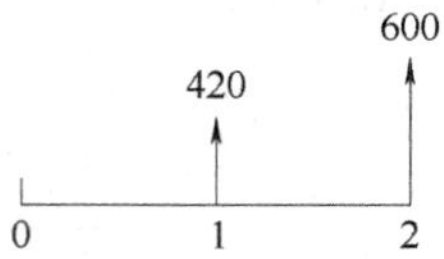

B.
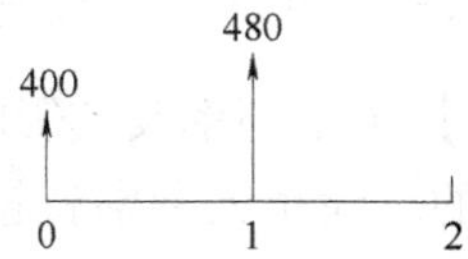

C.
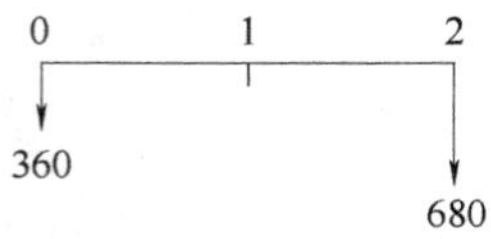

D.
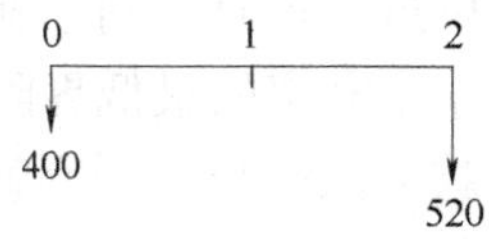

【解析】　选项 C、D 是现金流出，故可直接排除；选项 A、B 中应当选择各年现金流入之和大于 1000 万元的，因为终值折现后数值变小。

18.【2016 年真题】某企业年初借款 2000 万元，按年复利计息，年利率为 8%。第 3 年末还款 1200 万元，剩余本息在第 5 年年末全部还清，则第 5 年年末需还本付息（　　）万元。

A. 1388.80　　B. 1484.80　　C. 1538.98　　D. 1738.66

【解析】
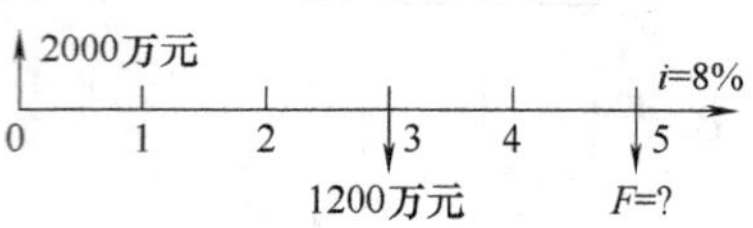

$$F=2000\times(F/P,8\%,5)-1200\times(F/P,8\%,2)$$
$$=2000\times(1+8\%)^{5}-1200\times(1+8\%)^{2}=1538.98\text{（万元）}。$$

19.【2016 年真题】某项借款，年名义利率为 10%，按季复利计息，则季有效利率为（　　）。

A. 2.41%　　B. 2.50%　　C. 2.52%　　D. 3.23%

【解析】　计息周期利率 $i=\dfrac{r}{m}=10\%/4=2.50\%$。

20.【2015 年真题】某项 2 年期借款，年名义利率为 12%，按季度计息，则每季度的有效利率为（　　）。

A. 3.00%　　B. 3.03%　　C. 3.14%　　D. 3.17%

【解析】　计息周期利率 $i=\dfrac{r}{m}=12\%/4=3\%$。

21.【2015 年真题】某企业借款 1000 万元，期限为 2 年，年利率为 8%，按年复利计算，到期一次性还本付息，则第 2 年应计的利息为（　　）万元。

A. 40.0　　B. 80.0　　C. 83.2　　D. 86.4

【解析】　第 1 年的本利和为 $F_1=1000\times1.08=1080$（万元）。

第 2 年的本利和为 $F_2=1000\times1.08^2=1166.4$（万元）。

则第 2 年应计的利息为 $F_2-F_1=1166.4-1080=86.4$（万元）。

22. 【2014年真题】某工程建设期为2年，建设单位在建设期第1年初和第2年初分别从银行借入700万元和500万元，年利率为8%，按年计息。建设单位在运营期前3年每年年末等额偿还贷款本息，则每年应偿还（　　）万元。

A. 452.16　　B. 487.37　　C. 526.36　　D. 760.67

【解析】现金流量图如下：

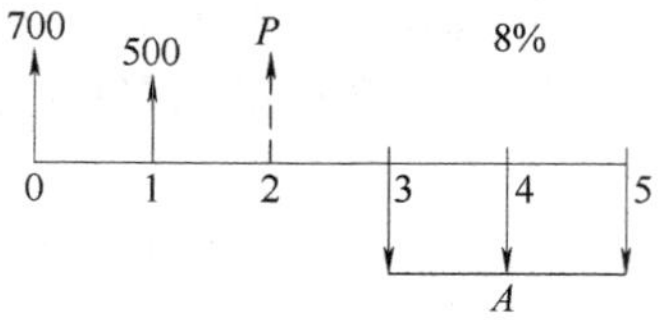

$$A=[700\times(F/P,8\%,2)+500\times(F/P,8\%,1)]\times(A/P,8\%,3)$$
$$=(700\times1.08^2+500\times1.08)\times(8\%\times1.08^3)/(1.08^3-1)=526.36\text{（万元）。}$$

23. 【2014年真题】某企业年初从银行贷款800万元，年名义利率为10%，按季度计算并支付利息，则每季度末应支付利息（　　）万元。

A. 19.29　　B. 20.00　　C. 20.76　　D. 26.67

【解析】按季度计息并付息，季度的有效利率为 $i=\frac{r}{m}=10\%/4=2.5\%$，$800\times2.5\%=20$（万元）。

24. 【2013年真题】某工程建设期为2年，建设单位在建设期第1年年初和第2年年初分别从银行借入资金600万元和400万元，年利率为8%，按年计息，建设单位在运营期第3年年末偿还贷款500万元后，自运营期第5年年末应偿还（　　）万元才能还清贷款本息。

A. 925.78　　B. 956.66　　C. 1079.84　　D. 1163.04

【解析】现金流量图如下所示：

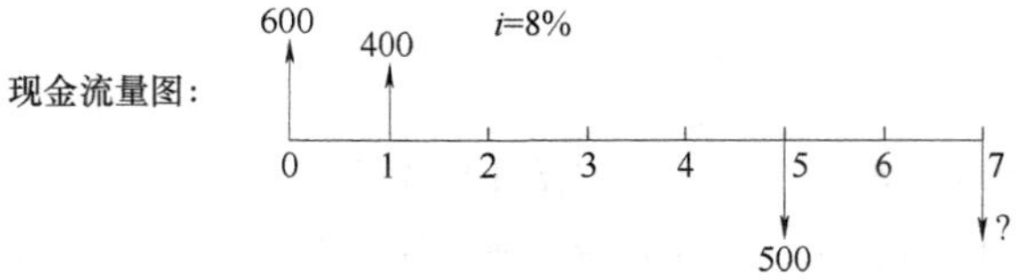

$$F=600\times(F/P,8\%,7)+400\times(F/P,8\%,6)-500\times(F/P,8\%,2)$$
$$=600\times(1+8\%)^7+400\times(1+8\%)^6-500\times(1+8\%)^2=1079.84\text{（万元）。}$$

25. 【2013年真题】某企业年初从银行借款600万元，年利率为12%，按月计息并支付利息，则每月末应支付利息（　　）万元。

A. 5.69　　B. 6.00　　C. 6.03　　D. 6.55

【解析】每月利率：$i=\frac{r}{m}=12\%/12=1\%$，每月应支付利息：$600\times1\%=6$（万元）。

26. 【2013年真题】影响利率的因素有多种，通常情况下，利率的最高界限是（　　）。

A. 社会最大利润率　　B. 社会平均利润率

C. 社会最大利税率　　D. 社会平均利税率

【解析】社会平均利润率是利率的上限。

27. 【2012年真题】某企业从银行借入1年期的短期借款500万元，年利率为12%，按季度计算并支付利息，则每季度需支付利息（　　）万元。

A. 15.00　　B. 15.15　　C. 15.69　　D. 20.00

【解析】按季度计算并支付利息，季度利率 $i=\frac{r}{m}=12\%/4=3\%$，$500\times3\%=15$（万元）。

28. 【2011年真题】某企业第1年至第5年每年年初等额投资，年收益率为10%，复利计息，则该企业若想第5年年末一次性回收投资本息1000万元，应在每年年初投资（　　）万元。

A. 124.18　　B. 148.91

C. 163.80　　D. 181.82

【解析】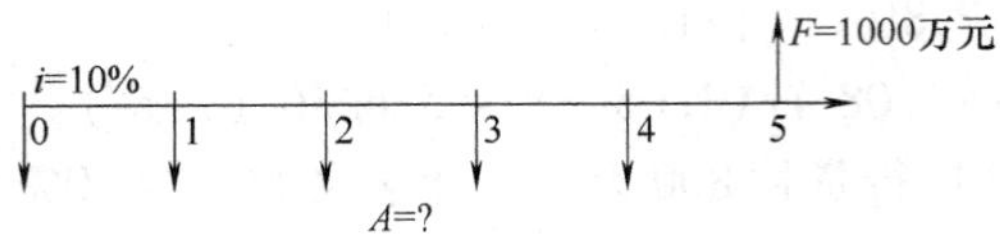

$A=1000\times(A/F,10\%,5)\times(P/F,10\%,1)=1000\times1.1^{-1}\times[0.1/(1.1^5-1)]=148.91$（万元）。

29. 【2010年真题】某工程建设期为3年，建设期内每年年初贷款500万元，年利率为10%，运营期前3年每年年末等额偿还贷款本息，到第3年年末全部还清，则每年年末应偿还贷款本息（　　）万元。

A. 606.83　　B. 665.50

C. 732.05　　D. 955.60

【解析】现金流量图如下图所示：

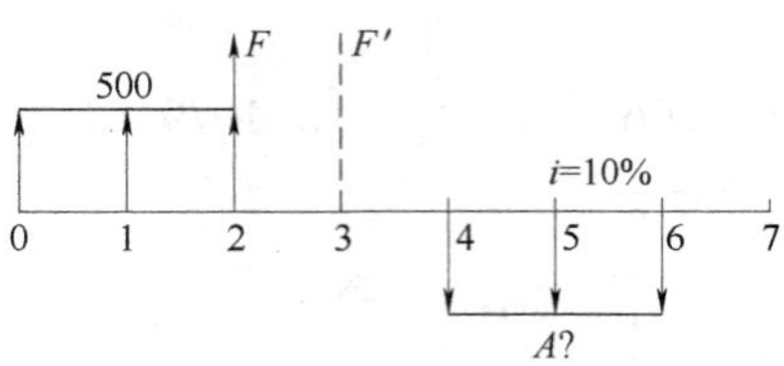

$$A=500\times(F/A,i,3)(F/P,i,1)(A/P,i,3)$$
$$=500\times(1.1^3-1)/10\%\times(1+10\%)\times[(1.1^3\times10\%)/1.1^3-1]$$
$$=732.05\text{（万元）}$$

30. 【2010年真题】在工程经济分析中，通常采用（　　）计算资金的时间价值。

A. 连续复利　　B. 间断复利

C. 连续单利　　D. 瞬时单利

【解析】实际应用中，一般采用间断复利来计算资金的时间价值。

31. 【2009年真题】某工程项目建设期为2年，建设期内第1年年初和第2年年初分别贷款600万元和400万元，年利率为8%。若运营期前3年每年年末等额偿还贷款本息，到第3年年末全部还清。则每年年末应偿还贷款本息（　　）万元。

A. 406.66　　B. 439.19

C. 587.69　　D. 634.70

【解析】现金流量图如下图所示：

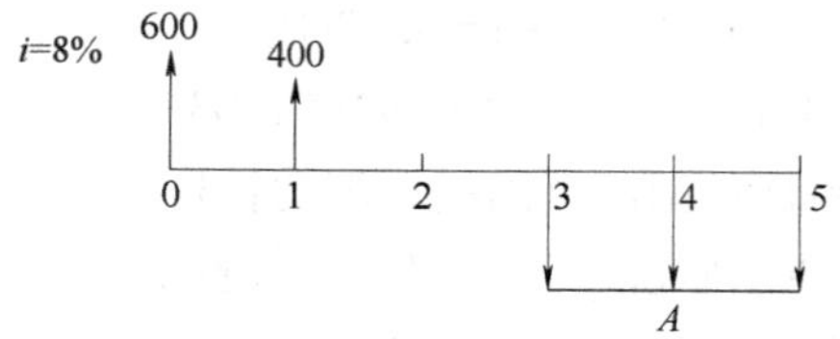

$$A=[600\times(F/P,i,2)+400\times(F/P,i,1)]\times(A/P,i,3)$$
$$=(600\times1.08^2+400\times1.08)\times[(1.08^3\times8\%)/(1.08^3-1)]$$
$$=439.19\text{（万元）。}$$

32. **【2009 年真题】** 当年名义利率一定时，每年的计息期数越多，则年有效利率（ ）。

A. 与年名义利率的差值越大　　B. 与年名义利率的差值越小

C. 与计息期利率的差值越小　　D. 与计息期利率的差值趋于常数

【解析】 年内计息次数越多，年有效利率就越大，它与年名义利率之间的差值也就越大。

33. **【2008 年真题】** 某项目建设期为 2 年，建设期内每年年初贷款 1000 万元，年利率为 8%。若运营期前 5 年每年年末等额偿还贷款本息，到第 5 年年末全部还清。则每年年末偿还贷款本息（ ）万元。

A. 482.36　　B. 520.95　　C. 562.63　　D. 678.23

【解析】 现金流量图如下图所示：

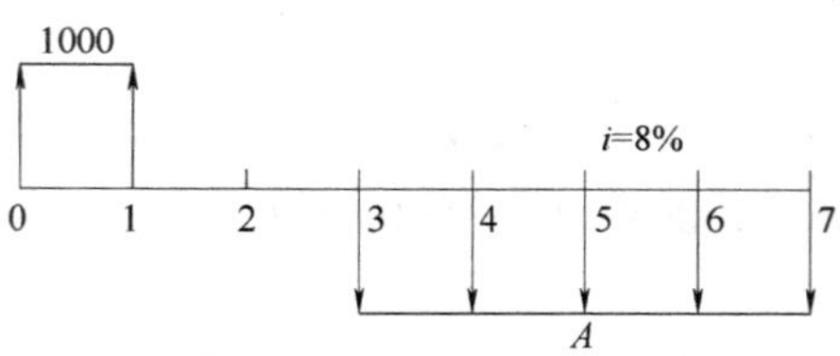

$$A=1000\times[(F/P,i,2)+(F/P,i,1)]\times(A/P,i,5)$$
$$=1000\times(1.08^2+1.08)\times[(1.08^5\times8\%)/(1.08^5-1)]$$
$$=562.63\text{（万元）。}$$

34. **【2008 年真题】** 下列关于现金流量的说法中，正确的是（ ）。

A. 收益获得的时间越晚、数额越大，其现值越大

B. 收益获得的时间越早、数额越大，其现值越小

C. 投资支出的时间越早、数额越小，其现值越大

D. 投资支出的时间越晚、数额越小，其现值越小

【解析】 收益角度，资金获得越早，数额越大，现值就越大；投资角度，投资支出越晚、数额越小，现值就越小。

35. **【2007 年真题】** 某企业第 1 年年初向银行借款 300 万元购置设备，贷款年有效利率为 8%，每半年计息一次，今后 5 年内每年 6 月底和 12 月底等额还本付息。则该企业每次偿还本息（ ）万元。

A. 35.46　　B. 36.84　　C. 36.99　　D. 37.57

【解析】 $(1+i)^2=8\%\Rightarrow i=(1+8\%)^{\frac{1}{2}}-1=3.92\%$，

$A=300\times(A/P,i,10)=300\times[1.0392^{10}\times0.0392/(1.0392^{10}-1)]=36.84$（万元）。

36. 【2007 年真题】利率是各国调整国民经济的杠杆之一，其高低首先取决于（　　）。

A. 金融市场借贷资本的供求状况　　B. 借贷资本的期限

C. 通货膨胀的波动影响　　D. 社会平均利润率的高低

【解析】 利率的高低首先取决于社会平均利润率的高低，社会平均利润率是利率的上限。

37. 【2006 年真题】某项目建设期为 2 年，建设期内每年年初贷款 1000 万元。若在运营期第 1 年年末偿还 800 万元，在运营期第 2 年至第 6 年每年年末等额偿还剩余贷款。在贷款年利率为 6%的情况下，运营期第 2 年至第 6 年每年年末应还本付息（　　）万元。

A. 454.0　　B. 359.6

C. 328.5　　D. 317.1

【解析】 现金流量图如下图所示：

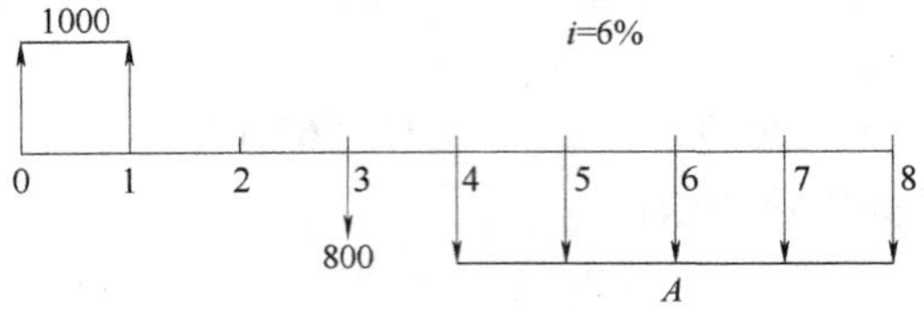

$$A=[1000\times(F/P,i,3)+1000\times(F/P,i,2)-800]\times(A/P,i,5)$$
$$=(1000\times1.06^3+1000\times1.06^2-800)\times[(1.06^5\times6\%)/(1.06^5-1)]$$
$$=359.6\text{（万元）。}$$

38. 【2006 年真题】在工程经济分析中，利息是指投资者（　　）。

A. 因通货膨胀而付出的代价　　B. 使用资金所得的预期收益

C. 借贷资金所承担的风险　　D. 放弃使用资金所得的补偿

【解析】 利息是对放弃现期消费所给的补偿。

39. 【2005 年真题】某项目建设期为 5 年，建设期内每年年初贷款 300 万元，年利率为 10%。若在运营期第 3 年年底和第 6 年年底分别偿还 500 万元，则在运营期第 9 年年底全部还清贷款本利时，尚需偿还（　　）万元。

A. 2059.99　　B. 3199.24

C. 3318.65　　D. 3750.52

【解析】 现金流量图如下图所示：

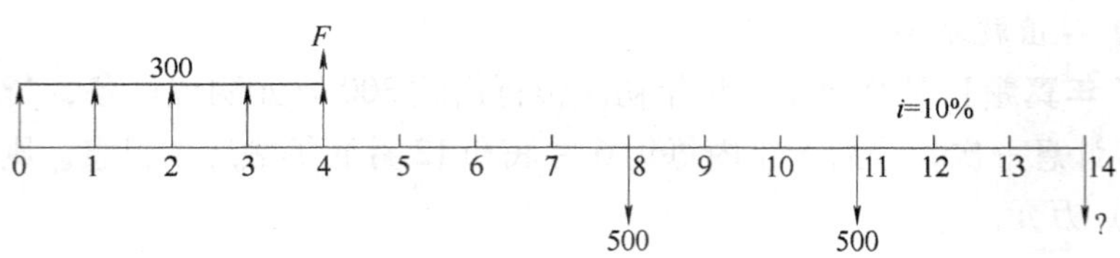

$$F=300\times(F/A,i,5)(F/P,i,10)-500\times[(F/P,i,6)+(F/P,i,3)]$$
$$=300\times(1.1^5-1)/10\%\times1.1^{10}-500\times(1.1^6+1.1^3)$$
$$=3199.24\ (万元)。$$

40. **【2005 年真题】**某企业在年初向银行借贷一笔资金，月利率为 1%，则在 6 月底偿还时，按单利和复利计算的利息应分别是本金的（　　）。

A. 5%和 5.10%　　B. 6%和 5.10%

C. 5%和 6.15%　　D. 6%和 6.15%

【解析】 单利率 = 1%×6 = 6%，复利率 $i_{eff}=\left(1+\frac{r}{m}\right)^m-1=(1+1\%)^6-1=6.15\%$。

41. **【2004 年真题】**某项目建设期为 2 年，建设期内每年年初分别贷款 600 万元和 900 万元，年利率为 10%。若在运营期前 5 年内于每年年末等额偿还贷款本利，则每年应偿还（　　）万元。

A. 343.20　　B. 395.70

C. 411.52　　D. 452.68

【解析】 现金流量图如下图所示：

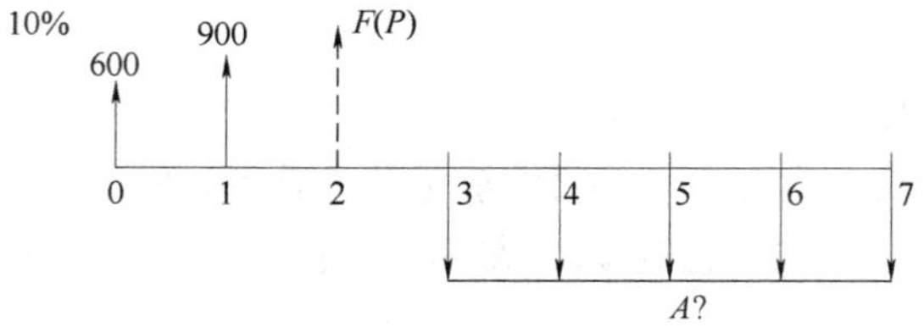

$$A=[600\times(F/P,i,2)+900\times(F/P,i,1)]\times(A/P,i,5)$$
$$=(600\times1.1^2+900\times1.1)[(1.1^5\times10\%)/(1.1^5-1)]$$
$$=452.68\ (万元)。$$

42. **【2004 年真题】**某企业向银行借贷一笔资金，按月计息，月利率为 1.2%，则年名义利率和年实际利率分别为（　　）。

A. 13.53%和 14.40%　　B. 13.53%和 15.39%

C. 14.40%和 15.39%　　D. 14.40%和 15.62%

【解析】 年名义利率 = 1.2%×12 = 14.4%，

$$年实际利率\ i_{eff}=\left(1+\frac{r}{m}\right)^m-1=(1+1.2\%)^{12}-1=15.39\%。$$

二、多项选择题（每题 2 分。每题的备选项中，有 2 个或 2 个以上符合题意，且至少有 1 个错项。错选，本题不得分；少选，所选的每个选项得 0.5 分）

1. **【2022 年真题】**影响资金等值计算的因素有（　　）。

A. 资金发生时间　　B. 利率或折现率

C. 资金回收方式　　D. 资金数额

E. 资金筹集渠道

【解析】 影响资金等值的因素：资金多少、资金发生时间、利率（或折现率）大小。

2. 【2021年真题】现金流量图可以形象、直观地表示经济系统的资金运动状态，其组成要素有（　　）。

A. 大小（资金数额）
B. 方向（资金流入或流出）
C. 来源（资金供应者）
D. 作用点（资金流入或流出的时间点）
E. 时间价值（资金的利息和利率）

【解析】 现金流量的三要素：大小（资金数额）、方向（资金流入或流出）和作用点（资金流入或流出的时间点）。

3. 【2020年真题】影响利率高低的主要因素是（　　）。

A. 借贷资本供求情况
B. 信贷风险
C. 信贷期限
D. 内部收益率
E. 行业基准收益率

【解析】 影响利率的主要因素：

① 社会平均利润率。在通常情况下，平均利润率是利率的最高界限。

② 借贷资本的供求情况。

③ 信贷风险。

④ 通货膨胀。

⑤ 借出资本的期限长短。

4. 【2019年真题】某人向银行申请住房按揭贷款50万元，期限为10年，年利率为4.8%，还款方式为按月等额本息还款，复利计息。关于该项贷款的说法，正确的有（　　）。

A. 宜采用偿债基金系数直接计算每月还款额
B. 借款年名义利率为4.8%
C. 借款的还款期数为120期
D. 借款期累计支付利息比按月等额本金还款少
E. 该项借款的月利率为0.4%

【解析】 按揭贷款宜采用资金回收系数（A/R，i，n），故选项A错误。

年利率即为年名义利率，故选项B正确。

还款期为10年×12期/年=120期，故选项C正确。

等额本息的利息比等额本金大，故选项D错误。

计息周期利率为$r/m=4.8\%/12=0.4\%$，故选项E正确。

5. 【2012年真题】某企业从银行借入一笔1年期的短期借款，年利率为12%，按月复利计算，则关于该项借款利率的说法正确的有（　　）。

A. 利率为连续复利
B. 年有效利率为12%
C. 月有效利率为1%
D. 月名义利率为1%
E. 季度有效利率大于3%

【解析】 实际中一般采用间断复利，故选项A错误。

年利率为12%，按月复利计息，则年有效利率一定大于12%，故选项B错误。

月有效利率=月名义利率=$r/m=12\%/12=1\%$，故选项C、D正确。

按月复利计息，则季度有效利率一定大于季度名义利率3%，故选项E正确。

6. 【**2011年真题**】关于现金流量图绘制规则的说法，正确的有（　　）。

A. 横轴为时间轴，整个横轴表示经济系统寿命期

B. 横轴的起点表示时间序列第一期期末

C. 横轴上每一间隔代表一个计息周期

D. 与横轴相连的垂直箭线代表现金流量

E. 垂直箭线的长短应体现各时点现金流量的大小

【**解析**】 横轴的起点表示第1期初，故选项B错误。

箭线代表不同时点的现金流入和流出，故选项D错误。

7. 【**2008年真题**】下列关于利息和利率的说法中，正确的有（　　）。

A. 利率的高低首先取决于社会平均利润率的高低

B. 有效利率是指资金在计息中所发生的名义利率

C. 利息和利率是用来衡量资金时间价值的重要尺度

D. 利息是占用资金所付的代价或者是放弃使用资金所得的补偿

E. 利率是一年内所获得的利息与借贷金额的现值之比

【**解析**】 有效利率是资金在计息中所发生的实际利率，故选项B错误。

利率是单位时间内利息与借款本金之比，故选项E错误。

8. 【**2007年真题**】下列关于名义利率和有效利率的说法中，正确的有（　　）。

A. 名义利率是计息周期利率与一个利率周期内计息周期数的乘积

B. 有效利率包括计息周期有效利率和利率周期有效利率

C. 当计息周期与利率周期相同时，名义利率等于有效利率

D. 当计息周期小于利率周期时，名义利率大于有效利率

E. 当名义利率一定时，有效利率随计息周期变化而变化

【**解析**】 当计息周期小于利率周期时，有效利率大于名义利率，故选项D错误。

9. 【**2006年真题**】在工程经济学中，作为衡量资金时间价值的绝对尺度，利息是指（　　）。

A. 占用资金所付出的代价

B. 放弃使用资金所得的补偿

C. 考虑通货膨胀所得的补偿

D. 资金的一种机会成本

E. 投资者的一种收益

【**解析**】 没有选项C这种说法；选项E中投资者的收益一般理解成利润。

10. 【**2005年真题**】根据工程经济学理论，现金流量的要素包括（　　）。

A. 基准收益率

B. 现金流量的大小

C. 利率大小

D. 现金流量的方向

E. 现金流量的作用点

【**解析**】 现金流量的要素包括：大小（数额）、方向（流入流出）、作用点（流入流出发生的时点）。

三、答案

单项选择题

题号	1	2	3	4	5	6	7	8	9	10	11
答案	D	C	A	C	C	B	D	A	C	D	C
题号	12	13	14	15	16	17	18	19	20	21	22
答案	D	A	D	D	C	B	C	B	A	D	C
题号	23	24	25	26	27	28	29	30	31	32	33
答案	B	C	B	B	A	B	C	B	B	A	C
题号	34	35	36	37	38	39	40	41	42	—	—
答案	D	B	D	B	D	B	D	D	C	—	—

多项选择题

题号	1	2	3	4	5	6	7	8	9	10
答案	ABD	ABD	ABC	BCE	CDE	ACE	ACD	ABCE	ABD	BDE

四、2023考点预测

1. 现金流量的基本概念
2. 利息和利率的含义及计算

第二节　投资方案经济效果评价

考点一、经济效果评价的内容及指标体系
考点二、经济效果评价方法
考点三、不确定分析与风险分析

一、单项选择题（每题1分。每题的备选项中，只有1个最符合题意）

1. **【2022年真题】**若项目动态投资回收期小于寿命周期，则下列说法正确的是（　　）。

A. 净现值率<0　　B. 净现值<0

C. 内部收益率>基准收益率　　D. 静态投资回收期>动态投资回收期

【解析】 若项目动态投资回收期小于寿命周期，则项目可行，选项A、B排除，选项D的说法是错误的。

2. **【2022年真题】**某项目有甲、乙、丙、丁四个互斥方案，根据下表所列数据，应选择的方案是（　　）。

方案	甲	乙	丙	丁
寿命期/年	10	10	18	18
净现值/万元	40	45	50	58
净年值	5.96	6.71	5.34	6.19

A. 甲　　B. 乙

C. 丙　　D. 丁

【解析】 选择净年值大的方案。

3. 【2022 年真题】在下列（　　）情况下，为保持盈亏平衡，可提高销售量。

A. 固定成本降低　　B. 单位产品单价提高

C. 单位产品可变成本降低　　D. 单位产品销售税金及附加提高

【解析】 收入提高则税金提高。

4. 【2022 年真题】下面三个因素：产品价格、经营成本、销售额分别变化 5%、3%、4%，对应 NPV 分别变化 24%、10%、14%，按敏感性从高到低排序（　　）。

A. 产品价格、销售额、经营成本　　B. 销售额、产品价格、经营成本

C. 销售额、经营成本、产品价格　　D. 经营成本、产品价格、销售额

【解析】 NPV 越大越敏感。

5. 【2022 年真题】敏感性因素分析用于项目风险分析的作用是（　　）。

A. 初步识别风险因素　　B. 确定风险因素发生概率的分部范围

C. 确定风险的综合等级　　D. 多方案比选并提出应对方案

【解析】 敏感性分析是初步识别风险因素的重要手段。

6. 【2021 年真题】在评价一个投资方案的经济效果时，利息备付率属于（　　）指标。

A. 抗风险能力　　B. 财务生存能力

C. 盈利能力　　D. 偿债能力

【解析】 利息备付率属于偿债能力。

7. 【2021 年真题】投资项目的内部收益率是项目对（　　）的最大承担能力。

A. 贷款利率　　B. 资本金净利润率

C. 利息备付率　　D. 偿债备付率

【解析】 投资项目的内部收益率是项目对贷款利率的最大承担能力。

8. 【2021 年真题】两个工程项目投资方案互斥，但计算期不同，经济效果评价时可以采用的动态评价方法为（　　）。

A. 增量投资收益率法、增量投资回收期法、年折算费用法

B. 增量投资内部收益率法、净现值法、净年值法

C. 增量投资收益率法、净现值法、综合总费用法

D. 增量投资回收期法、净年值法、综合总费用法

【解析】 互斥型方案动态评价的主要方法：净现值法、增量投资内部收益率法、净年值法。

9. 【2021 年真题】某房地产开发商估计新建住宅销售价格为 1.5 万元/m^2，综合开发可变成本为 9000 元/m^2，固定成本为 3600 万元，住宅综合销售税率为 12%。如果按综合销售

税率25%计算，则该开发商的住宅开发量盈亏平衡点应提高（　　）m^2。

A. 6000　　B. 7429

C. 8571　　D. 16000

【解析】 36000000/(15000-9000-15000×12%)=8571（m^2），36000000/(15000-9000-15000×25%)=16000（m^2），16000-8571=7429（m^2）。

10. 【2021年真题】对某投资项目的风险进行评价，评价结论提出必须改变项目设计或采取补偿措施等才能投资该项目。根据综合风险等级判断，该投资项目的风险级别是（　　）。

A. I级（风险弱）　　B. K级（风险很强）

C. M级（风险强）　　D. R级（风险较小）

【解析】

综合风险等级	K级：风险很强，出现这类风险就要放弃项目 M级：风险强，修正拟议中的方案，通过改变设计或采取补偿措施等 T级：风险较强，设定某些指标的临界值，指标一旦达到临界值，就要变更设计或对负面影响采取补偿措施 R级：风险适度（较小），适当采取措施后不影响项目 I级：风险弱，可忽略

11. 【2020年真题】采用投资回收期指标评价投资方案的优点（　　）。

A. 能够考虑整个计算期内的现金流量

B. 能够反映整个计算期的经济效果

C. 能够考虑投资方案的偿债能力

D. 能够反映资本的周转速度

【解析】 优点：计算简便，一定程度上显示资本周转速度，周转速度越快，回收期越短，风险越小，盈利越多。

缺点：未全面考虑方案整个计算期内的现金流量，只考虑回收之前的效果，不能反映投资回收后的情况，无法衡量整个计算期的经济效果。

12. 【2020年真题】基准收益率以（　　）为基础。

A. 行业平均收益率　　B. 社会平均折现率

C. 项目资金成本率　　D. 社会平均利润率

【解析】 基准收益率的确定一般以行业的平均收益率为基础，同时综合考虑资金成本、投资风险、通货膨胀以及资金限制等影响因素。

13. 【2020年真题】公司计划生产年产量60万件的产品，销售价格200元，可变成本160元，年成本600万元，销项税及附加合计为销售额的5%，求盈亏平衡点时的生产量（　　）万件。

A. 30　　B. 20　　C. 15　　D. 10

【解析】 $BEP(Q)$=600/(200-160-200×5%)=20（万件）。

14. 【2020年真题】对某投资方案进行单因素敏感性强分析时，在相同初始条件下，产品价格下浮幅度，超过6.28%时，净现值由正变负；投资额增加幅度超过9.76%时，净现值由正变负；经营成本上升幅度超过 14. 35%时，净现值由正变负；按净现值对各个因素的敏感程度，由大到小排列正确顺序是（　　）。

A. 产品价格—投资额—经营成本

B. 经营成本—投资额—产品价格

C. 投资额—经营成本—产品价格

D. 投资额—产品价格—经营成本

【解析】 临界点的绝对值越小越敏感，即离原点越近越敏感。

15. **【2019 年真题】** 按（　　），将经济效果评价方法又可分为静态评价方法和动态评价方法。

A. 通货膨胀　　B. 建设期利息

C. 建设期长短　　D. 是否考虑资金的时间价值

【解析】 根据是否考虑资金的时间价值，将经济效果评价方法分为动态评价和静态评价。

16. **【2019 年真题】** 利用净现值法进行互斥方案比选，甲和乙两个方案的计算期分别为 3 年和 4 年，则在最小公倍数法下，甲方案的循环次数是（　　）次。

A. 3　　B. 4　　C. 12　　D. 7

【解析】 3（甲）和 4（乙）的最小公倍数为 12，因此甲循环 4 次，乙循环 3 次。

17. **【2018 年真题】** 下列投资方案经济效果评价指标中，属于动态评价指标的是（　　）。

A. 总投资收益率　　B. 内部收益率

C. 资产负债率　　D. 资本金净利润率

【解析】 选项 A、C、D 均为静态评价指标。

18. **【2018 年真题】** 某项目建设期为 1 年，总投资额为 900 万元，其中流动资金是 100 万元。建成投产后每年净收益为 150 万元。自建设开始年起该项目的静态投资回收期为（　　）年。

A. 5. 3　　B. 6. 0

C. 6. 34　　D. 7. 0

【解析】 $P=I/A=900/150=6$ 年。但注意此公式计算有前提，即当年投资（第 1 年年初），当年投产并达到设计生产能力（即第 1 年年末获得完全净收益），而题中建设期 1 年，第 2 年年末才有净收益，相当于投资回收时间“滞后”了 1 年，因此 $P_t=6+1=7$（年）。

19. **【2018 年真题】** 某项目预计投产后第 5 年的息税前利润为 180 万元，应偿还借款本金为 40 万元，应付利息为 30 万元，应缴企业所得税为 37. 5 万元，折旧和摊销为 20 万元，该项目当年偿债备付率为（　　）。

A. 2. 32　　B. 2. 86

C. 3. 31　　D. 3. 75

【解析】 偿债备付率=(息税折摊前利润-所得税)/(应偿还借款本金+应付利息)=(180+20-37. 5)/(40+30)=2. 32。

20. **【2018 年真题】** 利用投资回收期指标评价投资方案经济效果的不足是（　　）。

A. 不能全面反映资本的周转速度

B. 不能全面考虑投资方案整个计算期内的现金流量

C. 不能反映投资回收之前的经济效果

D. 不能反映回收全部投资所需要的时间

【解析】 投资回收期能一定程度反应周转速度，但仅考虑回收前的投资效果，不能反映投资回收后的效果，不能衡量整个计算期内的经济效果。

21. 【2017年真题】投资方案经济效果评价指标中，利息备付率是指投资方案在借款偿还期内的（　　）的比值。

A. 息税前利润与当期应付利息金额

B. 息税前利润与当期应还本付息金额

C. 税前利润与当期应付利息金额

D. 税前利润与当期应还本付息金额

【解析】 利息备付率是指在投资方案借款偿还期内各期企业可用于支付利息的息税前利润与当期应付利息的比值，也叫已获利息倍数。

22. 【2017年真题】下列投资方案经济效果评价指标中，能够直接衡量项目未回收投资的收益率的指标是（　　）。

A. 投资收益率　　B. 净现值率

C. 投资回收期　　D. 内部收益率

【解析】 内部收益率的经济定义是使未收回投资余额及其利息恰好在项目计算期末完全收回的一种利率，也即项目所占用的未收回投资的收益率。

23. 【2017年真题】对于效益基本相同，但效益难以用货币直接计量的互斥投资方案，在进行比选时常用（　　）替代净现值。

A. 增量投资　　B. 费用现值

C. 年折算费用　　D. 净现值率

【解析】 当方案产生的效益基本相同、但效益难以用货币直接计量的，互斥型投资方案可以用费用限制直接替代净现值进行经济评价。

24. 【2016年真题】下列投资方案经济效果评价指标中，能够在一定程度上反映资本周转速度的指标是（　　）。

A. 利息备付率　　B. 投资收益率

C. 偿债备付率　　D. 投资回收期

【解析】 投资回收期能一定程度反应周转速度，但仅考虑回收前的投资效果，不能反映投资回收后的效果，不能衡量整个计算期内的经济效果。

25. 【2016年真题】下列影响因素中，用来确定基准收益率的基础因素是（　　）。

A. 资本成本和机会成本　　B. 机会成本和投资风险

C. 投资风险和通货膨胀　　D. 通货膨胀和资本成本

【解析】 影响基准收益率的因素中，资金成本和投资机会成本是基础，投资风险和通货膨胀是必须考虑的因素。

26. 【2016年真题】用来评价投资方案的净现值率指标是指项目净现值与（　　）的比值。

A. 固定资产投资总额

B. 建筑安装工程投资总额

C. 项目全部投资现值

D. 建筑安装工程全部投资现值

【解析】 净现值率指标是指项目净现值与项目全部投资现值的比值。

27. 【2016 年真题】采用增量投资内部收益率（ΔIRR）法比较选计算期不同的互斥方案时，对于已通过绝对效果检验的投资方案，确定优先方案的准则是（　　）。

A. ΔIRR 大于基准收益率时，选择初始投资额小的方案

B. ΔIRR 大于基准收益率时，选择初始投资额大的方案

C. 无论 ΔIRR 是否大于基准收益率，均选择初始投资额小的方案

D. 无论 ΔIRR 是否大于基准收益率，均选择初始投资额大的方案

【解析】 若 $\Delta IRR>i_c$，表明初始投资额大的方案优于初始投资额小的方案，选投资额大的方案；反之，若 $\Delta IRR<i_c$，选投资额小的方案。

28. 【2016 年真题】工程项目盈亏平衡分析的特点是（　　）。

A. 能够预测项目风险发生的概率，但不能确定项目风险的影响程度

B. 能够确定项目风险的影响范围，但不能量化项目风险的影响效果

C. 能够分析产生项目风险的根源，但不能提出应对项目风险的策略

D. 能够度量项目风险的大小，但不能揭示产生项目风险的根源

【解析】 盈亏平衡分析能够度量风险大小，但并不能产生风险的根源。

29. 【2015 年真题】某投资方案计算期现金流量如下表，该投资方案的静态投资回收期为（　　）年。

年度/年	0	1	2	3	4	5
净现金流量/万元	-1000	-500	600	800	800	800

A. 2. 143　　B. 3. 125　　C. 3. 143　　D. 4. 125

【解析】 现金流量见下表：

年度/年	0	1	2	3	4	5
净现金流量/万元	-1000	-500	600	800	800	800
累计净现金流量/万元	-1000	-1500	-900	-100	700	1500

$P_t=3+|-100|/800=3.125$（年）。

30. 【2015 年真题】投资方案资产负债率是指投资方案各期末（　　）的比率。

A. 长期负债与长期资产　　B. 长期负债与固定资产总额

C. 负债总额与资产总额　　D. 固定资产总额与负债总额

【解析】 资产负债率是指投资方案各期末负债总额与资产总额的比值。

31. 【2014 年真题】采用投资收益率指标评价投资方案经济效果的缺点是（　　）。

A. 考虑了投资收益的时间因素，因而使指标计算较复杂

B. 虽在一定程度上反映投资效果的优劣，但仅适用于投资规模大的复杂工程

C. 只能考虑正常生产年份的投资收益，不能全面考虑整个计算期的投资收益

D. 正常生产年份的选择比较困难，因而使指标计算的主观随意性较大

【解析】 投资收益率是静态评价指标，没有考虑投资收益的时间因素，忽视了资金时间价值。故选项A错误。

能在一定程度上反映投资效果的优劣，适用于各种投资规模。故选项B错误。

可以以运营期的年均净收益与投资总额的比值来考虑整个计算期的投资收益。故选项C错误。

32.【2014年真题】采用净现值指标评价投资方案经济效果的优点是（　　）。

A. 能够全面反映投资方案中单位投资的使用效果

B. 能够全面反映投资方案在整个计算期内的经济状况

C. 能够直接反映投资方案运营期各年的经营成果

D. 能够直接反映投资方案中的资本周转速度

【解析】 净现值优点：考虑整个计算期资金时间价值的动态评价指标；计算简便能直观地以金额表示盈利水平。缺点：事先确定i_c很困难；互斥方案需构造相同寿命期；不能反映单位投资使用效率和各年经营成果。

33.【2014年真题】采用增量投资内部收益率（ΔIRR）法比选计算期相同的两个可行互斥方案时，基准收益率为i_c，则保留投资额大的方案的前提条件是（　　）。

A. $\Delta IRR>0$　　B. $\Delta IRR<0$

C. $\Delta IRR>i_c$　　D. $\Delta IRR<i_c$

【解析】 若$\Delta IRR>i_c$，表明初始投资额大的方案优于初始投资额小的方案，选投资额大的方案；反之，若$\Delta IRR<i_c$，选投资额小的方案。

34.【2013年真题】采用投资收益率指标评价投资方案经济效果的优点是（　　）。

A. 指标的经济意义明确、直观　　B. 考虑了投资收益的时间因素

C. 容易选择正常生产年份　　D. 反映了资本的周转速度

【解析】 投资收益率是静态评价指标，没有考虑投资收益的时间因素，忽视了资金时间价值。故选项B错误。

正常年份选择困难，故选项C错误。

投资收益率只能一定程度反映投资效果的优劣，反映资本周转速度的是投资回收期。故选项D错误。

35.【2013年真题】与净现值相比较，采用内部收益率法评价投资方案经济效果的优点是最能够（　　）。

A. 考虑资金的时间价值　　B. 反映项目投资中单位投资的盈利能力

C. 反映投资过程的收益程度　　D. 考虑项目在整个计算期内的经济状况

【解析】 净现值和内部收益率都考虑了时间价值，故选项A错误。

内部收益率不能反映项目投资中单位投资的盈利能力，故选项B错误。

内部收益率能反映投资过程的收益程度，净现值不能，故选项C错误。

净现值和IRR均考虑在整个计算期内的经济状况，故选项D正确。

36.【2012年真题】按是否考虑资金的时间价值，投资方案经济效果评价方法分为（　　）。

A. 线性评价方法和非线性评价方法

B. 静态评价方法和动态评价方法

C. 确定性评价方法和不确定性评价方法

D. 定量评价方法和定性评价方法

【解析】 投资方案经济效果评价按是否考虑时间价值分为动态评价和静态评价。

37. **【2012 年真题】**某项目总投资额为 2000 万元，其中债务资金为 500 万元，项目运营期内年平均净利润为 200 万元，年平均息税为 20 万元，则该项目的总投资收益率为（　　）。

A. 10.0%　　B. 11.0%

C. 13.3%　　D. 14.7%

【解析】 总投资收益率=息税前利润/总投资=(200+20)/2000=11%。

38. **【2012 年真题】**某企业投资项目，总投资额为 3000 万元，其中借贷资金占 40%，借贷资金的资金成本为 12%，企业自有资金的投资机会成本为 15%，在不考虑其他影响因素的条件下，基准收益率至少应达到（　　）。

A. 12.0%　　B. 13.5%

C. 13.8%　　D. 15.0%

【解析】 当项目投资中既有借贷资金又有自有资金的，基准收益率（最低收益率）至少应达到资金成本率和机会成本的加权平均收益率，即 $i_c = 12\% \times 40\% + 15\% \times 60\% = 13.8\%$。

39. **【2011 年真题】**在分析工程项目抗风险能力时，应分析工程项目在不同阶段可能遇到的不确定性因素和随机因素对其经济效果的影响，这些阶段包括工程项目的（　　）。

A. 策划期和建设期。　　B. 建设期和运营期

C. 运营期和拆除期　　D. 建设期和达产期

【解析】 在分析工程项目抗风险能力时，分析方案在建设期和运营期可能遇到的不确定性和随机因素对经济效果的影响。

40. **【2011 年真题】**总投资收益率指标中的收益是指项目建成后（　　）。

A. 正常生产年份的年税前利润或运营期年平均税前利润

B. 正常生产年份的年税后利润或运营期年平均税后利润

C. 正常生产年份的年息税前利润或运营期年平均息税前利润

D. 投产期和达产期的盈利总和

【解析】 总投资收益率指标中的收益是指项目建成后正常年份（达到设计生产能力的年份）的年息税前利润或运营期年平均息税前利润。

41. **【2011 年真题】**投资方案经济评价中的基准收益率是指投资资金应当获得的（　　）盈利率水平。

A. 最低　　B. 最高　　C. 平均　　D. 组合

【解析】 投资方案经济评价中的基准收益率是指投资资金应当获得的可接受的投资方案最低的收益水平。

42. **【2011 年真题】**某项目有甲乙丙丁 4 个可行方案，投资额和年经营成本见下表：

方案	甲	乙	丙	丁
投资额/万元	800	800	900	1000
年经营成本/万元	100	110	100	70

若基准收益率为 10%，采用增量投资收益率比选，最优方案为（　　）。

A. 甲　　B. 乙　　C. 丙　　D. 丁

【解析】 甲乙投资额相等，故排除经营成本大的乙；甲丙的年经营成本相等，故排除投资额大的丙。

最后比较甲和丁：成本节约额/投资增量=(100−70)/(1000−800)=15%>10%，选投资额大的方案。

43. 【2006 年真题】某项目现金流量表如下：

年度/年	1	2	3	4	5	6	7	8
净现金流量/万元	−1000	−1200	800	900	950	1000	1100	1200
折现系数（i_c=10%）	0.909	0.826	0.751	0.683	0.621	0.564	0.513	0.467
折现净现金流量/万元	−909.0	−991.2	600.8	614.7	589.95	564.0	564.3	560.4

则该项目的净现值和动态投资回收期分别为（　　）。

A. 1593.95 万元和 4.53 年　　B. 1593.95 万元和 5.17 年

C. 3750 万元和 4.53 年　　D. 3750 万元和 5.17 年

【解析】 现金流量表如下表所示：

年度/年	1	2	3	4	5	6	7	8
净现金流量/万元	−1000	−1200	800	900	950	1000	1100	1200
折现系数（i_c=10%）	0.909	0.826	0.751	0.683	0.621	0.564	0.513	0.467
折现净现金流量/万元	−909.0	−991.2	600.8	614.7	589.95	564.0	564.3	560.4
累计折现净现金流量/万元	−909.0	−1900.2	−1299.4	−684.7	−94.75	469.25	1033.55	1593.95

动态投资回收期 $P_t=(6-1)+|-94.75|/564=5.17$(年)，

$NPV=-909.0-991.2+600.8+614.7+589.95+564.0+564.3+560.4=1593.95$（万元）。

44. 【2006 年真题】某企业有三个独立的投资方案，各方案有关数据如下表所示：

方案	方案 1	方案 2	方案 3
初始投资/万元	3600	5000	6600
年末净收益/万元	1300	1200	1500
估计寿命/年	4	6	8

若基准收益率为 10%，则投资效益由高到低的顺序为（　　）。

A. 方案 1—方案 2—方案 3　　B. 方案 2—方案 1—方案 3

C. 方案 3—方案 1—方案 2　　D. 方案 3—方案 2—方案 1

【解析】 寿命期不同比较净年值，按照净年值大小排序。

$NAV_1=-3600\times(A/P,10\%,4)+1300=-3600\times(1.1^4\times10\%)/(1.1^4-1)+1300=164.31$

$NAV_2=-5000\times(A/P,10\%,6)+1200=-5000\times(1.16\times10\%)/(1.16-1)+1200=51.96$

$NAV_3=-6600\times(A/P,10\%,8)+1500=-6600\times(1.18\times10\%)/(1.18-1)+1500=262.87$

故投资效益：方案3>方案1>方案2。

45. **【2004年真题】**某项目初期投资额为2000万元，从第1年年末开始每年净收益为480万元。若基准收益率为10%，并已知（P/A，10%，5）= 3.7908和（P/A，10%，6）= 4.3553，则该项目的静态投资回收期和动态投资回收期分别为（　　）年。

A. 4.167和5.33　　B. 4.167和5.67

C. 4.83和5.33　　D. 4.83和5.67

【解析】 ①静态投资回收期为2000/480 = 4.167（年）（从第1年年末就有净收益，故可以如此计算）。

②动态投资回收期：

第5年年末的累计折现净现金流量 $=-2000+480\times(P/A,10\%,5)=-2000+1819.584=-180.416$

第6年的折现净现金流量 $=480\times[(P/A,10\%,6)-(P/A,10\%,5)]=270.96$

动态投资回收期为5+180.416/270.96 = 5.67（年）。

46. **【2018年真题】**以产量表示的项目盈亏平衡点与项目投资效果的关系是（　　）。

A. 盈亏平衡点越低项目盈利能力越低

B. 盈亏平衡点越低项目抗风险能力越强

C. 盈亏平衡点越高项目风险越小

D. 盈亏平衡点越高项目产品单位成本越高

【解析】 盈亏平衡点越低，达到该点产量和收益的成本越少，抗风险能力就越强。

47. **【2017年真题】**关于投资方案不确定性分析与风险分析的说法，正确的是（　　）。

A. 敏感性分析只适用于财务评价

B. 风险分析只适用于国民经济评价

C. 盈亏平衡分析只适用于财务评价

D. 盈亏平衡分析只适用于国民经济评价

【解析】 盈亏平衡分析只适用财务评价，敏感性分析和风险分析适用财务评价和国民经济评价。

48. **【2015年真题】**某投资方案设计年生产能力为50万件，年固定成本为300万元，单位产品可变成本为90元/件，单位产品的营业税金及附加为8元/件。按设计生产能力满负荷生产时，用销售单价表示的盈亏平衡点是（　　）元/件。

A. 90　　B. 96

C. 98　　D. 104

【解析】 根据基本损益方程式：利润 = 销售收入 − 总成本费用 − 税金 = 0列式：

$50p-[300+(90+8)\times50]=0, p=104$（元/件）。

49. **【2013年真题】**采用盈亏平衡分析法进行投资方案不确定性分析的优点是能够（　　）。

A. 揭示产生项目风险的根源　　B. 度量项目风险的大小

C. 投资项目风险的降低途径　　D. 说明不确定因素的变动情况

【解析】 盈亏平衡分析能够度量风险大小，但不能揭示产生风险的根源。

50.【2012年真题】某投资方案设计生产能力为1000台/年，盈亏平衡点产量为500台/年，方案投产后前4年的达产率见下表。则该方案首次实现盈利的年份为投产后的第（　　）年。

投产年度/年	1	2	3	4
达产率（%）	30	50	70	90

A. 1　　B. 2　　C. 3　　D. 4

【解析】由题可知，第1年的实际产量没有达到盈亏平衡产量，故亏损；第2年的实际产量刚好达到盈亏平衡产量，盈亏平衡；第3年的实际产量超过盈亏平衡产量，盈利。

51.【2012年真题】某投资方案的净现值 *NPV* 为200万元，假定各不确定性因素分别变化+10%，重新计算得到该方案的 *NPV* 见下表。则最敏感因素为（　　）。

不确定性因素及其变化	甲（+10%）	乙（+10%）	丙（+10%）	丁（+10%）
NPV/万元	120	160	250	270

A. 甲　　B. 乙　　C. 丙　　D. 丁

【解析】甲、乙、丙、丁不确定因素均变化10%，净现值变化值的绝对值变化最大的最敏感。甲：200−120=80，乙：200−160=40，丙：200−250=−50，丁：200−270=−70，故甲最敏感。

52.【2011年真题】以生产能力利用率表示项目盈亏平衡点越低，表明项目建成投产后的（　　）越小。

A. 盈利可能性　　B. 适应市场能力

C. 抗风险能力　　D. 盈亏平衡总成本

【解析】盈亏平衡点越低，达到该点产量和收益的成本越少，抗风险能力就越强。

53.【2011年真题】项目敏感性分析方法的主要局限是（　　）。

A. 计算工程比盈亏平衡分析复杂

B. 不能说明不确定性因素发生变动的可能性大小

C. 需要主观确定不确定性因素变动的概率

D. 不能找出不确定性因素变动的临界点

【解析】敏感性分析不能说明不确定性因素变动可能性大小，也没有考虑发生的概率，而此概率与项目的风险大小密切相关。

54.【2010年真题】某项目设计生产能力为50万件/年，预计单位产品售价为150元，单位产品可变成本为130元，固定成本为400万元，该产品增值税金及附加的合并税率为5%。则用产销量表示的盈亏平衡点是（　　）万件。

A. 14.55　　B. 20.60

C. 29.63　　D. 32.00

【解析】根据基本损益方程式：利润=销售收入−总成本费用−税金=0列式：

$$150Q-5\%\times150Q-(400+130Q)=0,\ Q=32\text{（万件）。}$$

55.【2005年真题】某项目设计生产能力为年产60万件产品，预计单位产品价格为100

元，单位产品可变成本为75元，年固定成本为380万元。若该产品的销售税金及附加的合并税率为5%，则用生产能力利用率表示的项目盈亏平衡点为（　　）。

A. 31.67%　　B. 30.16%

C. 26.60%　　D. 25.33%

【解析】 根据基本损益方程式：利润=销售收入-总成本费用-税金=0列式：

$100Q-5\%\times100Q-(380+75Q)=0$，可得 $Q=19$（万件），项目盈亏平衡时的生产能力利用率为19/60=31.67%。

二、多项选择题（每题2分。每题的备选项中，有2个或2个以上符合题意，且至少有1个错项。错选，本题不得分；少选，所选的每个选项得0.5分）

1.【2022年真题】投资方案经济效果评价的主要内容有（　　）。

A. 盈利能力分析　　B. 偿债能力分析

C. 营运能力分析　　D. 发展能力分析

E. 财务生存能力分析

【解析】 投资方案经济效果评价的内容主要包括盈利能力分析、偿债能力分析、财务生存能力分析和抗风险能力分析。

2.【2021年真题】对于非政府投资项目，投资者自行确定基准收益率的基础有（　　）。

A. 资金成本　　B. 存款利率

C. 投资机会成本　　D. 通货膨胀

E. 投资风险

【解析】 确定基准收益率时应考虑以下因素：

① 资金成本和投资机会成本。

② 投资风险。

③ 通货膨胀。

3.【2020年真题】下列投资方案评价指标中，属于静态评价指标的有（　　）。

A. 资产负债率　　B. 内部收益率

C. 偿债备付率　　D. 净现值率

E. 投资收益率

【解析】 静态评价指标没有考虑资金的时间价值，而选项B和D属于动态指标。

4.【2020年真题】进行投资项目互斥方案静态分析可采用的评价指标有（　　）。

A. 净年值　　B. 增量投资收益率

C. 综合总费用　　D. 增量投资内部收益率

E. 增量投资回收期

【解析】 互斥方案静态分析常用增量投资收益率、增量投资回收期、年折算费用、综合总费用等评价方法进行相对经济效果评价。

5.【2019年真题】关于投资方案基准收益率的说法，正确的有（　　）。

A. 所有投资项目均应使用国家发布的行业基准收益率

B. 基准收益率反映投资资金应获得的最低盈利水平

C. 确定基准收益率不应考虑通货膨胀的影响

D. 基准收益率是评价投资方案在经济上是否可行的依据

E. 基准收益率一般等于商业银行贷款基准利率

【解析】 非政府投资项目的投资方案基准收益率可自行确定，故选项 A 错误。

确定基准收益率时当年价格要考虑通货膨胀，故选项 C 错误。

基准收益率要比贷款基准利率高，故选项 E 错误。

6. 【2018 年真题】采用总投资收益率指标进行项目经济评价的不足有（　　）。

A. 不能用于同行业同类项目经济效果比较

B. 不能反映项目投资效果的优势

C. 没有考虑投资收益的时间因素

D. 正常生产年份的选择带有较大的不确定性

E. 指标的计算过于复杂和烦琐

【解析】 总投资收益率可以用于同行业同类项目经济效果比较，故选项 A 错误。

总投资收益率在一定程度上反映了投资效果的优劣，故选项 B 错误。

总投资收益率的计算直观、简便，故选项 E 错误。

7. 【2018 年真题】关于项目财务内部收益率的说法，正确的有（　　）。

A. 内部收益率不是初始投资在整个计算期内的盈利率

B. 计算内部收益率需要事先确定基准收益率

C. 内部收益率是使项目财务净现值为零的收益率

D. 内部收益率的评价准则是 $IRR \geqslant 0$ 时方案可行

E. 内部收益率是项目初始投资在寿命期内的收益率

【解析】 内部收益率取决于项目内部，不受外部参数干扰；IRR 是 $NPV=0$ 时的折现率；是占用尚未回收资金的获利能力，也是贷款利率的最大承担能力。

8. 【2016 年真题】投资方案经济效果评价指标中，既考虑了资金的时间价值，又考虑了项目在整个计算期内经济状况的指标有（　　）。

A. 净现值　　　　B. 投资回收期

C. 净年值　　　　D. 投资收益率

E. 内部收益率

【解析】 动态投资回收期考虑了时间价值，静态投资回收期没有考虑时间价值，它们均只考虑了投资之前的经济状况。故选项 B 错误。

投资收益率是静态评价指标，没有考虑资金时间价值。故选项 D 错误。

9. 【2016 年真题】采用净现值法评价计算期不同的互斥方案时，确定共同计算期的方法有（　　）。

A. 最大公约数法　　　　B. 平均寿命期法

C. 最小公倍数法　　　　D. 研究期法

E. 无限计算期法

【解析】 采用净现值法评价计算期不同的互斥方案时，确定共同计算期的方法有最小公倍数法、研究期法、无限计算期法。

10. 【2015 年真题】某投资方案的净现值与折现率之间的关系如下图所示。图中正确结论有（　　）。

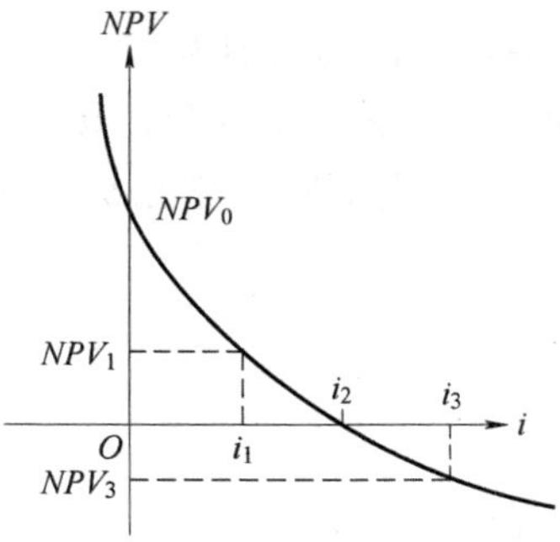

A. 投资方案的内部收益率为 i_2

B. 折现率 i 越大，投资方案的净现值越大

C. 基准收益率为 i_1 时，投资方案的净现值为 NPV_1

D. 投资方案的累计净现金流量为 NPV_0

E. 投资方案计算期内累计利润为正值

【解析】 净现值为 0 时的收益率就是内部收益率，故选项 A 正确。由图可知，折现率 i 越大，投资方案的净现值越小，故选项 B 错误。净现值时以基准收益率为折现率，将计算期各年的净现金流折算到方案开始实施时的现值之和，所以如果 i_1 是基准收益率，那么净现值应是 NPV_1。故选项 C 正确。累计净现金流量不考虑资金时间价值，没有折现过程，即 $i_c=0$，故选项 D 正确。而选项 E 无法从图中判断。

11. **【2015 年真题】**某投资方案单因素敏感性分析如下图所示，其中表明的正确结论是（ ）。

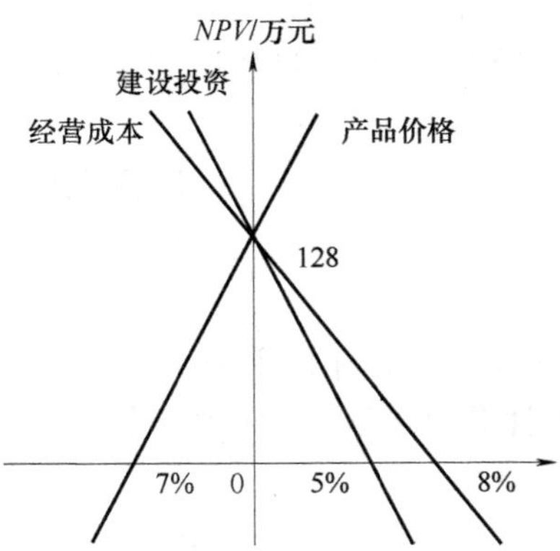

A. 净现值对建设投资波动最敏感

B. 投资方案的净现值为 128 万元

C. 净现值对经营成本变动的敏感性高于对产品价格变动的敏感性

D. 为保证项目可行，投资方案不确定性因素变动幅度最大不超过 8%

E. 按净现值判断，产品价格变动临界点比初始方案价格下降 7%

【解析】 由图可知，建设投资斜率最大（最陡）最敏感，故选项 A 正确。

投资方案的净现值为 128 万元，故选项 B 正确。

产品价格与经营成本相比，产品价格线更陡（斜率更大），更敏感，故选项 C 错误。

为保证项目可行，建设投资不确定性因素变动幅度最大不超过 5%，经营成本不超过 8%，每个不确定因素的临界点不一样，故选项 D 错误。

产品价格下降超过 7%，*NPV*<0，方案将不可行，故下降 7%是临界点，故选项 E 正确。

12.【2014 年真题】采用净现值和内部收益率指标评价投资方案经济效果的共同特点有（　　）。

A. 均受外部参数的影响

B. 均考虑资金的时间价值

C. 均可对独立方案进行评价

D. 均能反映投资回收过程的收益程度

E. 均能全面考虑整个计算期内经济状况

【解析】　内部收益率不受外部参数影响，故选项 A 错误。

NPV 不能反映投资回收过程的收益程度，*IRR* 可以反映，故选项 D 错误。

13.【2014 年真题】下列评价方法中，属于互斥投资方案静态评价方法的有（　　）。

A. 年折算费用法　　B. 净现值率法

C. 增量投资回收期法　　D. 增量投资收益率法

E. 增量投资内部收益率法

【解析】　选项 B、E 为投资方案动态评价方法。

14.【2013 年真题】下列评价指标中，属于投资方案经济效果静态评价指标的有（　　）。

A. 内部收益率　　B. 利息备付率

C. 投资收益率　　D. 资产负债率

E. 净现值率

【解析】　选项 A、E 为投资方案动态评价方法。

15.【2013 年真题】对于计算周期相同的互斥方案，可采用的经济效果动态评价方法有（　　）。

A. 增量投资收益率法　　B. 净现值法

C. 增量投资回收期法　　D. 净年值法

E. 增量投资内部收益率法

【解析】　选项 A、C 为投资方案动态评价方法。

16.【2012 年真题】下列评价指标中，可用于评价投资方案盈利能力的动态指标是（　　）。

A. 净产值　　B. 净现值

C. 净年值　　D. 投资收益率

E. 偿债备付率

【解析】　净产值是国民经济总量指标，而不是经济评价指标，故选项 A 错误。

投资收益率为评价盈利能力静态指标，故选项 D 错误。

偿债备付率是投资方案偿债能力指标，故选项 E 错误。

17.【2012 年真题】互斥型投资方案经济效果评价可采用的静态分析方法有（　　）。

A. 最小公倍数法　　B. 增量投资收益率法

C. 增量投资回收期法　　D. 综合总费用法

E. 年折算费用法

【解析】 最小公倍数法是投资方案经济效果评价的动态分析方法。

18. **【2012 年真题】**投资项目财务评价中的不确定性分析有（　　）。

A. 盈亏平衡分析　　B. 增长率分析

C. 敏感性分析　　D. 发展速度分析

E. 均值分析

【解析】 投资项目财务评价中的不确定性分析主要包括敏感性分析和盈亏平衡分析。

19. **【2011 年真题】**偿债备付率指标中"可用于还本付息的资金"包括（　　）。

A. 无形资产摊销费　　B. 增值税及附加

C. 计入总成本费用的利息　　D. 固定资产大修理费

E. 固定资产折旧费

【解析】 偿债备付率指标中，可用于还本付息的资金：净利润、固定资产折旧费、无形资产摊销费、利息。

20. **【2011 年真题】**有甲、乙、丙、丁四个计算期相同的互斥型方案，投资额依次增大，内部收益率 *IRR* 依次为 9%、11%、13%、12%，基准收益率为 10%，采用增量投资内部收益率 Δ*IRR* 进行方案比选，正确的做法有（　　）。

A. 乙与甲比较，若 Δ*IRR*>10%，则选乙

B. 丙与甲比较，若 Δ*IRR*<10%，则选甲

C. 丙与乙比较，若 Δ*IRR*>10%，则选丙

D. 丁与丙比价，若 Δ*IRR*<10%，则选丙

E. 直接选丙，因其 *IRR* 超过其他方案的 *IRR*

【解析】 首先进行绝对经济效果检验，把小于基准收益 10%的甲（9%）排除，从而排除选项 A、B。

然后对乙、丙、丁进行相对经济效果检验，若 Δ*IRR*>10%，则选择投资额大的方案，若相反，则保留投资额小的，故选项 C、D 正确。

不能直接用 *IRR* 进行多方案比选，故选项 E 错误。

21. **【2010 年真题】**下列关于投资方案经济效果评价指标的说法中，正确的有（　　）。

A. 投资收益率指标计算的主观随意性强

B. 投资回收期从项目建设开始年算起

C. 投资回收期指标不能反映投资回收之后的情况

D. 利息备付率和偿债备付率均应分月计算

E. 净现值法与净年值法在方案评价中能得出相同的结论

【解析】 投资回收期从项目建设开始年和投产年算都可以，但应予以注明，故选项 B 错误。利息备付率和偿债备付率均应分年计算，故选项 D 错误。

22. **【2010 年真题】**应用净现值指标评价投资方案经济效果的优越性有（　　）。

A. 能够直接反映项目单位投资的使用效率

B. 能够全面考虑项目在整个计算期内的经济状况

C. 能够直接说明项目运营期各年的经营成果

D. 能够全面反映项目投资过程的收益程度

E. 能够直接以金额表示项目的盈利水平

【解析】 净现值不能反映位投资的使用效率，故选项 A 错误。

NPV 不能直接说明在运营期各年的经营成果，故选项 C 错误。

IRR 能够全面反映项目投资过程的收益程度，*NPV* 不可以，故选项 D 错误。

23. 【2010 年真题】下列评价方法中，属于互斥型投资方案经济效果动态评价方法的有（　　）。

A. 增量投资内部收益率法　　B. 年折算费用法

C. 增量投资回收期法　　D. 方案重复法

E. 无限计算期法

【解析】 选项 B、C 为投资方案经济效果静态评价方法，选项 D、E 都是计算期不同时采用动态指标净现值时常用的方法。

三、答案

单项选择题

题号	1	2	3	4	5	6	7	8	9	10
答案	C	B	D	A	A	D	A	B	B	C
题号	11	12	13	14	15	16	17	18	19	20
答案	D	A	B	A	D	B	B	D	A	B
题号	21	22	23	24	25	26	27	28	29	30
答案	A	D	B	D	A	C	B	D	B	C
题号	31	32	33	34	35	36	37	38	39	40
答案	D	B	C	A	D	B	B	C	B	C
题号	41	42	43	44	45	46	47	48	49	50
答案	A	D	B	C	B	B	C	D	B	C
题号	51	52	53	54	55	—	—	—	—	—
答案	A	D	B	D	A	—	—	—	—	—

多项选择题

题号	1	2	3	4	5	6
答案	ABE	ACDE	ACE	BCE	BD	CD
题号	7	8	9	10	11	12
答案	AC	ACE	CDE	ACD	ABE	BCE
题号	13	14	15	16	17	18
答案	ACD	BCD	BDE	BC	BCDE	AC
题号	19	20	21	22	23	—
答案	ACE	CD	ACE	BE	ADE	—

四、2023考点预测

1. 投资方案经济评价指标体系及优缺点
2. 互斥型方案评价方法的动、静态区分及评价准则
3. 不确定性风险计算及分析应用

第三节　价值工程

考点一、价值工程的基本原理和工作程序
考点二、价值工程方法

一、单项选择题（每题1分。每题的备选项中，只有1个最符合题意）

1. **【2022年真题】**能选择评价对象、确定功能评价、方案评价的方法是（　　）。

A. 因素分析法　　B. ABC分析法

C. 强制确定法　　D. 多比例评分法

【解析】　强制确定法的具体做法是先求出分析对象的成本系数、功能系数，然后得出价值系数。

2. **【2022年真题】**功能价值 $V<1$ 的原因是（　　）。

A. 分配的成本较低

B. 功能重要，但成本较低

C. 成本偏高，导致存在过剩功能

D. 成本偏低，存在不必要功能

【解析】　功能价值 $V<1$ 可能是存在着过剩的功能，也可能是实现功能的条件或方法不佳，以致实现功能的成本大于功能的现实需要。

3. **【2021年真题】**某产品四种零部件的功能指数和成本指数见下表。该产品的优先改进对象是（　　）。

功能指数和成本指数

零部件名称	功能指数	成本指数
甲	0.23	0.23
乙	0.24	0.27
丙	0.27	0.26
丁	0.26	0.24
合计	1.00	1.00

A. 甲　　B. 乙

C. 丙　　D. 丁

【解析】

零部件名称	功能指数	成本指数	价值指数
甲	0.23	0.23	0.23/0.23 = 1
乙	0.24	0.27	0.24/0.27 = 0.89
丙	0.27	0.26	0.27/0.26 = 1.04
丁	0.26	0.24	0.26/0.24 = 1.08
合计	1.00	1.00	

4. **【2020 年真题】** 价值工程的核心是对产品进行（　　）分析。

A. 成本　　B. 结构　　C. 价值　　D. 功能

【解析】 价值工程的核心是对产品进行功能分析。

5. **【2020 年真题】** 在价值工程的工作中，是分析阶段应做的工作为（　　）。

A. 对象的选择和功能分析　　B. 功能定义和功能整理

C. 功能整理和方案评价　　D. 方案创造和成果评价

【解析】 分析阶段的工作步骤：收集整理资料；功能定义；功能整理；功能评价。

6. **【2020 年真题】** 下列分析方法中，可采用选择价值工程研究对象的是（　　）。

A. 价值指数法和对比分析法

B. 百分比法和挣值分析法

C. 对比分析法和挣值分析法

D. ABC 分析法和因素分析法

【解析】 对象选择的方法：①因素分析法；②ABC 分析法；③强制确定法；④百分比分析法；⑤价值指数法。

7. **【2020 年真题】** 在工程实践中，价值工程决定成败的关键是（　　）。

A. 方案创造　　B. 功能选择

C. 功能定义　　D. 对象选择

【解析】 从价值工程实践来看，方案创造是决定价值工程成败的关键。

8. **【2019 年真题】** 价值工程应用中，对产品进行分析的核心是（　　）。

A. 产品的结构分析　　B. 产品的功能分析

C. 产品的材料分析　　D. 产品的性能分析

【解析】 价值工程核心是对产品进行功能分析。

9. **【2019 年真题】** 应用 ABC 分析法选择价值工程对象时，划分 A 类、B 类、C 类零部件的依据是（　　）。

A. 零部件数量及成本占产品零部件总数及总成本的比重

B. 零部件价值及成本占产品价值及总成本的比重

C. 零部件的功能重要性及成本占产品总成本的比重

D. 零部件的材质及成本占产品总成本的比重

【解析】 应用 ABC 分析法对零部件进行分类的依据是零部件的数量及成本的占比。

10. 【2019 年真题】某产品由 5 个部件组成，产品的某项功能由 3 个部件共同实现，3 个部件共有 4 个功能，关于该功能成本的说法，正确的是（　　）。

A. 该项功能成本为产品总成本的 60%

B. 该项功能成本占全部功能成本比超过 50%

C. 该项功能成本为 3 个部件的相应成本之和

D. 该项功能成本为承担该功能的 3 个部件成本之和

【解析】 当某项功能要由多个零部件共同实现时，该功能的成本就等于这几个零部件的功能成本之和。

11. 【2018 年真题】针对某种产品采用 ABC 分析法选择价值工程研究对象时，应将（　　）的零部件作为价值工程主要研究对象。

A. 成本和数量占比较高　　B. 成本占比高而数量占比小

C. 成本和数量占比均低　　D. 成本占比小而数量占比高

【解析】 应用 ABC 法选择研究对象时，应将 A 类（即成本占比高而数量占比小的）作为主要研究对象。

12. 【2018 年真题】价值工程应用对象的功能评价值是指（　　）。

A. 可靠地实现用户要求功能的最低成本

B. 价值工程应用对象的功能与现实成本之比

C. 可靠地实现用户要求功能的最高成本

D. 价值工程应用对象的功能重要性系数

【解析】 应用对象的功能评价值是指可靠地实现用户要求功能的最低成本。

13. 【2018 年真题】某既有产品功能现实成本和重要性系数见下表。若保持产品总成本不变，按成本降低幅度考虑，应优先选择的改进对象是（　　）。

功能区	功能现实成本/万元	功能重要性系数
F_1	150	0. 3
F_2	180	0. 45
F_3	70	0. 15
F_4	100	0. 1
总计	500	1. 00

A. F_1　　B. F_2　　C. F_3　　D. F_4

【解析】 分别算出在功能重要性系数下的合理成本，计算成本降低额，设产品总成本为 500 万元，则

F_1：500×0. 3＝150，150－150＝0

F_2：500×0. 45＝225，180－225＝－45

F_3：500×0. 15＝75，70－75＝－5

F_4：500×0. 1＝50，100－50＝50

应选择成本降低额最大的 F_4。

14.【2017年真题】下列价值工程对象选择方法中，以功能重要程度作为选择标准的是（　　）。

A. 因素分析法　　B. 强制确定法

C. 重点选择法　　D. 百分比分析法

【解析】强制确定法是以工程重要程度作为选择价值工程对象的标准的一种分析方法，故选项B正确。

因素分析法是一种定性分析方法，依靠分析人员的经验做出选择，故选项A错误。

重点选择法也就是ABC分析法，应用ABC分析法对零部件进行分类的依据是零部件的数量及成本的占比，故选项C错误。

百分比分析法是通过分析某种费用和资源对企业某个技术经济指标的影响程度来选择价值工程对象的方法，故选项D错误。

15.【2017年真题】按照价值工程活动的工作程序，通过功能分析与整理明确必要功能后的下一步工作是（　　）。

A. 功能评价　　B. 功能定义

C. 方案评价　　D. 方案创造

【解析】如下表格所示，功能分析与整理明确必要功能后的下一步工作就是功能评价。

工作阶段	工作步骤	对应问题
一、准备阶段	1）对象选择 2）组成价值工程工作小组 3）制订工作计划	1）价值工程的研究对象是什么？ 2）围绕价值工程对象需要做哪些准备工作？
二、分析阶段	1）收集整理资料 2）功能定义 3）功能整理 4）功能评价	3）价值工程对象的功能是什么？ 4）价值工程对象的成本是什么？ 5）价值工程对象的价值是什么？
三、创新阶段	1）方案创造 2）方案评价 3）提案编写	6）有无其他方法可以实现同样功能？ 7）新方案的成本是什么？ 8）新方案能满足要求吗？
四、方案实施与评价阶段	1）方案审批 2）方案实施 3）成果评价	9）如何保证新方案的实施？ 10）价值工程活动的效果如何？

16.【2017年真题】价值工程活动中，方案评价阶段的工作顺序是（　　）。

A. 综合评价→经济评价和社会评价→技术评价

B. 综合评价→技术评价和经济评价→社会评价

C. 技术评价→经济评价和社会评价→综合评价

D. 经济评价→技术评价和社会评价→综合评价

【解析】见上题表格，技术评价→经济评价和社会评价→综合评价。

17.【2016年真题】工程建设实施过程中，应用价值工程的重点应在（　　）阶段。

A. 勘察　　B. 设计

C. 招标　　D. 施工

【解析】 应用价值工程的重点应在产品的研究、设计阶段。

18. 【2016 年真题】价值工程活动中，功能整理的主要任务是（　　）。

A. 建立功能系统图　　B. 分析产品功能特性

C. 编制功能关联表　　D. 确定产品工程名称

【解析】 功能整理的主要任务是建立功能系统图，功能整理的过程就是绘制功能系统图的过程。

19. 【2016 年真题】某工程有甲、乙、丙、丁四个设计方案，各方案的功能系数和单方造价见下表，按价值系数应优选设计方案（　　）。

设计方案	甲	乙	丙	丁
功能系数	0.26	0.25	0.20	0.29
单方造价/(元/m^3)	3200	2960	2680	3140

A. 甲　　B. 乙　　C. 丙　　D. 丁

【解析】 分别算出成本系数 C_i：

甲：3200/(3200+2960+2680+3140)= 0.267

乙：2960/(3200+2960+2680+3140)= 0.247

丙：2680/(3200+2960+2680+3140)= 0.224

丁：3140/(3200+2960+2680+3140)= 0.262

然后计算各方案价值系数 V_i：

甲：0.26/0.267=0.974

乙：0.25/0.247=1.012

丙：0.20/0.224=0.893

丁：0.29/0.262=1.107

方案优选应选 V_i 最大者为最优方案。

20. 【2015 年真题】应用价值工程时，应选择（　　）的零部件作为改进对象。

A. 结构复杂　　B. 价值较低

C. 功能较弱　　D. 成本较高

【解析】 价值工程应用中应选择价值较高的方案，应选择价值较低的对象为改进对象。注意本题不是选择价值工程的研究对象，故选项 A 错误。

21. 【2015 年真题】通过应用价值工程优化设计，使某房屋建筑主体结构工程达到了缩小结构构件几何尺寸，增加使用面积，降低单方造价的效果。该提高价值的途径是（　　）。

A. 功能不变的情况下降低成本

B. 成本略有提高的同时大幅提高功能

C. 成本不变的条件下提高功能

D. 提高功能的同时降低成本

【解析】 缩小几何尺寸是降低成本，增加使用面积是提高功能，故选项 D 正确。

22. 【2015 年真题】采用 ABC 分析法确定价值工程对象，是指将（　　）的零部件或工序作为研究对象。

A. 功能评分值高　　　　B. 成本比重大

C. 价值系数低　　　　D. 生产工艺复杂

【解析】 应用ABC分析法选择研究对象时，应将A类（即成本占比高而数量占比小的）作为主要研究对象。

23. 【2015年真题】某产品甲，乙，丙，丁4个部件的功能重要性系数分别为0.25，0.30，0.38，0.07，现实成本分别为200元，220元，350元，30元。按照价值工程原理，应优先改进的部件是（　　）。

A. 甲　　　　B. 乙

C. 丙　　　　D. 丁

【解析】 $\Delta C=C-F$　　$C_{总}=200+220+350+30=800$

$\Delta C_{甲}=200-0.25\times800=0$

$\Delta C_{乙}=220-0.30\times800=-20$

$\Delta C_{丙}=350-0.38\times800=46$

$\Delta C_{丁}=30-0.07\times800=-26$

故优先改进的部件为丙。

24. 【2014年真题】价值工程的目标是（　　）。

A. 以最低的寿命周期成本，使产品具备其所必须具备的功能

B. 以最低的生产成本，使产品具备其所必须具备的功能

C. 以最低的寿命周期成本，获得最佳经济效果

D. 以最低的生产成本，获得最佳经济效果

【解析】 价值工程的目标是以最低寿命周期成本，使产品具备必备功能。

25. 【2014年真题】价值工程应用中，功能整理的主要任务是（　　）。

A. 划分功能类别　　　　B. 解剖分析产品功能

C. 建立功能系统图　　　　D. 进行产品功能计量

【解析】 功能整理的主要任务是建立功能系统图，功能整理的过程就是绘制功能系统图的过程。

26. 【2014年真题】价值工程应用中，采用0-4评分法确定的产品各部件功能得分见下表，则部件Ⅱ的功能重要性系数是（　　）。

部件	Ⅰ	Ⅱ	Ⅲ	Ⅳ	Ⅴ
Ⅰ	×	2	4	3	1
Ⅱ		×	3	4	2
Ⅲ			×	1	3
Ⅳ				×	2
Ⅴ					×

A. 0.125　　　　B. 0.150

C. 0.250　　　　　　　　　　D. 0.275

【解析】 注意利用0-4得分表的规律——对称，补充完后部件Ⅱ的得分之和为：2+3+4+2=11，功能重要性系数：11/40=0.275。

27.【2014年真题】价值工程应用中，如果评价对象的价值系数$V<1$，则正确的策略是（　　）。

A. 剔除不必要功能或降低现实成本

B. 剔除过剩功能及降低现实成本

C. 不作为价值工程改进对象

D. 提高现实成本或降低功能水平

【解析】 当评价对象的$V<1$时，可能存在过剩功能或实现功能的现实成本过高，应以剔除过剩功能及降低现实成本为改进方向。

28.【2013年真题】产品功能可从不同的角度进行分析，按功能的性质不同，产品的功能可分为（　　）。

A. 必要功能和不必要功能　　　　B. 基本功能和辅助功能

C. 使用功能和美学功能　　　　D. 过剩功能和不足功能

【解析】 产品功能分类方法如下所示：

① 按功能的重要程度：基本、辅助。

② 按功能的性质：使用、美学。

③ 按用户的需求：必要、不必要。

④ 按功能量化标准：过剩、不足。

29.【2013年真题】采用0-4评分法确定产品各部件功能重要性系数时，各部件功能得分见下表，则部件A的功能重要性系数是（　　）。

部件	A	B	C	D	E
A	×	4	2	2	1
B		×	3	3	1
C			×	1	0
D				×	3
E					×

A. 0.100　　B. 0.150　　C. 0.225　　D. 0.250

【解析】 解题过程同26题，部件A的功能重要性系数为：9/40=0.225。

30.【2012年真题】基于“关键的少数和次要的多数”原理对一个产品的零部件进行分类，并选择“占产品成本比例高而占零部件总数比例低”的零部件作为价值工程对象，这种方法称为（　　）。

A. 强制确定法　　　　B. 价值指数法

C. ABC分析法　　　　D. 头脑风暴法

【解析】 应用ABC分析法对零部件进行分类的依据是零部件的数量及成本的占比。

31. 【2012 年真题】应用价值工程原理进行功能评价时，表明评价对象的功能与成本较匹配，暂不需考虑改进的情形是价值系数（　　）。

A. 大于 0　　　　B. 等于 1

C. 大于 1　　　　D. 小于 1

【解析】 当价值系数 $V=1$ 时，表明评价对象的价值为最佳，一般无须改进。

32. 【2011 年真题】项目某产品的功能与成本关系如下图所示，功能水平 F_1，F_2，F_3，F_4 均能满足用户要求，从价值工程的角度，最适合的功能水平应是（　　）。

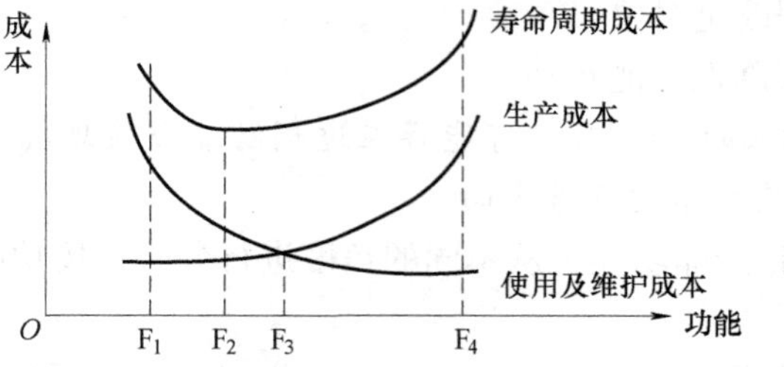

A. F_1　　B. F_2　　C. F_3　　D. F_4

【解析】 在能满足用户需求的前提下，寿命周期成本最小时最理想，也即对应的 F_2。

33. 【2011 年真题】采用强制确定法选择价值工程对象时，如果分析对象的功能与成本不相符，应选择（　　）的分析对象作为价值工程研究对象。

A. 成本高　　　　B. 功能重要

C. 价值低　　　　D. 技术复杂

【解析】 强制确定法选对象，如果分析对象的功能与成本不相符，应选择价值低的为研究对象。

34. 【2011 年真题】某产品各功能区采用环比评分法得到的暂定重要性系数见下表：

功能区	F_1	F_2	F_3
暂定重要性系数	2.0	1.5	1.0

功能区 F_2 的功能重要性系数为（　　）。

A. 0.27　　B. 0.33　　C. 0.43　　D. 0.50

【解析】 环比评分法得到的暂定重要性系数，故 $F_3=1.0$，$F_2=1\times1.5=1.5$，$F_1=2\times1.5=3.0$，故功能区 F_2 的功能重要性系数 $=1.5/(1.0+1.5+3.0)=0.27$。

35. 【2011 年真题】价值工程活动中，针对具体改进目标而寻求必要功能实现途径的关键工作是（　　）。

A. 功能分析　　　　B. 功能整理

C. 方案创造　　　　D. 方案评价

【解析】 方案创造是针对改进的具体目标，提出可靠地实现必要功能的新方案。

36. 【2010 年真题】在选择价值工程对象时，先求出分析对象的成本系数、功能系数，然后得出价值系数。当分析对象的功能与成本不相符时，价值低的选为价值工程的研究对象的方法称为（　　）。

A. 重点选择法　　　　B. 因素分析法

C. 强制确定法　　D. 价值指数法

【解析】 强制确定法是在选择价值工程对象时，先求出分析对象的成本系数、功能系数，然后得出价值系数，当分析对象的功能与成本不相符时，价值低的选为价值工程的研究对象的方法。

37. 【2010年真题】在价值工程活动的方案创造阶段，为了激发出有价值的创新方案，会议主持人在开始时并不全部摊开要解决的问题，只是对与会者进行抽象笼统的介绍，要求大家提出各种设想，这种方案创造的方法称为（　　）。

A. 德尔菲法　　B. 哥顿法

C. 头脑风暴法　　D. 强制确定法

【解析】 题中所述方法为哥顿法。

38. 【2009年真题】价值工程的三个基本要素是指产品的（　　）。

A. 功能、成本和寿命周期

B. 价值、功能和寿命周期成本

C. 必要功能、基本功能和寿命周期成本

D. 功能、生产成本和使用维护成本

【解析】 价值工程的三个基本要素是指产品的价值（V）、功能（F）和寿命周期成本（C）。

39. 【2009年真题】在价值工程的方案创造阶段。可采用的方法是（　　）。

A. 哥顿法和专家检查法　　B. 专家检查法和蒙特卡洛模拟法

C. 蒙特卡洛模拟法和流程图法　　D. 流程图法和哥顿法

【解析】 方案创造的方法：头脑风暴法、哥顿法、专家意见法、专家检查法。

40. 【2008年真题】某产品的功能现实成本为5000元，目标成本为4500元，该产品分为三个功能区，各功能区的重要性系数和功能现实成本见下表。

功能区	功能重要性系数	功能现实成本/元
F_1	0.34	2000
F_2	0.42	1900
F_3	0.24	1100

则应用价值工程时，优先选择的改进对象依次为（　　）。

A. F_1—F_2—F_3　　B. F_1—F_3—F_2

C. F_2—F_3—F_1　　D. F_3—F_1—F_2

【解析】 如下表所示：

功能区	功能重要性系数	功能评价值	功能现实成本/元	改善幅度
F_1	0.34	0.34×4500=1530	2000	2000−1530=470
F_2	0.42	0.42×4500=1890	1900	1900−1890=10
F_3	0.24	0.24×4500=1080	1100	1100−1080=20

各功能的现实成本须改善的幅度顺序为：F_1—F_3—F_2，故优先改善的顺序也如此。

41.【**2007 年真题**】某产品有 F_1，F_2，F_3，F_4 四项功能，采用环比评分法得出相邻两项功能的重要性系数为：$F_1/F_2=1.75$，$F_2/F_3=2.20$，$F_3/F_4=3.10$。则功能 F_2 的重要性系数是（　　）。

A. 0.298　　B. 0.224

C. 0.179　　D. 0.136

【解析】 如下表所示：

功能区	功能重要性评价		
	暂定重要性系数	修正重要性系数	功能重要性系数
F_1	1.75	11.935	
F_2	2.2	6.82	
F_3	3.1	3.1	
F_4		1.0	
合计		22.855	

则 F_2 的重要性系数 $=6.82/22.855=0.298$。

二、多项选择题（每题 2 分。每题的备选项中，有 2 个或 2 个以上符合题意，且至少有 1 个错项。错选，本题不得分；少选，所选的每个选项得 0.5 分）

1.【**2022 年真题**】价值工程中，属于创新阶段的有（　　）。

A. 功能评价　　B. 方案评价

C. 提案编写　　D. 成果评价

E. 方案创造

【解析】 创新阶段的工作包括方案创造、方案评价、提案编写。

2.【**2021 年真题**】下列价值工程活动中，属于功能分析阶段工作内容的有（　　）。

A. 功能定义　　B. 方案评价

C. 功能改进　　D. 功能计量

E. 功能整理

【解析】 功能分析包括功能定义、功能整理和功能计量等内容。

3.【**2020 年真题**】价值工程应用中方案创造可采用的方法有（　　）。

A. 头脑风暴法　　B. 专家意见法

C. 强制打分法　　D. 哥顿法

E. 目标成本法

【解析】 方案创造的方法有：头脑风暴法、哥顿法、专家意见法（德尔菲法）、专家检查法。

4.【**2019 年真题**】价值工程应用中，研究对象的功能价值系数小于 1 时，可能的原因有（　　）。

A. 研究对象的功能现实成本小于功能评价值

B. 研究对象的功能比较重要，但分配的成本偏小

C. 研究对象可能存在过剩功能

D. 研究对象实现功能的条件或方法不佳

E. 研究对象的功能现实成本偏低

【解析】 当评价对象的 $V<1$ 时，可能存在过剩功能或实现功能的现实成本过高。

5. **【2018 年真题】**应用价值工程，对所提出的替代方案进行定量综合评价可采用的方法有（ ）。

A. 优点列举法　　B. 德尔菲法

C. 加权评分法　　D. 强制评分法

E. 连环替代法

【解析】 定量综合评价可采用的方法有：加权评分法、强制评分法、比较价值评分法、直接评分法、环比评分法、几何平均值评分法。

6. **【2016 年真题】**价值工程活动中，用来确定产品功能评价值的方法有（ ）。

A. 环比评分法　　B. 替代评分法

C. 强制评分法　　D. 逻辑评分法

E. 循环评分法

【解析】 价值工程活动中，用来确定产品功能评价值的方法有：逻辑评分法、环比评分法、强制评分法、多比例评分法。

7. **【2015 年真题】**价值工程应用中，可提出××方案进行综合评价的定量方法有（ ）。

A. 头脑风暴法　　B. 直接评分法

C. 加权评分法　　D. 优缺点列举法

E. 专家检查法

【解析】 定量综合评价可采用的方法有：加权评分法、强制评分法、比较价值评分法、直接评分法、环比评分法、几何平均值评分法。

8. **【2014 年真题】**下列关于价值工程的说法，正确的有（ ）。

A. 价值工程的核心是对产品进行功能分析

B. 价值工程的应用重点是在产品生产阶段

C. 价值工程将产品的价值、功能和成本作为一个整体考虑

D. 价值工程需要将产品的功能定量化

E. 价值工程可用来寻求产品价值的提高途径

【解析】 价值工程的应用重点应是设计研发阶段，故选项 B 错误。

9. **【2013 年真题】**价值工程研究对象的功能量化方法有（ ）。

A. 类比类推法　　B. 流程图法

C. 理论计算法　　D. 技术测定法

E. 统计分析法

【解析】 价值工程研究对象的功能量化方法：技术测定法、统计分析法、理论计算法、类比类推法、德尔菲法。

10. **【2012 年真题】**某产品目标总成本为 1000 元，各功能区现实成本及功能重要性系

数见下表，则应降低成本的功能区有（　　）。

功能区	F_1	F_2	F_3	F_4	F_5
功能重要性系数	0.36	0.25	0.03	0.28	0.08
现实成本/元	340	240	40	300	100

A. F_1　　B. F_2

C. F_3　　D. F_4

E. F_5

【解析】 算出各功能区的成本降低额 ΔC 见下表：

功能区	F_1	F_2	F_3	F_4	F_5	合计
功能重要性系数	0.36	0.25	0.03	0.28	0.08	1
现实成本/元	340	240	40	300	100	1020
目标成本/元	360	250	30	280	80	1000
成本降低额 ΔC	−20	−10	10	20	20	

则应降低成本的功能区为 F_3、F_4、F_5。

11. 【2011 年真题】价值工程活动过程中，分析阶段的主要工作有（　　）。

A. 价值工程对象选择　　B. 功能定义

C. 功能评价　　D. 方案评价

E. 方案审核

【解析】 价值工程的工作程序如下表：

工作阶段	工作步骤	对应问题
一、准备阶段	对象选择 组成价值工程工作小组 制订工作计划	1）价值工程的研究对象是什么？ 2）围绕价值工程对象需要做哪些准备工作？
二、分析阶段	收集整理资料 功能定义 功能整理 功能评价	3）价值工程对象的功能是什么？ 4）价值工程对象的成本是什么？ 5）价值工程对象的价值是什么？
三、创新阶段	方案创造 方案评价 提案编写	6）有无其他方法可以实现同样功能？ 7）新方案的成本是什么？ 8）新方案能满足要求吗？
四、方案实施与评价阶段	方案审批 方案实施 成果评价	9）如何保证新方案的实施？ 10）价值工程活动的效果如何？

12.【**2010年真题**】价值工程活动中的不必要功能包括（　　）。

A. 辅助功能　　B. 多余功能

C. 重复功能　　D. 过剩功能

E. 不足功能

【**解析**】价值工程活动中的不必要功能包括：多余、重复、过剩功能。

13.【**2010年真题**】下列方法中，可在价值工程活动中用于方案创造的有（　　）。

A. 专家检查法　　B. 专家意见法

C. 流程图法　　D. 列表比较法

E. 方案清单法

【**解析**】在价值工程活动中方案创造的方法有：头脑风暴法、哥顿法、专家意见法（德尔菲法）、专家检查法。

14.【**2009年真题**】下列关于价值工程的说法中，正确的有（　　）。

A. 价值工程的核心是对产品进行功能分析

B. 降低产品成本是提高产品价值的唯一途径

C. 价值工程活动应侧重于产品的研究、设计阶段

D. 功能整理的核心任务是剔除不必要功能

E. 功能评价的主要任务是确定功能的目标成本

【**解析**】提高产品价值的途径既可以降低成本，也可以提高功能等，故选项B错误。

功能整理的主要任务就是建立功能系统图，故选项D错误。

15.【**2009年真题**】在价值工程活动中，可用来确定功能重要性系数的强制评分法包括（　　）。

A. 环比评分法　　B. 0-1评分法

C. 0-4评分法　　D. 逻辑评分法

E. 多比例评分法

【**解析**】强制评分法包括0-1评分法和0-4评分法两种。

16.【**2008年真题**】在应用价值工程过程中，可用来确定产品功能重要性系数的方法有（　　）。

A. 逻辑评分法　　B. 环比评分法

C. 百分比评分法　　D. 强制评分法

E. 多比例评分法

【**解析**】确定功能重要性系数常用的打分方法：强制评分法、多比例评分法、逻辑评分法、环比评分法。

17.【**2007年真题**】下列关于价值工程的说法中，正确的有（　　）。

A. 价值工程是将产品的价值、功能和成本作为一个整体同时考虑

B. 价值工程的核心是对产品进行功能分析

C. 价值工程的目标是以最低生产成本实现产品的基本功能

D. 提高价值最为理想的途径是降低产品成本

E. 价值工程中的功能是指对象能够满足某种要求的一种属性

【解析】 价值工程的目标是以最低的寿命周期成本，使产品具备其所必须具备的功能，故选项 C 错误。

提高价值最为理想的途径在提高产品功能的同时，又降低产品成本，故选项 D 错误。

三、答案

单项选择题

题号	1	2	3	4	5	6	7	8	9	10
答案	C	C	B	D	B	D	A	B	A	D
题号	11	12	13	14	15	16	17	18	19	20
答案	B	A	D	B	A	C	B	A	D	B
题号	21	22	23	24	25	26	27	28	29	30
答案	D	B	C	A	C	D	B	C	C	C
题号	31	32	33	34	35	36	37	38	39	40
答案	B	B	C	A	C	C	B	B	A	B
题号	41	—	—	—	—	—	—	—	—	—
答案	A	—	—	—	—	—	—	—	—	—

多项选择题

题号	1	2	3	4	5
答案	BCE	ADE	ABD	CD	CD
题号	6	7	8	9	10
答案	ACD	BC	ACDE	ACDE	CDE
题号	11	12	13	14	15
答案	BC	BCD	AB	ACE	BC
题号	16	17	—	—	—
答案	ABDE	ABE	—	—	—

四、2023 考点预测

1. 价值工程对象的选择及程序
2. 环比评分法和强制评分法
3. 功能成本法和功能指数法
4. 方案创造和方案评价的方法

第四节 工程寿命周期成本分析

考点一、工程寿命周期成本及其构成
考点二、工程寿命周期成本分析方法及其特点

一、单项选择题（每题1分。每题的备选项中，只有1个最符合题意）

1.【**2022年真题**】采用费用效率（*CE*）法分析寿命周期成本时，包含的费用有（　　）。

A. 设置费和维持费　　B. 制造费和安装费

C. 制造费和维修费　　D. 研发费和试运转费

【**解析**】采用费用效率（*CE*）法分析寿命周期成本时，包含的费用有设置费和维持费。

2.【**2021年真题**】下列各项费用中，属于费用效率（*CE*）法中设置费（*IC*）的是（　　）。

A. 试运转费　　B. 维修用设备费

C. 运行动能费　　D. 项目报废的费用

【**解析**】

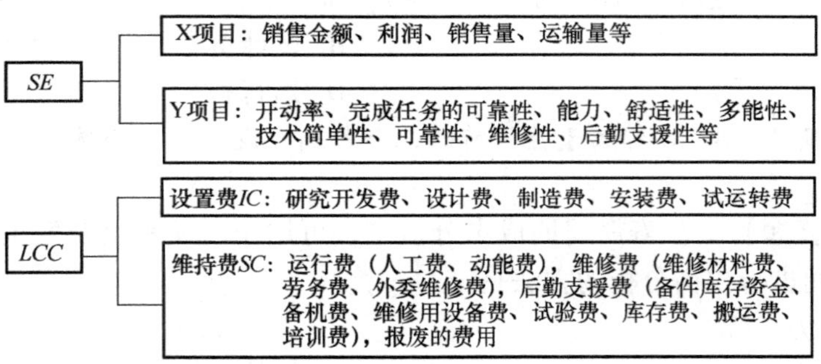

SE 与 *LCC* 的主要构成

3.【**2020年真题**】采用权衡分析法权衡分析设置费中各项费用的关系，可采用的措施有（　　）。

A. 采用节能设计，降低运行费用

B. 改善设计材料，降低维护频率

C. 利用整体结构，减少安装费用

D. 采用计划预修，减少停机损失

【**解析**】均为竣工验收之前的两项费用。

① 进行充分的研制，降低制造费用。

② 将预知的维修系统装入机内，减少备件的购置量。

③ 购买专利的使用权，从而减少设计、试制、制造、试验费用。

④ 采用整体结构，减少安装费。

4.【**2019年真题**】要建设一个供水系统，已确定日供水量的前提下，进行工程成本评价应用（　　）。

A. 费用效率法　　B. 固定费用法

C. 固定效率法　　D. 权衡分析法

【解析】 固定费用是指将费用值固定下来，选出效率最佳方案的方法。固定效率法是将效率固定，选出费用最低方案的方法。

题中“已确定日供水量”即效率已固定，应选取费用最低的方案，这就是固定效率法。

5. 【2018 年真题】因大型工程建设引起大规模移民可能增加的不安定因素，在工程寿命周期成本分析中应计算为（　　）成本。

A. 经济　　B. 社会

C. 环境　　D. 人为

【解析】 工程寿命周期社会成本是指从项目构思至报废全过程中对社会的不利影响。大规模移民增加不安定因素属于不利影响，因而属于社会成本。

6. 【2018 年真题】工程寿命周期成本分析评价中，可用来估算费用的方法是（　　）。

A. 构成比率法　　B. 因素分析法

C. 挣值分析法　　D. 参数估算法

【解析】 寿命周期成本估算的方法有：费用模型估算法、参数估算法、类比估算法、费用项目分别估算法。

7. 【2017 年真题】进行工程寿命周期成本分析时，应将（　　）列入维持费。

A. 研发费　　B. 设计费

C. 试运转费　　D. 运行费

【解析】 选项 A、B、C 都属于验收前的，全都属于设置费，而选项 D 属于验收后的维持费。

8. 【2016 年真题】工程寿命周期成本分析中，可用于对从系统开发至设置完成所用时间与设置费用之间进行权衡分析的方法是（　　）。

A. 层次分析法　　B. 关键线路法

C. 计划评审技术　　D. 挣值分析法

【解析】 工程寿命周期成本评价中，采用权衡分析法的对象包括：

① 设备费和维持费的权衡分析。

② 设备费中各项费用的权衡分析。

③ 维持费中各项费用的权衡分析。

④ 系统效率和寿命周期成本的权衡分析。

⑤ 从开发到系统设置完成这段时间与设置费用之间进行权衡分析。

9. 【2016 年真题】关于工程寿命周期社会成本的说法，正确的是（　　）。

A. 社会成本是指社会因素对工程建设和使用产生的不利影响

B. 工程建设引起大规模移民是一种社会成本

C. 社会成本主要发生在工程项目运营期

D. 社会成本只在项目财务评价中考虑

【解析】 工程寿命周期社会成本是指从项目构思至报废全过程中对社会的不利影响。大规模移民增加不安定因素属于不利影响，因而属于社会成本。

社会成本是工程建设和适用对社会产生的不利影响，故选项 A 错误。

社会成本在工程项目建设及运行全过程都会发生，并不是主要发生在运营期，故选项 C 错误。

社会成本是一种外部隐性成本，而项目财务评价是在经济成本的角度分析，故选项 D 错误。

10. **【2014 年真题】**建设工程寿命周期成本分析在很大程度上依赖于权衡分析，下列分析方法中，可用于权衡分析的是（　　）。

A. 计划评审技术（PERT）　　B. 挣值分析法（EVM）

C. 工作结构分解法（WBS）　　D. 关键线路法（CPM）

【解析】 从开发到系统设置完成这段时间与设置费之间的权衡：如果要在短时期内实现从开发到设置完成的全过程，往往就得增加设置费。如果将开发到设置完成这段期限规定得太短，便不能进行充分研究，致使设计有缺陷，将会造成维持费增加的不利后果。因此，这一期限与费用之间也有着重要的关系。进行这项权衡分析时，可以运用计划评审技术（PERT）。

11. **【2013 年真题】**工程寿命周期成本分析中，为了权衡设置费与维修费之间的关系，而采用的手段是（　　）。

A. 进行充分研发，降低制造费用　　B. 购置备用构件，提高可修复性

C. 提高材料周转速度，降低生产成本　　D. 聘请操作人员，减少维修费用

【解析】 选项 A 是设置费中各项费用之间的权衡分析。

选项 C 是系统效率和寿命周期成本之间进行权衡时采取的手段。

选项 D 是维持费中各项费用之间的权衡分析。

12. **【2012 年真题】**在下列工程寿命周期成本中，属于社会成本的是（　　）。

A. 建筑产品使用过程中的电力消耗

B. 工程施工对原有植被可能造成的破坏

C. 建筑产品使用阶段的人力资源消耗

D. 工程建设征地拆迁可能引发的不安定因素

【解析】 工程寿命周期社会成本是指从项目构思至报废全过程中对社会的不利影响，拆迁增加不安定因素，属于对社会不利影响，因而属于社会成本。

建筑产品使用过程中的电力消耗属于建设成本，故选项 A 错误。

工程施工对原有植被可能造成的破坏属于环境成本，故选项 B 错误。

建筑产品使用阶段的人力资源消耗属于使用成本，故选项 C 错误。

13. **【2012 年真题】**对生产性项目进行寿命周期成本评价时，可列入工程系统效率的是（　　）。

A. 研究开发费　　B. 备件库存资金

C. 生产阶段劳动力成本节省额　　D. 生产阶段材料减低额

【解析】 系统效率是投入寿命周期成本后所取得的效果或者说明任务完成到什么程度的指标。如以寿命周期成本为输入，则系统效率为输出。通常，系统的输出为经济效益、价值、效率（效果）等，研究开发费用计入设置费，备件库存资金计入维持费，所以选项 A、B 错误；对于节约的劳动力成本，应计入分母要素的运行费（即维持费）中，故选项 C 错误。

14. 【2011 年真题】工程寿命周期成本分析中，对于不直接表现为量本利的隐性成本，正确的处理方法是（　　）。

A. 不予计算和评价

B. 采用一定方法使其转化为可直接计量的成本

C. 将其作为可间接计量成本的风险看待

D. 将其按可直接计量成本的 1.5~2 倍计算

【解析】　环境、社会等隐性成本必须转化为可直接计量成本。

15. 【2010 年真题】工程寿命周期成本分析的局限性之一是假定工程对象有（　　）。

A. 固定的运行效率　　B. 确定的投资额

C. 确定寿命周期　　D. 固定的功能水平

【解析】　工程寿命周期成本分析法的局限性：①假定寿命周期；②早期评价的准确性差；③成本高适用范围受限。

16. 【2009 年真题】在寿命周期成本分析过程中，进行维持费中各项费用之间的权衡分析时，可采取的手段是（　　）。

A. 进行节能设计，节省运行费用

B. 采用整体式结构，减少安装费用

C. 采用计划预修，减少停机损失

D. 改善原设计材质，降低维修频率

【解析】　选项 A 属于设置费与维持费的权衡的手段；选项 B 属于设置费之间的权衡的手段；选项 D 属于设置费与维持费的权衡的手段。

17. 【2008 年真题】在寿命周期成本分析过程中，进行设置费中各项费用之间权衡分析时可采取的手段是（　　）。

A. 改善原设计材质，降低维修频度　　B. 进行节能设计，节省运行费用

C. 进行充分的研制，降低制造费用　　D. 采用计划预修，减少停机损失

【解析】　选项 A 属于设置费与维持费的权衡的手段；选项 B 属于设置费与维持费的权衡的手段；选项 D 属于维持费之间的权衡的手段。

18. 【2007 年真题】下列方法中，可用于寿命周期成本评价的方法是（　　）。

A. 环比分析法　　B. 动态比率法

C. 强制评分法　　D. 权衡分析法

【解析】　寿命周期成本评价的方法有：费用效率法、固定效率法、固定费用法、权衡分析法。

19. 【2006 年真题】进行寿命周期成本分析时，在系统效率和寿命周期成本之间进行权衡时可采取的有效手段是（　　）。

A. 通过增加设置费以节省系统运行所需的动力费用

B. 通过增加设置费以提高产品的使用性能

C. 通过增加维持费以提高材料周转速度

D. 通过增加维持费以提高产品的精度

【解析】　系统效率与寿命周期成本之间的权衡，都是以增加设置费来增大产出实现的。

20. 【2005 年真题】在寿命周期成本分析中，为了权衡系统设置费中各项费用之间的关系，可采取的措施是（　　）。

A. 进行节能设计以降低运行费用　　B. 采用整体结构以减少安装费用

C. 培训操作人员以减少维修费用　　D. 改善设计材质以降低维修频度

【解析】 选项 A 属于设置费与维持费的权衡的手段；选项 C 属于维持费之间的权衡手段；选项 D 属于设置费与维持费的权衡的手段。

二、多项选择题（每题 2 分。每题的备选项中，有 2 个或 2 个以上符合题意，且至少有 1 个错项。错选，本题不得分；少选，所选的每个选项得 0.5 分）

1. 【2014 年真题】工程寿命周期成本分析中，估算费用可采用的方法有（　　）。

A. 动态比率法　　B. 费用模型估算法

C. 参数估算法　　D. 连环置换法

E. 类比估算法

【解析】 费用估算方法：①费用模型估算法；②参数估算法；③类比估算法；④费用项目分别估算法。

2. 【2011 年真题】运用费用效率法进行工业项目全寿命周期成本评价时，可用来表示系统效率的有（　　）。

A. 设置费　　B. 维持费

C. 维修性　　D. 利用率

E. 年均产量

【解析】 系统效率（产出）包括完成数量、年平均产量、利用率、可靠性、维修性（不是维修费）、后勤支援效率、销售额、附加价值、利润、产值表示。

3. 【2009 年真题】工程寿命周期成本分析法的局限性在于（　　）。

A. 分析过程中涉及的因素众多，专业性、技术性强

B. 分析时必须负担的成本高

C. 寿命周期的变化难以预见

D. 早期的分析评价难以保证评价结果的准确性

E. 设置费与维持费之间难以权衡

【解析】 工程寿命周期成本分析法的局限性：①假定寿命周期；②早期评价的准确性差（影响因素多、变化难以预见）；③成本高适用范围受限。

4. 【2007 年真题】进行寿命周期成本分析时，权衡系统效率与寿命周期成本之间关系可采取的手段有（　　）。

A. 增加设置费以增强系统的能力　　B. 增加设置费以提高产品的精度

C. 增加设置费以提高材料的周转速度　　D. 采用整体结构以减少安装费用

E. 进行节能设计以节省运行所需动力费用

【解析】 系统效率与寿命周期成本之间的权衡，都是以增加设置费来增大产出实现的。

5. 【2005 年真题】常用的寿命周期成本评价方法包括（　　）。

A. 敏感因素法　　B. 强制确定法

C. 权衡分析法　　D. 记忆模型法

E. 费用效率法

【解析】 寿命周期成本评价的方法有：费用效率法、固定效率法、固定费用法、权衡分析法。

6.【2004年真题】某企业在对其生产的某种设备进行设置费与维持费之间的权衡分析时，为了提高费用效率可采取的措施包括（ ）。

A. 改善原设计材质，降低维修频度

B. 制定防震、防尘等对策，提高可靠性

C. 采用整体结构，减少安装费

D. 进行防止操作和维修失误的设计

E. 实施计划预修，减少停机损失

【解析】 选项C属于设置费之间权衡的手段，选项E属于维修费之间权衡的手段。

三、答案

单项选择题

题号	1	2	3	4	5	6	7	8	9	10
答案	A	A	C	C	B	D	D	C	B	A
题号	11	12	13	14	15	16	17	18	19	20
答案	B	D	D	B	C	C	C	D	B	B

多项选择题

题号	1	2	3	4	5	6
答案	BCE	CDE	ABCD	ABC	CE	ABD

四、2023考点预测

1. 寿命周期成本的含义及方法
2. 工程系统效率和工程寿命周期成本的构成
3. 费用估算的方法

第五章　工程项目投融资

第一节　工程项目资金来源

考点一、项目资本金制度
考点二、项目资金筹措的渠道与方式
考点三、资金成本与资本结构

一、单项选择题（每题1分。每题的备选项中，只有1个最符合题意）

1. **【2022年真题】** 下列项目资本金占项目总投资比例最大的是（　　）。

A. 城市轨道交通　　B. 保障房　　C. 普通商品房　　D. 机场项目

【解析】 城市轨道交通项目、保障性住房和普通商品住房项目为20%，机场项目为25%。

2. **【2022年真题】** 关于债券方式筹集资金的说法正确的是（　　）。

A. 降低总成本　　B. 无法保障股东控制权

C. 可能发生财务杠杆负效应　　D. 筹资成本较高

【解析】 债券筹资的优点：①筹资成本较低；②保障股东控制权；③发挥财务杠杆作用；④便于调整资本结构。

债券筹资的缺点：①可能产生财务杠杆负效应；②可能使企业总资金成本增大；③经营灵活性降低。

3. **【2022年真题】** 1000万元贷款，贷款5年，贷款利率9%，所得税25%，筹集费费率2%，求资金成本率（　　）。

A. 6.89%　　B. 7.89%　　C. 9.18%　　D. 9.38%

【解析】 资金成本率 $=1000\times9\%\times(1-25\%)/[1000\times(1-2\%)]=6.89\%$。

4. **【2022年真题】** 每股收益的变化进行衡量收益最优的是（　　）。

A. 每股收益的无差别点　　B. 价值最大

C. 每股收益增加的资本结构　　D. 提高利润

【解析】 资本结构是否合理，一般是通过分析每股收益的变化来进行衡量的。每股收益分析是利用每股收益的无差别点进行的。

5. **【2021年真题】** 根据《国务院关于固定资产投资项目试行资本金制度的通知》，下列各类项目中，不实行资本金制度的固定资产投资项目是（　　）。

A. 外商投资项目　　B. 国有企业房地产开发项目

C. 国有企业技术改造项目　　D. 公益性投资项目

【解析】 公益性投资项目不实行资本金制度。

6. 【2021 年真题】下列资金筹措方式中，可用来筹措项目资本金的是（　　）。

A. 私募　　B. 信贷　　C. 发行债券　　D. 融资租赁

【解析】 由初期设立的项目法人进行的资本金筹措形式主要有：

① 在资本市场募集股本资金：私募或公开募集。

② 合资合作。

7. 【2021 年真题】某公司原价发行总面额为 4000 万元的 5 年期债券，票面利率为 5%，筹资费费率为 4%，公司所得税税率为 25%。该债券的资金成本率为（　　）。

A. 3.16%　　B. 3.91%　　C. 5.21%　　D. 6.75%

【解析】 4000×5%×(1−25%)/[4000×(1−4%)]×100%=3.91%。

8. 【2021 年真题】在确定项目债务资金结构比例时，重要的是在（　　）之间取得平衡。

A. 债务期限和融资成本　　B. 融资成本和融资风险

C. 融资风险和债务额度　　D. 债务额度和债务期限

【解析】 在确定项目债务资本结构比例时，需要在融资成本和融资风险之间取得平衡，既要降低融资成本，又要控制融资风险。

9. 【2021 年真题】按照项目融资程序，分析项目所在行业状况、技术水平和市场情况，应在（　　）阶段完成。

A. 投资决策分析　　B. 融资结构设计　　C. 融资决策分析　　D. 融资谈判

【解析】

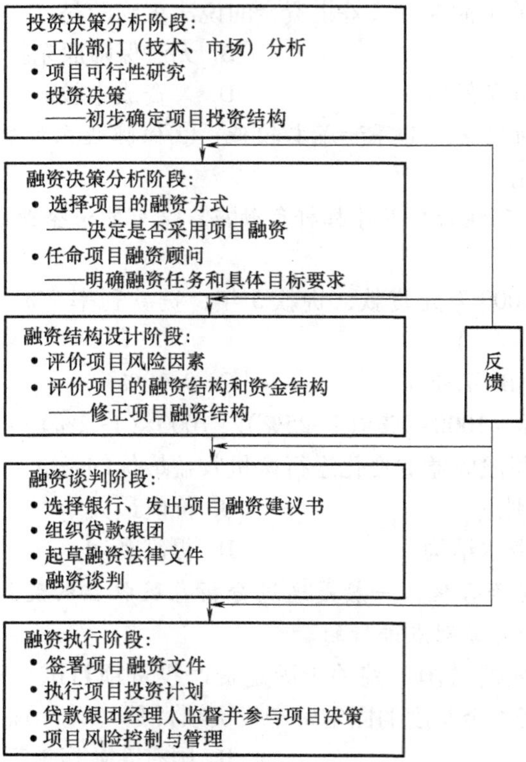

项目融资程序

10. 【2020年真题】根据固定资产投资项目资本金制度，作为计算资本金基数的总投资是指投资项目（　　）之和。

A. 建筑工程费和安装工程费　　B. 固定资产和铺底流动资金

C. 建安工程费和设备购置费　　D. 建安工程费和工程建设其他费

【解析】 作为计算资本金基数的总投资，是指投资项目的固定资产投资与铺底流动资金之和。

11. 【2020年真题】福费廷（FORFEIT）作为一种专门的代理融资技术，其本质是以（　　）方式进行融资。

A. 债券　　B. 租赁　　C. 信贷　　D. 股权

【解析】 信贷方式融资是项目负债融资的重要组成部分，是公司融资和项目融资中最基本和最简单，也是比重最大的债务融资形式。

① 商业银行贷款。

② 政策性银行贷款。我国的政策性银行有中国进出口银行、中国农业发展银行。

③ 出口信贷：买方信贷；卖方信贷；福费廷。

④ 银团贷款。

⑤ 国际金融机构贷款。

12. 【2020年真题】根据《国务院关于调整和完善固定资产投资项目资本金制度的通知》对于产能过剩行业中的水泥项目，项目资本金占项目总投资的最低比例为（　　）。

A. 40%　　B. 35%　　C. 30%　　D. 25%

【解析】 水泥为35%。

13. 【2020年真题】不同的资金形式有不同的作用，可作为追加筹资决策依据的资金成本是（　　）。

A. 边际　　B. 个别　　C. 综合　　D. 加权

【解析】

① 个别资金成本主要用于比较各种筹资方式资金成本的高低，是确定筹资方式的重要依据。

② 综合资金成本是项目公司资本结构决策的依据。

③ 边际资金成本是追加筹资决策的重要依据。

14. 【2020年真题】投资项目的资本结构是否合理，可通过分析（　　）来衡量。

A. 负债融资成本　　B. 权益资金成本

C. 每股收益变化　　D. 权益融资比例

【解析】 资本结构是否合理，一般是通过分析每股收益的变化来进行衡量的。

15. 【2019年真题】根据《国务院关于决定调整固定资产投资项目资本金比例的通知》，投资项目最低比例要求为40%的投资项目是（　　）。

A. 铁路、公路项目　　B. 钢铁、电解铝项目

C. 玉米深加工项目　　D. 普通商品住房项目

【解析】 有关“食、住、行”等项目的项目资本金占项目总投资最低比例为20%，排除A、C、D三个选项，选项B正确。

16. 【2019年真题】既有法人项目可用于项目资金的外部资金来源的有（　　）。

A. 企业在银行的存款　　B. 企业产权转让

C. 企业生产经营收入　　　　D. 国家预算内投资

【解析】 既有法人可用于项目的外部资金来源有企业增资扩股、优先股、国家预算内投资。

17. 【2019年真题】企业通过发行债券进行筹资的优点有（　　）。

A. 降低企业总资金成本　　　　B. 提升企业经营灵活性

C. 发挥财务杠杆作用　　　　D. 减少企业财务风险

【解析】 债券筹资的优点：

① 筹资成本较低。

② 保障股东控制权。

③ 发挥财务杠杆作用。

④ 便于调整资本结构。

18. 【2019年真题】下列资金成本中，可以用来比较各种融资方式优劣的是（　　）资金成本。

A. 综合成本　　　　B. 边际成本

C. 个别成本　　　　D. 债务成本

【解析】 个别资金成本主要用于比较各种筹资方式资本金成本的高低；综合资金成本是项目公司资本结构决策的依据；边际资金成本是追加筹资决策的重要依据。

19. 【2019年真题】某公司发行优先股股票，票面额按正常市场价计算为400万元，筹资费率为5%，每年股息率为15%，公司所得税税率为25%，则优先股股票发行成本率为（　　）。

A. 5.89%　　　　B. 7.84%　　　　C. 11.84%　　　　D. 15.79%

【解析】 优先股发行成本率为：15%/(1-5%)=15.79%。

20. 【2019年真题】关于融资中每股收益与资本结构、销售水平之间关系的说法，正确的是（　　）。

A. 每股收益既受资本结构的影响，也受销售水平的影响

B. 每股收益受资本结构的影响，但不受销售水平的影响

C. 每股收益不受资本结构的影响，但要受销售水平的影响

D. 每股收益不受资本结构的影响，也不受销售水平的影响

【解析】 每股收益一方面受资本结构的影响，同样也受销售水平的影响。

21. 【2018年真题】根据我国固定资产投资项目资金制度相关规定，下列固定资产投资项目中，资本金最低比例为25%的是（　　）。

A. 铁路项目　　　　B. 普通商品住房项目

C. 机场项目　　　　D. 玉米深加工项目

【解析】 有关“食、住、行”等项目的项目资本金占项目总投资最低比例为20%，所以选项C正确。

22. 【2018年真题】下列选项属于新设法人项目资本金筹措方式的是（　　）。

A. 公开募集　　　　B. 增资扩股

C. 产权转让　　　　D. 银行贷款

【解析】 新设法人项目资本金筹措形式有募集股本资金（有私募、公开募集）、合资合作。

23. 【2018年真题】企业通过发行债券进行筹资的特点是（　　）。

A. 增强企业经营灵活性　　B. 产生财务杠杆正效应

C. 降低企业总资金成本　　D. 企业筹资成本较低

【解析】 债券筹资特点如下所示。

优点：① 筹资成本低（利息在税前扣除）。

② 保障股东控制权。

③ 发挥财务（正）杠杆作用（收益率>贷款利率）。

④ 便于调整资本结构。

缺点：① 可能产生财务杠杆负效应（收益率<贷款利率）。

② 可能使企业总资金成本增大（付利息）。

③ 经营灵活性降低。

24. 【2018年真题】某企业发行优先股股票，票面额正常市价计算为500万元，筹资费费率为4%，年股息率为10%，企业所得税为25%，则其资金成本率为（　　）。

A. 7.81%　　B. 10.42%　　C. 11.50%　　D. 14.00%

【解析】 发行优先股的资金成本率：10%/(1−4%)= 10.42%。

25. 【2018年真题】项目债务融资规模一定时，增加短期债务资本比重产生的影响是（　　）。

A. 提高总的融资成本　　B. 增强项目公司的财务流动性

C. 提升项目的财务稳定性　　D. 增加项目公司的财务风险

【解析】 短期债务增加财务风险，长期债务增加融资成本。

26. 【2017年真题】与发行债券相比，发行优先股的特点是（　　）。

A. 融资成本较高　　B. 股东拥有公司控制权

C. 股息不固定　　D. 股利可在税前扣除

【解析】 优先股的特点：

① 优先股与普通股均没有还本期限。

② 优先股与债券相似，股息固定。

③ 优先股股东不参与公司经营管理，无控制权。

④ 相对于普通股股东来说，优先股通常优先受偿。

⑤ 优先股股息在税后支付，无法抵消所得税，融资成本高（债券利息可在税前扣除）。

27. 【2017年真题】项目公司为了扩大项目规模往往需要追加筹集资金，用来比较选择追加筹资方案的重要依据是（　　）。

A. 个别资金成本　　B. 综合资金成本

C. 组合资金成本　　D. 边际资金成本

【解析】 同第18题。

28. 【2017年真题】某公司为新建项目发行总面额为2000万元的10年期债券，票面利率为12%，发行费用率为6%，发行价格为2300万元，公司所得税为25%，则发行债券的成本率为（　　）。

A. 7.83%　　B. 8.33%　　C. 9.57%　　D. 11.10%

【解析】 发行债券的资金成本率：2000×12%×(1−25%)/[2300×(1−6%)] = 8.33%。

29.【2017 年真题】为新建项目筹集债务资金时，对利率结构起决定性作用的因素是（　　）。

A. 进入市场的利率走向　　B. 借款人对于融资风险的态度

C. 项目现金流量的特征　　D. 资金筹集难易程度

【解析】项目现金流量对利率结构起决定性作用。

30.【2016 年真题】关于项目资本金性质或特征的说法，正确的是（　　）。

A. 项目资本金是债务性资金　　B. 项目法人不承担项目资本金的利息

C. 投资者不可转让其出资　　D. 投资者可以任何方式抽回其出资

【解析】项目资本金为非债务资金，不承担利息，可转让不可抽回。

31.【2016 年真题】既有法人作为项目法人的，下列项目资本金来源中，属于既有法人外部资金来源的是（　　）。

A. 企业增资扩股　　B. 企业银行存款

C. 企业资产变现　　D. 企业产权转让

【解析】同第 16 题。

32.【2016 年真题】在比较筹资方式，选择筹资方案中，作为项目公司资本结构决策依据的资金成本是（　　）。

A. 个别资金成本　　B. 筹集资金成本

C. 综合资金成本　　D. 边际资金成本

【解析】同第 18 题。

33.【2016 年真题】关于资金成本性质的说法，正确的是（　　）。

A. 资金成本是指资金所有者的利息收入

B. 资金成本是指资金使用人的筹资费用和利息费用

C. 资金成本一般只表现为时间的函数

D. 资金成本表现为资金占用和利息额的函数

【解析】资金成本是指企业为筹集和使用资金而付出的代价。故选项 A 错误。
资金成本一般包括筹集成本和资金使用成本，故选项 B 正确。
资金成本表现为资金占用额的函数，故选项 C 和选项 D 错误。

34.【2016 年真题】选择债务融资时，需要考虑债务偿还顺序，正确的债务偿还方式是（　　）。

A. 以债券形式融资的，应在一定年限内尽量提前还款

B. 对于固定利率的银行贷款，应尽量提前还款

C. 对于有外债的项目，应后偿还硬货币债务

D. 在多种债务中，应后偿还利率较低的债务

【解析】债务偿还顺序：利率——先高后低、外债——先硬后软。

35.【2015 年真题】固定资产投资项目实行资本金制度，以工业产权、非专利技术作价出资的比例不得超过投资项目资本金总额的（　　）。

A. 20%　　B. 25%　　C. 30%　　D. 35%

【解析】以工业产权、非专利技术作价出资的比例不得超过投资项目资本金总额的 20%。

36. **【2015 年真题】** 下列资金筹措渠道与方式中，新设项目法人可用来筹措项目资本金的是（ ）。

A. 发行债券　　B. 信贷融资
C. 融资租赁　　D. 合资合作

【解析】 同第 22 题。

37. **【2015 年真题】** 在公司融资和项目融资中，所占比重最大的债务融资方式是（ ）。

A. 发行股票　　B. 信贷融资
C. 发行债券　　D. 融资租赁

【解析】 信贷融资是最基础、最简单、占比最大的项目债务融资方式。

38. **【2015 年真题】** 项目资金结构应有合理安排，如果项目资本金所占比例过大，会导致（ ）。

A. 财务杠杆作用下滑　　B. 信贷融资风险加大
C. 负债融资难度增加　　D. 市场风险承受力降低

【解析】 项目资本金占比过大时贷款风险小、利率低，但会导致财务杠杆作用下滑。项目资本金占比过小会导致融资难度大、成本高。

39. **【2015 年真题】** 某公司发行票面额为 3000 万元的优先股股票，筹资费率为 3%，股息年利率为 15%，则其资金成本率为（ ）。

A. 10.31%　　B. 12.37%　　C. 14.12%　　D. 15.46%

【解析】 发行优先股的资金成本率：15%/(1-3%)= 15.46%。

40. **【2014 年真题】** 关于项目资本金的说法，正确的是（ ）。

A. 项目资本金是债务性资金　　B. 项目法人要承担项目资本金的利息
C. 投资者可以转让项目资本金　　D. 投资者可抽回项目资本金

【解析】 同第 30 题。

41. **【2014 年真题】** 某企业从银行借款 1000 万元，年利息为 120 万元，手续费等筹资费用为 30 万元，企业所得税税率为 25%，该项借款的资金成本率为（ ）。

A. 9.00%　　B. 9.28%　　C. 11.25%　　D. 12%

【解析】 该项借款的资金成本率：120×(1-25%)/(1000-30)= 9.28%。

42. **【2014 年真题】** 项目资金结构中，如果项目资金所占比重过小，则对项目的可能影响是（ ）。

A. 财务杠杆作用下滑　　B. 负债融资成本提高
C. 负债融资难度降低　　D. 市场风险承受能力增强

【解析】 同第 38 题。

43. **【2013 年真题】** 关于优先股的说法，正确的是（ ）。

A. 优先股有还本期限　　B. 优先股股息不固定
C. 优先股股东没有公司的控制权　　D. 优先股股利税前扣除

【解析】 同第 26 题。

44. **【2013 年真题】** 新设项目法人的项目资本金，可通过（ ）方式筹措。

A. 企业产权转让　　B. 在证券市场上公开发行股票
C. 商业银行贷款　　D. 在证券市场上公开发行债券

【解析】 同第22题。

45. 【2013年真题】与发行股票相比，发行债券融资的优点是（　　）。

A. 企业财务负担小　　B. 企业经营灵活性高

C. 便于调整资本机构　　D. 无须第三方担保

【解析】 同第23题。

46. 【2013年真题】资金筹集成本的主要特点是（　　）。

A. 在资金使用中多次发生　　B. 与资金使用时间的长短有关

C. 可作为筹资金额的一项扣除　　D. 与资金筹集的次数无关

【解析】 资金筹集成本属于一次性支付的费用，筹集次数越多金额越大，在计算资金净额时作为一项扣除。

47. 【2013年真题】某公司发行面值为2000万元的8年期债券，票面利率为12%，发行费用率为4%，发行价格为2300万元，公司所得税税率为25%，则该债券成本率为（　　）。

A. 7.5%　　B. 8.15%　　C. 10.25%　　D. 13.36%

【解析】 发行债券的资金成本率：2000×12%×(1-25%)/[2300×(1-4%)]=8.15%。

48. 【2013年真题】项目公司资本结构是否合理，一般是通过分析（　　）的变化进行衡量。

A. 利率　　B. 风险报酬率

C. 股票筹资　　D. 每股收益

【解析】 项目公司资本结构是否合理，一般是通过分析每股收益的变化进行衡量。

49. 【2012年真题】实行资本金制度的投资项目，资本金的筹措情况应在（　　）中做出详细说明。

A. 项目建议书　　B. 项目可行性研究报告

C. 初步设计文件　　D. 施工招标文件

【解析】 项目可行性研究报告中要详细说明资本金筹措情况。

50. 【2012年真题】下列资金成本中，属于筹集阶段发生且具有一次性特征的是（　　）。

A. 债券发行手续费　　B. 债券利息

C. 股息和红利　　D. 银行贷款利息

【解析】 筹集费为一次性发生的，而使用费（股息、红利）是多次发生的，本题可用排除法做。

51. 【2012年真题】某公司发行票面总额为300万元的优先股股票，筹资费费率为5%，年股息率为15%，公司所得税税率为25%，则其资金成本率为（　　）。

A. 11.84%　　B. 15.00%

C. 15.79%　　D. 20.00%

【解析】 发行优先股的资金成本率：15%/(1-5%)=15.79%。

52. 【2011年真题】项目资本金是指（　　）。

A. 项目建设单位的注册资金　　B. 项目总投资的固定资产投资部分

C. 项目总投资中由投资者认缴的出资额　　D. 项目开工时已经到位的资金

【解析】 项目资本金是指在项目总投资中由投资者认缴的出资额。

53. 【2011 年真题】下列融资成本中，属于资金使用成本的是（　　）。

A. 发行手续费　　B. 担保费

C. 资信评估费　　D. 债券利息

【解析】资金使用成本一般又叫作资金占用费，主要包括股息、红利及各种利息（多次发生），具有经常性定期性的特征。此题属于简单的归类题。

54. 【2011 年真题】某公司发行普通股股票融资，社会无风险投资收益率为 8%，市场投资组合预期收益率为 15%，该公司股票的投资风险系数为 1.2，采用资本资产定价模型确定，发行该股票的成本率为（　　）。

A. 16.4%　　B. 18.0%　　C. 23.0%　　D. 24.6%

【解析】发行普通股的资金成本率：8%+1.2×(15%−8%)= 16.4%。

55. 【2011 年真题】某公司发行总面额为 400 万元的 5 年期债券，发行价格为 500 万元，票面利率为 8%，发行费率为 5%，公司所得税率为 25%，发行该债券的成本率为（　　）。

A. 5.05%　　B. 6.23%　　C. 6.40%　　D. 10.00%

【解析】发行债券的资金成本率：400×8%×(1−25%)/[500×(1−5%)]=5.05%。

二、多项选择题（每题 2 分。每题的备选项中，有 2 个或 2 个以上符合题意，且至少有 1 个错项。错选，本题不得分；少选，所选的每个选项得 0.5 分）

1. 【2022 年真题】由初期设立的项目法人筹集资本金的形式主要有（　　）。

A. 合资合作　　B. 公开募集

C. 融资租赁　　D. 私募

E. 商业银行贷款

【解析】初设项目法人资本金筹措形式：①在资本市场募集股本资金。在资本市场募集股本资金可以采取两种基本方式，即私募与公开募集。②合资合作。

2. 【2021 年真题】下列各项费用中，构成融资租赁租金的有（　　）。

A. 租赁资产的成本

B. 承租人的使用成本

C. 出租人购买租赁资产的贷款利息

D. 出租人的利润

E. 承租人承办租赁业务的费用

【解析】融资租赁的租金包括以下三大部分。

① 租赁资产的成本：租赁资产的成本大体由资产的购买价、运杂费、运输途中的保险费等项目构成。

② 租赁资产的利息：承租人所实际承担的购买租赁设备的贷款利息。

③ 租赁手续费：包括出租人承办租赁业务的费用以及出租人向承租人提供租赁服务所赚取的利润。

3. 【2020 年真题】既有法人筹措项目资本金的内部来源有（　　）。

A. 企业资产变现　　B. 企业产权转让

C. 企业发行债券　　D. 企业增资扩股

E. 企业发行股票

【解析】 既有法人内部资金来源有：

① 企业的现金。

② 未来生产经营中获得可用于项目的资金。

③ 企业资产变现。

④ 企业产权转让。

4. 【2020年真题】以下关于融资租赁的特点和说法正确的是（　　）。

A. 承租人负责设备的选型

B. 出租人负责购买设备

C. 出租人对融资租赁设备计取折旧

D. 融资租赁结束后出租人收回所有权

E. 租赁费包括购买设备的成本、利息以及手续费

【解析】 融资租赁：又称金融租赁或财务租赁。通常由承租人选定需要的设备，由出租人购置后给承租人使用，承租人向出租人支付租金，承租人租赁取得的设备按照固定资产计提折旧，租赁期满，设备一般由承租人所有，由承租人以事先约定的很低的价格向出租人收购取得设备的所有权。

融资租赁的租金包括：①租赁资产的成本；②租赁资产的利息；③租赁手续费。

5. 【2019年真题】下列费用中，属于资金筹集成本的有（　　）。

A. 股票发行手续费　　B. 建设投资贷款利息

C. 债券发行公证费　　D. 股东所得的红利

E. 债券发行广告费

【解析】 用排除法做此类题目，股息、红利和利息为资金使用成本即占用费。

6. 【2017年真题】既有法人作为项目法人筹措项目资金时，属于既有法人外部资金来源的有（　　）。

A. 企业增资扩股　　B. 企业资金变现

C. 企业产权转让　　D. 企业发行债券

E. 企业发行优先股股票

【解析】 同单项选择题第16题。

7. 【2016年真题】对于采用新设法人进行筹资的项目，在确定项目资本金结构时，应通过协商确定投资各方的（　　）。

A. 出资比例　　B. 出资形式

C. 出资顺序　　D. 出资性质

E. 出资时间

【解析】 采用新设法人筹资方式的项目，在确定项目资本金结构时，应通过协商确定投资各方的出资比例、出资形式、出资时间。

此题属于典型的填空式选择题。

8. 【2014年真题】既有法人筹措新建项目资金时，属于其外部资金来源的有（　　）。

A. 企业增资扩股　　B. 资本市场发行的股票

C. 企业现金　　D. 企业资产变现

E. 企业产权转让

【解析】 同单项选择题第 16 题。

9. **【2013 年真题】** 项目资本金可以用货币出资，也可以用（　　）作价出资。

A. 实物　　B. 工业产权

C. 专利技术　　D. 企业商誉

E. 土地所有权

【解析】 项目资本金可以用货币、实物、工业产权、非专利技术、土地使用权作价出资。

10. **【2013 年真题】** 债务融资的优点有（　　）。

A. 融资速度快　　B. 融资成本低

C. 融资风险较小　　D. 还本付息压力小

E. 企业控制权增大

【解析】 债务融资优点：速度快、成本较低（利息计入成本，少上所得税）。

三、答案

单项选择题

题号	1	2	3	4	5	6	7	8	9	10
答案	D	C	A	A	D	A	B	B	A	B
题号	11	12	13	14	15	16	17	18	19	20
答案	C	B	A	C	B	D	C	C	D	A
题号	21	22	23	24	25	26	27	28	29	30
答案	C	A	D	B	D	A	D	B	C	B
题号	31	32	33	34	35	36	37	38	39	40
答案	A	C	B	D	A	D	B	A	D	C
题号	41	42	43	44	45	46	47	48	49	50
答案	B	B	C	B	C	C	B	D	B	A
题号	51	52	53	54	55	—	—	—	—	—
答案	C	C	D	A	A	—	—	—	—	—

多项选择题

题号	1	2	3	4	5	6
答案	ABD	AD	AB	ABE	ACE	AE
题号	7	8	9	10	—	—
答案	ABE	AB	AB	AB	—	—

四、2023 考点预测

1. 项目资本金的概念及来源

2. 项目资本金占项目总投资的最低比例
3. 项目资金筹措渠道与方式
4. 债务融资及债券筹资的优缺点
5. 资金成本率的计算

第二节 工程项目融资

考点一、项目融资的特点和程序
考点二、项目融资的主要方式

一、单项选择题（每题1分。每题的备选项中，只有1个最符合题意）

1. **【2022年真题】** 利用已建好的项目为新项目进行融资的模式是（　　）。

A. BOT　　B. TOT
C. ABS　　D. PPP

【解析】 从项目融资的角度看，TOT是通过转让已建成项目的产权和经营权来融资的。

2. **【2022年真题】** PPP项目物有所值定性评价的基本指标包括（　　）。

A. 行业示范性　　B. 可融资性
C. 监管完备性　　D. 全生命周期成本测算准确性

【解析】 物有所值定性评价包括全生命周期整合程度、风险识别与分配、绩效导向与鼓励创新、潜在竞争程度、政府机构能力、可融资性六项基本评价指标。

3. **【2022年真题】** PPP项目的回报机制为使用者付费时，政府对运营补贴的财政支出责任是（　　）。

A. 承担全部运营补贴支出责任
B. 按股份投资比例承担运营补贴支出责任
C. 根据可行性缺口大小承担运营补贴支出责任
D. 不承担运营补贴支出责任

【解析】 使用者付费政府不承担运营补贴支出责任。

4. **【2021年真题】** 根据《PPP物有所值评价指引（试行）》，在进行PPP项目物有所值定性评价时，六项基本评价指标的权重是（　　）。

A. 60%　　B. 70%
C. 80%　　D. 90%

【解析】 物有所值的定性评价，一般采用专家打分法。在各项评价指标中，六项基本评价指标权重为80%，其中任一指标权重一般不超过20%；补充评价指标权重为20%，其中任一指标权重一般不超过10%。

5. **【2021年真题】** 论证PPP项目财政承受能力时，支出测算完成后，紧接着应进行的工作是（　　）。

A. 责任识别　　B. 财政承受能力评估
C. 信息披露　　D. 投资风险预测

【解析】 PPP 项目财政承受能力论证

责任识别	PPP 项目全生命周期过程的财政支出责任，主要包括股权投资、运营补贴、风险承担、配套投入等
支出测算	财政部门综合考虑各类支出责任特点、情景和发生概率等因素，对项目全生命周期内财政支出责任分别进行测算
能力评估	财政部门识别和测算单个项目的财政支出责任后，汇总年度已实施和拟实施的 PPP 项目，进行财政承受能力评估
每一年度全部 PPP 项目需要从预算中安排的支出，占一般公共预算支出比例应当不超过 10%	

6. **【2020 年真题】**按照项目融资程序，选择项目融资方式是在（　　）阶段进行的工作。

A. 投资决策阶段　　B. 融资结构设计

C. 融资方案执行　　D. 融资决策分析

【解析】 融资决策分析阶段：选择项目的融资方式；任命项目融资顾问。

7. **【2020 年真题】**下列项目融资方式中，需要通过转让已建成项目的产权和经营权来进行拟建项目融资的是（　　）。

A. TOT　　B. BOT　　C. ABS　　D. PPP

【解析】 TOT 是通过转让已建成项目的产权和经营权来融资的，而 BOT 是政府给予投资者特许经营权的许诺后，由投资者融资新建项目，即 TOT 是通过已建成项目为其他新项目进行融资，BOT 则是为筹建中的项目进行融资。

8. **【2020 年真题】**下列融资方式中，需要通过证券市场卖债券进行融资的是（　　）。

A. BOT　　B. ABS　　C. TOT　　D. PFI

【解析】 ABS 独有特征卖债券。

9. **【2020 年真题】**为判断能否采用 PPP 模式代替传统的政府投资运营方式提供公共服务项目，应采用的评价方法为（　　）。

A. 项目经济评价　　B. 财政承受能力评价

C. 物有所值评价　　D. 项目财务评价

【解析】 物有所值评价是判断是否采用 PPP 模式代替政府传统投资运营方式提供公共服务项目的一种评价方法。

10. **【2019 年真题】**为了降低项目投资风险，在工程建设方面可要求工程承包公司提供（　　）的合同。

A. 固定价格、可调工期　　B. 固定价格、固定工期

C. 可调价格、可调工期　　D. 可调价格、固定工期

【解析】 为了减少风险可以要求工程承包公司提供固定价格、固定工期的合同，或"交钥匙"工程合同。

11. **【2019 年真题】**按照项目融资程序，属于融资决策分析阶段进行的工作是（　　）。

A. 任命项目融资顾问　　B. 确定项目投资结构

C. 评价项目融资结构　　D. 分析项目风险因素

【解析】 本题考查项目融资程序。

融资决策分析阶段进行的工作是选择项目的融资方式和任命项目融资顾问。

12. 【2019 年真题】下列融资方式中，需要利用信用增级手段使项目资产获得预期信用等级，进而在资本市场上发行债券募集资金的是（ ）方式。

A. BOT B. PPP C. ABS D. TOT

【解析】 ABS 方式独有的特点是发行债券进行融资。

13. 【2019 年真题】每一年度全部 PPP 项目需要从预算中安排的支出，占一般公共预算支出比例应当不超过（ ）。

A. 5% B. 10% C. 15% D. 20%

【解析】 全书重点的几处 10%的其中之一，需要总结记忆。

14. 【2018 年真题】项目融资属于“非公司负债型融资”，其含义是指（ ）。

A. 项目借款不会影响项目投资人（借款人）的利润和收益水平

B. 项目借款可以不在项目投资人（借款人）的资产负债表中体现

C. 项目投资人（借款人）在短期内不需要偿还借款。

D. 项目借款的法律责任应当由借款人法人代表而不是项目公司承担

【解析】非公司负债型融资是指不在资产负债表中体现。

15. 【2018 年真题】在项目融资程序中，需要在融资结构设计阶段进行的工作是（ ）。

A. 起草融资法律文件 B. 评价项目风险因素

C. 控制与管理项目风险 D. 选择项目融资方式

【解析】 项目融资程序，近几年考查十分频繁。主要集中在第二和第三阶段。

融资结构设计阶段主要进行的工作是评价项目风险因素、评价项目融资结构和资金结构。

16. 【2018 年真题】采用 TOT 方式进行项目融资需要设立 SPC 或 SPV，SPC 或 SPV 的性质是（ ）。

A. 借款银团设立的项目监督机构

B. 项目发起人聘请的项目建设顾问机构

C. 政府设立或参与设立的具有特许权的机构

D. 社会资本投资人组建的特许经营机构

【解析】 SPV/SPC 是政府设立或者参与设立的具有特许权的机构。

17. 【2018 年真题】用 PFI 融资方式的特点是（ ）。

A. 可能降低公共项目投资效率 B. 私营企业与政府签署特许经营合同

C. 特许经营期满后将项目移交政府 D. 私营企业参与项目设计并承担风险

【解析】 PFI 项目可以提高公共项目投资效率，选项 A 错误。

PFI 项目签署的是服务合同，选项 B 错误。

PFI 项目若未达合同规定收益，可继续运营，选项 C 错误。

18. 【2018 年真题】PPP 项目财政承受能力论证中，确定年度折现率时应考虑财政补贴支出年份，并应参照（ ）。

A. 行业基准收益率 B. 同期国债利率

C. 同期地方政府债券收益率 D. 同期当地社会平均利润率

【解析】 PPP 项目财政承受能力论证中，确定年度折现率时应考虑财政补贴支出年份，并应参照同期地方政府债券收益率。

19. 【2017 年真题】下列项目融资工作中属于融资决策分析阶段的是（　　）。

A. 评价项目风险因素　　B. 进行项目可行性研究

C. 分析项目融资结构　　D. 选择项目融资方式

【解析】 同第 11 题。

20. 【2017 年真题】下列项目融资方式中，通过已建成项目为其他新项目进行融资的是（　　）。

A. TOT　　B. BT　　C. BOT　　D. PFI

【解析】 TOT 融资模式是已建项目为新建项目融资。

21. 【2017 年真题】PFI 融资方式与 BOT 融资方式的相同点是（　　）。

A. 适用领域　　B. 融资本质

C. 承担风险　　D. 合同类型

【解析】 PFI 和 BOT 都属于项目融资。

22. 【2017 年真题】为确保政府财政承受能力，每一年全部 PPP 项目需要从预算中安排的支出占一般公共预算支出的比例，应当不超过（　　）。

A. 20%　　B. 15%　　C. 10%　　D. 5%

【解析】 同第 13 题。

23. 【2016 年真题】与传统融资方式相比较，项目融资的特点是（　　）。

A. 融资涉及面较小　　B. 前期工作量较少

C. 融资成本较低　　D. 融资时间较长

【解析】 与传统贷款方式相比较，项目融资主要有项目导向、有限追索、风险分担、非公司负债型融资、信用结构多样化、融资成本较高、可利用税务优势等特点。

24. 【2016 年真题】下列项目融资工作中，属于融资结构设计阶段工作内容的是（　　）。

A. 进行融资谈判　　B. 评价项目风险因素

C. 选择项目融资方式　　D. 组织贷款银团

【解析】 同第 15 题。

25. 【2016 年真题】从投资者角度看，既能回避建设过程风险，又能尽快取得收益的项目融资方式是（　　）方式。

A. BOT　　B. BOO

C. BOOT　　D. TOT

【解析】 TOT 是已建项目为新建项目筹资，因而可以规避建设风险。

26. 【2016 年真题】关于项目融资 ABS 方式特点的说法，正确的是（　　）。

A. 项目经营权与决策权属于特殊目的机构（SPV）

B. 债券存续期内资产所有权归特殊目的的机构（SPV）

C. 项目资金主要来自项目发起人的自有资金和银行贷款

D. 复杂的项目融资过程增加了融资成本

【解析】 大原则——ABS 独有特点“卖债券”，所有权在债券存续期归 SPV，经营决策权在政府。

27.【2015年真题】与传统贷款方法相比，项目融资的特点是（ ）。

A. 贷款人有资金的实权 B. 风险分担

C. 对投资人资信要求高 D. 融资成本低

【解析】 同第23题。

28.【2015年真题】根据项目融资程度，评价项目风险因素应在（ ）阶段进行。

A. 投资决策分析 B. 融资谈判

C. 融资决策分析 D. 融资结构设计

【解析】 同第15题。

29.【2015年真题】与BOT融资方式相比，TOT融资方式的特点是（ ）。

A. 信用保证结构简单 B. 项目产权结构易于确定

C. 不需要设立具有特许权的专门机构 D. 项目招标程序大为简化

【解析】 与BOT融资方式相比，TOT融资方式具有以下特点：

① TOT通过已建成项目为其他新建项目进行融资，而BOT是为筹建中的项目融资。

② TOT避开了建造过程中的风险和矛盾，并且只涉及转让经营权，不存在产权问题。

③ TOT可以缓解中央和地方政府财政支出压力。

④ TOT资产收益具有确定性，因而不需要复杂的信用保证结构。

30.【2014年真题】与传统的贷款融资方式不同，项目融资主要以（ ）来安排融资。

A. 项目资产和预期收益 B. 项目投资的资信水平

C. 项目第三方担保 D. 项目管理的能力和水平

【解析】 项目融资主要以项目资产、预期收益、预期现金流来融资。

31.【2014年真题】项目融资过程中，投资决策后首先应进行的工作是（ ）。

A. 融资谈判 B. 融资决策分析

C. 融资执行 D. 融资结构设计

【解析】 本题考查项目融资程序：投资决策—融资决策—融资结构—融资谈判—融资执行。

简便记忆——“偷茸够判刑”。

32.【2014年真题】关于BT项目经营权和所属权说法正确的是（ ）。

A. 特许经营权属于投资者，所有权属于政府

B. 经营权属于政府，所有权属于投资者

C. 经营权和所有权均属于投资者

D. 经营权和所有权均属于政府

【解析】 BT项目为代建制，只有建设权，经营权和所有权都属于政府。

33.【2014年真题】采用ABS融资方式进行项目融资的物质基础是（ ）。

A. 债券发行机构的注册资金 B. 项目原始权益人的全部资产

C. 债券承销机构的担保资产 D. 具有可靠未来现金流量的项目资产

【解析】 未来现金流量的项目资产是ABS融资方式的物质基础。

34.【2014年真题】采用PFI融资方式，政府部门与私营部门签署的合同类型是（ ）。

A. 服务合同 B. 特许经营合同

C. 承包合同　　　　　　　　　　　　D. 融资租赁合同

【解析】 PFI—F 服务合同，BOT—T 特许经营合同。

35. 【2013 年真题】PFI 融资方式的主要特点（　　）。

A. 适用于公益项目　　　　　　　　　B. 适用于私营企业出资的项目

C. 项目的控制权由私营企业掌握　　　D. 项目的设计风险由政府承担

【解析】 PFI 强调私营主导方式，其适用更广（非营利性、公共服务设施等），控制权在私营企业手里，公共部门只是合伙人，设计风险由私营企业承担。

36. 【2012 年真题】在狭义的项目融资中，贷款银行对所融资项目关注的重点是（　　）。

A. 抵押人所提供的抵押物的价值

B. 项目公司的资信等级

C. 项目本身可用于还款的现金流量

D. 项目投资人的实力和信用等级

【解析】 狭义项目融资主要以项目资产、预期收益、预期现金流来偿还贷款。

二、多项选择题（每题 2 分。每题的备选项中，有 2 个或 2 个以上符合题意，且至少有 1 个错项。错选，本题不得分；少选，所选的每个选项得 0.5 分）

1. 【2022 年真题】与传统贷款方式相比，项目融资模式的特点是（　　）。

A. 以项目投资人的资信为基础安排融资

B. 贷款人可以对项目投资人进行完全追索

C. 帮助投资人将贷款安排成非公司负债型融资

D. 信用结构安排灵活多样

E. 组织融资所需时间较长

【解析】 项目融资主要具有项目导向、有限追索、风险分担、非公司负债型融资、信用结构多样化、融资成本高、可利用税务优势的特点。

2. 【2021 年真题】与 BOT 融资方式相比，TOT 融资方式的优点有（　　）。

A. 通过已建成项目为其他新项目进行融资

B. 不影响东道国对国内基础设施的控制权

C. 投资者对移交项目有自主处置权

D. 投资者可规避建设超支、停建风险

E. 投资者的收益具有较高确定性

【解析】 与 BOT 相比，TOT 主要有下列特点：

从项目融资的角度看	1）TOT 是通过转让已建成项目的产权和经营权来融资的，而 BOT 是政府给予投资者特许经营权的许诺后，由投资者融资新建项目 2）TOT 是通过已建成项目为其他新项目进行融资，BOT 则是为筹建中的项目进行融资
从具体运作过程看	TOT 由于避开了建造过程中所包含的大量风险和矛盾（如建设成本超支、延期、停建、无法正常运营等），并且只涉及转让经营权，不存在产权、股权等问题

（续）

从东道国政府的角度看	1）通过TOT吸引社会资本购买现有的资产，将从两个方面进步缓解中央和地方政府财政支出的压力 2）通过经营权的转让，得到一部分社会资本，可用于偿还因为基础设施建设而承担的债务，也可作为当前迫切需要建设而又难以吸引社会资本的项目 3）转让经营权后，可大量减少基础设施运营的财政补贴支出
从投资者的角度看	1）TOT方式既可回避建设中的超支、停建或者建成后不能正常运营、现金流量不足以偿还债务等风险，又能尽快取得收益 2）采用BOT方式，投资者先要投入资金建设，并要设计合理的信用保证结构，花费时间很长，承担风险大；采用TOT，投资者购买的是正在运营的资产和对资产的经营权，资产收益具有确定性，也不需要太复杂的信用保证结构

3. **【2019年真题】** 与BOT融资方式相比，ABS融资方式的优点有（　　）。

A. 便于引入先进技术　　B. 融资成本低

C. 适用范围广　　D. 融资风险与项目未来收入无关

E. 风险分散度高

【解析】 ABS独有特点是卖债券。选项A，ABS不参与建设运营。选项D显然不符合项目融资特点。

4. **【2018年真题】** 与传统的贷款方式相比，项目融资的优点有（　　）。

A. 融资成本较低　　B. 信用结构多样化

C. 投资风险小　　D. 可利用税务优势

E. 属于资产负债表外融资

【解析】 同单项选择题第23题。

5. **【2017年真题】** 与传统融资方式相比较，项目融资的特点有（　　）。

A. 信用结构多样化　　B. 融资成本较高

C. 可以利用税务优势　　D. 风险种类少

E. 属于公司负债型融资

【解析】 同单项选择题第23题。

6. **【2017年真题】** 对PPP项目进行物有所值（VFM）定性评价的基本指标有（　　）。

A. 运营收入增长潜力　　B. 潜在竞争程度

C. 项目建设规模　　D. 政府机构能力

E. 风险识别与分配

【解析】 本题属于比较偏的归类题。

分区PPP项目进行物有所值定性评价的六大基本指标和六项补偿指标。

7. **【2010年真题】** 下列项目中，适合以PFI典型模式实施的有（　　）。

A. 向公共部门出售服务的项目　　B. 私营企业与公共部门合资经营的项目

C. 在经济上自立的项目　　D. 由政府部门掌握项目经营权的项目

E. 由私营企业承担全部经营风险的项目

【解析】 PFI有三种典型模式：①经济自立；②向公共部门出售服务；③合资经营。

三、答案

单项选择题

题号	1	2	3	4	5	6	7	8	9	10	11
答案	B	B	D	C	B	D	A	B	C	B	A
题号	12	13	14	15	16	17	18	19	20	21	22
答案	C	B	B	B	C	D	C	D	A	B	C
题号	23	24	25	26	27	28	29	30	31	32	33
答案	D	B	D	B	B	D	A	A	B	D	D
题号	34	35	36	—	—	—	—	—	—	—	—
答案	A	C	C	—	—	—	—	—	—	—	—

多项选择题

题号	1	2	3	4	5	6	7
答案	CDE	ADE	BCE	BDE	ABC	BDE	ABC

四、2023 考点预测

1. 五大融资方式的特点
2. BOT 方式与 ABS、PFI 方式的比较
3. ABS 融资方式的特点

第三节　与工程项目有关的税收及保险规定

考点一、与工程项目有关的税收规定
考点二、与工程项目有关的保险规定

一、单项选择题（每题 1 分。每题的备选项中，只有 1 个最符合题意）

1. **【2022 年真题】**小规模纳税人按照简易计税的应为（　　）。

A. 增值税包含进项税的税前造价×9%

B. 增值税包含进项税的税前造价×3%

C. 增值税不包含进项税的税前造价×9%

D. 增值税不包含进项税的税前造价×3%

【解析】 小规模纳税人增值税的征收率为 3%。

2. **【2022 年真题】**根据我国《企业所得税法》，企业发生年度亏损，在连续（　　）年内可以用税前利润进行弥补。

A. 5　　B. 4　　C. 3　　D. 2

【解析】 企业发生的年度亏损，在连续5年内可以用税前利润进行弥补。

3.【2022年真题】地方教育税附加的计税依据是（　　）。

A. 实际支付的增值税和消费税　　B. 实际支付的增值税和所得税

C. 计划支付的所得税和营业税　　D. 计划支付的增值税和城市维护建设税

【解析】 教育费附加以纳税人实际缴纳的增值税、消费税税额之和作为计税依据。

4.【2021年真题】当小规模纳税人采用简易计税方法计算增值税时，建筑业增值税的征收率是（　　）。

A. 3%　　B. 6%　　C. 9%　　D. 10%

【解析】 小规模纳税人增值税征收率为3%，国务院另有规定的除外。

5.【2021年真题】下列各项收入中，属于企业所得税免税收入的是（　　）。

A. 转让财产收入　　B. 接受捐赠收入

C. 国债利息收入　　D. 提供劳务收入

【解析】

免税收入	国债利息收入 符合条件的居民企业之间的股息、红利等权益性投资收益 在中国境内设立机构、场所的非居民企业从居民企业取得与该机构、场所有实际联系的股息、红利等权益性投资收益 符合条件的非营利组织的收入

6.【2021年真题】纳税人所在地区为市区的，城市维护建设税的税率是（　　）。

A. 1%　　B. 3%　　C. 5%　　D. 7%

【解析】 城市维护建设税实行差别比例税率。三档比例税率：

① 纳税人所在地区为市区：税率为7%。

② 纳税人所在地区为县城、镇：税率为5%。

③ 纳税人所在地区不在市区、县城或镇：税率为1%。

7.【2020年真题】下列税率中，采用差别比例税率的是（　　）。

A. 土地增值税　　B. 城镇土地使用税

C. 建筑业增值税　　D. 城市维护建设税

【解析】 城市维护建设税实行差别比例税率。

8.【2020年真题】企业发生公益性捐赠支出的，能够在计算企业所得税应纳税所得额时扣除年度利润总额（　　）以内部分。

A. 10%　　B. 12%　　C. 15%　　D. 20%

【解析】 企业发生的公益性捐赠支出，在年度利润总额12%以内的部分，准予在计算应纳税所得额时扣除。

9.【2020年真题】对投保建筑工程一切险的工程，保险人不应承担赔偿责任的是（　　）。

A. 因暴雨造成的物质损失

B. 发生火灾引起的场地清理费用

C. 工程设计错误引起的损失

D. 因地面下沉引起的物质损失

【解析】 建筑一切险责任范围主要是自然灾害和意外事故。选项A、B、D均属于赔偿责任。选项C设计错误引起的损失属于除外责任。

10. 【2019年真题】国家鼓励的高科技企业所得税税率是（　　）。

A. 20%　　B. 25%　　C. 15%　　D. 10%

【解析】 普通企业所得税税率为25%，非居民和小型微利企业所得税税率为20%，重点扶持高新技术企业所得税税率为15%。

11. 【2019年真题】实行四级超率累进税率的是（　　）。

A. 增值税　　B. 企业所得税

C. 土地增值税　　D. 契税

【解析】 土地增值实行四级超率累进税率。

12. 【2019年真题】可作为建筑工程一切险保险项目的是（　　）。

A. 施工用设备　　B. 公共运输车辆

C. 技术资料　　D. 有价证券

【解析】 货币、票证、有价证券、文件、账簿、图表、技术资料，领有公共运输执照的车辆、船舶不能作为建筑工程一切险的保险项目。用排除法直接去掉选项C和D，然后在选项A和B中对比，选项A正确。

13. 【2018年真题】对小规模纳税人而言，增值税应纳税额的计算式是（　　）。

A. 销售额×征收率　　B. 销项税额-进项税额

C. 销售额/(1-征收率)×征收率　　D. 销售额×(1-征收率)×征收率

【解析】 小规模增值税=销售额×征收率。

14. 【2018年真题】计算企业应纳税所得额时，可以作为免税收入从企业收入总额中扣除的是（　　）。

A. 特许权使用费收入　　B. 国债利息收入

C. 财政拨款　　D. 接受捐赠收入

【解析】 免税收费（优惠性）：①国债利息收入；②符合条件的居民企业之间的股息、红利等权益性投资收益；③非营利组织收入。

15. 【2018年真题】关于中华人民共和国境内用人单位投保工伤保险的说法，正确的是（　　）。

A. 需为本单位全部职工缴纳工伤保险费

B. 只需为与本单位订有书面劳动合同的职工投保

C. 只需为本单位的长期用工缴纳工伤保险费

D. 可以只为本单位危险作业岗位人员投保

【解析】 工伤保险是用人单位为全部职工（事实上形成劳动关系）缴纳的强制性保险，由企业按照职工工资总额的一定比例缴纳，职工个人不缴纳工伤保险费用。

16. 【2017年真题】企业所得税应实行25%的比例税率，但对于符合条件的小型微利企业，应按（　　）的税率征收企业所得税。

A. 5%　　B. 10%　　C. 15%　　D. 20%

【解析】 同第10题。

17. 【2017 年真题】我国城镇土地使用税采用的税率是（　　）。

A. 定额税率　　B. 超率累进税率

C. 幅度税率　　D. 差别比例税率

【解析】 城镇土地使用税采用定额税率。

18. 【2017 年真题】根据《关于工伤保险率问题的通知》，建筑业用人单位缴纳工伤保险费最高可上浮到本行业基准率的（　　）。

A. 130%　　B. 150%　　C. 180%　　D. 200%

【解析】 新教材有变化：房屋建筑、土木工程属于六类，建筑安装、建筑装修属于五类，因而可上浮至 120%、150%，下浮至 80%、50%。

19. 【2016 年真题】建筑工程一切险中，安装工程项目的保险金额为该项目的（　　）。

A. 概算造价　　B. 结算造价

C. 重置价值　　D. 实际价值

【解析】 安装工程项目的保险金额为该项目的重置价值。

20. 【2016 年真题】对建筑工程一切险而言，保险人对（　　）造成的物质损失不承担赔偿责任。

A. 自然灾害　　B. 意外事故

C. 突发事件　　D. 自然磨损

【解析】 本题考查建筑工程一切险的保险责任和除外责任。

其中 A、B、C 三个选项均属于保险责任，选项 D 为除外责任。

21. 【2016 年真题】一般情况下，安装工程一切险承担的风险主要是（　　）。

A. 自然灾害损失　　B. 人为事故损失

C. 社会动乱损失　　D. 设计错误损失

【解析】 建筑工程一切险专保“天灾”，安装工程一切险专保“人祸”。

22. 【2015 年真题】土地增值税实行的税率是（　　）。

A. 差别比例税率　　B. 三级超率累进税率

C. 固定比例税率　　D. 四级超率累进税率

【解析】 同第 11 题。

23. 【2015 年真题】建筑工程一切险种，安装工程项目的保险金额不应超过总保险金额的（　　）。

A. 10%　　B. 20%　　C. 30%　　D. 50%

【解析】 一般所占保额不应超过总保险金额的 20%，超出按安装一切险费率，超 50% 另行投保。

24. 【2015 年真题】根据《关于工伤保险费率问题的通知》，房屋建筑业作为风险较大行业，工伤保险的基准费率应控制在用人单位职工工资总额的（　　）左右。

A. 0.5%　　B. 1.0%　　C. 1.3%　　D. 2.0%

【解析】 房屋建筑业、土木工程建筑业属于六类，对应工伤基准率为 1.3%。

25. 【2014 年真题】根据《工伤保险条例》，公司保险费的缴纳和管理方式是（　　）。

A. 由企业按职工工资总额的一定比例缴纳，存入社会保障基金财政专户

B. 由企业按职工工资总额的一定比例缴纳，存入企业保险基金专户

C. 由企业按当地社会平均工资的一定比例缴纳，存入社会保障基金财政专户

D. 由企业按当地社会平均工资的一定比例缴纳，存入企业保险基金专户

【解析】 工伤保险是由企业按照职工工资总额一定比例缴纳，存入社保基金财政专户。

26. **【2013 年真题】** 某工程投保建筑工程一切险，在工程建设期间发生的下列情况中，应由保险人承担保险责任的是（　　）。

A. 设计错误引起的损失　　B. 施工机械装置失灵造成损坏

C. 工程档案文件损毁　　D. 地面下降下沉造成的损失

【解析】 同第 21 题。

27. **【2013 年真题】** 教育费附加的计税依据是实际缴纳的（　　）税额之和。

A. 增值税、消费税

B. 消费税、营业税、所得税

C. 增值税、营业税、城市维护建设税

D. 消费税、所得税、城市维护建设税

【解析】 新教材变化：教育费附加的计算基数为“增值税、消费税”之和。

28. **【2013 年真题】** 投保施工人员意外伤害险，施工单位与保险公司双方根据各类风险因素商定保险费率，实行（　　）。

A. 差别费率和最低费率　　B. 浮动费率和标准费率

C. 标准费率和最低费率　　D. 差别费率和浮动费率

【解析】 意外伤害险实行差别费率和浮动费率。

29. **【2012 年真题】** 计算房地产开发企业应纳土地增值税时，可以从收入中据实扣除的是（　　）。

A. 开发间接费用　　B. 开发项目有关的管理费用

C. 开发项目有关的财务费用　　D. 开发项目有关的销售费用

【解析】 本题用排除法，管理费、财务费、销售费用三项不能据实扣除，因而排除选项 B、C、D。

30. **【2011 年真题】** 企业发生的年度亏损，在连续（　　）年内可用税前利润弥补。

A. 2　　B. 3　　C. 5　　D. 10

【解析】 弥补以前年度亏损，最多 5 年。

31. **【2011 年真题】** 某投保建筑工程一切险（含第三者责任保险）的工程项目，在保险期限内出现如下情况，其中应由保险人负责赔偿损伤的是（　　）。

A. 两个施工班组的工人打架致伤

B. 施工单位拆除临边防护未及时恢复导致工人摔伤

C. 工人上班时间突发疾病死亡

D. 业主提供的物料因突降冰雹受损

【解析】 同第 21 题。

32. **【2010 年真题】** 下列关于土地增值税的说法中，正确的是（　　）。

A. 国有土地使用权出让，出让方应交土地增值税

B. 国有土地使用权转让，转让方应交土地增值税

C. 房屋买卖，双方不交土地增值税

D. 单位之间交换房地产，双方不交土地增值税

【解析】 土地增值税：转让国有土地及地上建筑物、附属物所得的增值额。

33. 【2010 年真题】下列关于建筑工程一切险赔偿处理的说法中，正确的是（　　）。

A. 被保险人的索赔期限，从损失发生之日起，不得超过 1 年

B. 保险人的赔偿必须采用现金支付方式

C. 保险人对保险财产造成的损失赔付后，保险金额应相应减少

D. 被保险人为减少损失而采取措施所发生的全部费用，保险人应予赔偿

【解析】 选项 A，索赔期限为 2 年。

选项 B，可以有现金支付、修复重置、赔付修理费三种赔偿方式。

选项 D，合理费用可赔偿，但不可超保险金额。

34. 【2010 年真题】对于投保安装工程一切险的工程，保险人应对（　　）承担责任。

A. 因工艺不善引起生产设备损坏的损失

B. 因冰雪造成工地临时设施损坏的损失

C. 因铸造缺陷更换铸件造成的损失

D. 因超负荷烧坏电气用具本身的损失

【解析】 安装工程一切险的保险责任与建筑工程一切险基本相同，主要承担保单列明的除外责任以外的任何自然灾害或意外事故造成的损失及有关费用。

二、多项选择题（每题 2 分。每题的备选项中，有 2 个或 2 个以上符合题意，且至少有 1 个错项。错选，本题不得分；少选，所选的每个选项得 0.5 分）

1. 【2022 年真题】与建筑工程一切险相比，安装工程一切险的特点是（　　）。

A. 保险费率一般高于建筑工程一切险

B. 主要风险为人为事故损失

C. 对设计错误引起的直接损失应赔偿

D. 保险公司一开始就承担着全部货价的风险

E. 由于超荷载使用导致电气设备本身损失不赔偿

【解析】 对设计错误引起的直接损失不赔偿，超荷载使用导致电气设备本身损失要赔偿。

2. 【2021 年真题】对于投保建筑工程一切险的工程项目，下列情形中，保险人不承担赔偿责任的有（　　）。

A. 因台风使工地范围内建筑物损毁

B. 工程停工引起的任何损失

C. 因暴雨引起地面下陷，造成施工用吊车损毁

D. 因恐怖袭击引起的任何损失

E. 工程设计错误引起的损失

【解析】

责任范围	1）在保险期限内，若保险单列明的被保险财产在列明的工地范围内，因发生除外责任之外的任何自然灾害或意外事故造成的物质损失，保险人应负责赔偿 2）上述有关费用包括必要的场地清理费用和专业费用等，也包括被保险人采取施救措施而支出的合理费用

3. 【2019 年真题】关于建筑意外伤害保险的说法，正确的有（　　）。
A. 建筑意外伤害保险以工程项目为投保单位
B. 建筑意外伤害保险应实行记名制投保方式
C. 建筑意外伤害保险实行固定费率
D. 建筑意外伤害保险不只局限于施工现场作业人员
E. 建筑意外伤害保险期间自开工之日起最长不超过五年
【解析】 用排除法做此类题。
选项 B，不记名投保；选项 C，差别/浮动费率；选项 D 还有管理人员。
至少能选对选项 A、选项 E。
4. 【2018 年真题】投保建筑工程一切险时，不能作为保险项目的有（　　）。
A. 现场临时建筑
B. 现场的技术资料、账簿
C. 现场使用的施工机械
D. 领有公共运输执照的车辆
E. 现场在建的分部工程
【解析】 同单项选择题第 12 题。
5. 【2016 年真题】按现行规定，属于契税征收对象的行为有（　　）。
A. 房屋建造
B. 房屋买卖
C. 房屋出租
D. 房屋赠予
E. 房屋交换
【解析】 契税征收对象包括土地及房屋权属的买卖、赠予、交换。
6. 【2015 年真题】教育费附加是以纳税人实际缴纳的（　　）税额之和作为计税依据。
A. 所得税
B. 增值税
C. 消费税
D. 营业税
E. 契税
【解析】 同单项选择题第 27 题。
7. 【2015 年真题】下列施工人员意外伤害保险期限的说法，正确的是（　　）。
A. 保险期限应在施工合同规定的工程竣工之日 24 时止
B. 工程提前竣工的，保险责任自行终止
C. 工程因故延长工期的，保险期限自动延长
D. 保险期限自开工之日起最长不超过五年
E. 保险期内工程停工的，保险人应当承担保险责任
【解析】 意外伤害险保险期限：批准正式开工的次日 0 时至竣工之日 24 时，提前竣工自行终止，因故延长，办理手续且最长不超 5 年，停工期间不承担保险责任。
8. 【2014 年真题】建筑工程一切险种物质损失的除外责任有（　　）。
A. 台风引起水灾的损失
B. 设计错误引起损失
C. 原材料缺陷引起损失
D. 现场火灾造成损失
E. 维修保养发生的费用
【解析】 同单项选择题第 9 题。
9. 【2012 年真题】下列实物项目中，可投保建筑工程一切险的有（　　）。
A. 已完成尚未移交业主的工程

B. 业主采购并已运抵工地范围内的材料

C. 工地范围内施工用的推土机

D. 工地范围内施工用的规范、文件

E. 工程设计文件及有关批复文件

【解析】 同单项选择题第 12 题。

10. 【2011 年真题】计算土地增值税时，允许从房地产转让收入中扣除的项目有（　　）。

A. 取得土地使用权支付的金额　　B. 旧房及建筑物的评估价格

C. 与转让房地产有关的税金　　D. 房地产开发利润

E. 房地产开发成本

【解析】 土地增值税从转让收入中扣除项目包括：土地使用权支付金额、房地产开发成本、房地产开发费用、转让房地产有关税金、旧房评估费用。

三、答案

单项选择题

题号	1	2	3	4	5	6	7	8	9	10
答案	B	A	A	A	C	D	D	B	C	C
题号	11	12	13	14	15	16	17	18	19	20
答案	C	A	A	B	A	D	A	B	C	D
题号	21	22	23	24	25	26	27	28	29	30
答案	B	D	B	C	A	D	A	D	A	C
题号	31	32	33	34	—	—	—	—	—	—
答案	D	B	C	B	—	—	—	—	—	—

多项选择题

题号	1	2	3	4	5	6	7	8	9	10
答案	ABD	BDE	ADE	BD	BDE	BC	ABD	BCE	ABC	ABCE

四、2023 考点预测

1. 增值税税率及计算
2. 附加税的计税依据及税率
3. 建筑工程、安装工程一切险的责任范围和除外责任
4. 工伤保险的适用范围
5. 建筑意外伤害险期限及费率

第六章　工程建设全过程造价管理

第一节　决策阶段造价管理

考点一、工程项目策划
考点二、工程项目经济评价
考点三、工程项目经济评价报表的编制

一、单项选择题（每题1分。每题的备选项中，只有1个最符合题意）

1. 【2022年真题】工程项目策划的首要任务是根据建设意图进行工程项目的（　）。

A. 用途和规模　　B. 性质和用途

C. 定义和定位　　D. 目标和组织

【解析】工程项目策划的首要任务是根据建设意图进行工程项目的定义和定位。

2. 【2022年真题】属于投资现金流量表中现金流出的是（　）。

A. 流动资金　　B. 借款本金偿还

C. 借款利息支付　　D. 固定资产折旧

【解析】选项B、C均为资本金现金流量表中的现金流出，选项D不属于现金流出。

3. 【2021年真题】下列工程项目策划内容中，属于项目实施策划的是（　　）。

A. 项目系统构成策划　　B. 项目定位策划

C. 工程项目的定义　　D. 项目融资策划

【解析】

实施策划	组织策划	政府投资的经营性项目，实行项目法人责任制，组建项目法人 政府投资的非经营性项目，实行代建制
	融资策划	竞争性项目、基础性项目和公益性项目的融资有不同特点，只有通过策划才能确定和选择最佳融资方案
	目标策划	确定项目的质量目标、造价目标和进度目标是工程项目管理的前提，同时，还要兼顾安全和环保目标
	实施过程策划	工程项目实施过程策划视工程项目系统的规模和复杂程度，分层次、分阶段地展开，从总体轮廓性概略策划，到局部实施性详细策划逐步深化

4.【2021年真题】下列工程项目经济评价标准或参数中，用于项目财务分析的是（　　）。

A. 市场利率　　B. 社会折现率

C. 经济净现值　　D. 净收益

【解析】

评价项目	财务分析	经济分析
出发点和目的	企业或投资者角度	国家或地区角度
费用和效益组成	凡是流入或流出项目货币收支均视为企业或投资者的费用和效益	只有当项目的投入或产出能够给国民经济带来贡献时才被当作项目的费用或效益
分析对象	企业或投资人的财务收益和成本	由项目带来的国民收入增值情况
价格尺度	项目的实际货币效果 根据预测的市场交易价格计量项目投入和产出物的价值	对国民经济的贡献 采用体现资源合理有效配置的影子价格计量项目投入和产出物的价值
分析内容和方法	企业成本和效益分析方法	费用和效益分析、成本和效益分析、多目标综合分析方法
评价标准和参数	净利润、财务净现值、市场利率	净收益、经济净现值、社会折现率
时效性不同	随着国家财务制度的变更而变化	按照经济原则进行评价

5.【2021年真题】在投资方案经济效果评价时，下列各项费用中，属于经营成本的是（　　）。

A. 固定资产折旧费　　B. 利息支出

C. 无形资产摊销费　　D. 职工福利费

【解析】 经营成本=总成本费用-折旧费-摊销费-利息支出。

或：经营成本=外购原材料、燃料及动力费+工资及福利费+修理费+其他费用。

6.【2020年真题】对工程进行多方案比选时，比选内容应包括（　　）。

A. 工艺方案与经济效益比选　　B. 技术方案与经济效益比选

C. 技术方案与融资效益比选　　D. 工艺方案与融资效益比选

【解析】 工程项目多方案比选，无论哪一类方案比选，均包括技术方案比选和经济效益比选两个方面。

7.【2020年真题】对非经营性项目进行财务分析时，主要考察的内容是（　　）。

A. 项目静态盈利能力　　B. 项目偿债能力

C. 项目抗风险能力　　D. 项目财务生存能力

【解析】 对于非经营性项目，财务分析应主要分析项目的财务生存能力。

8.【2020年真题】投资方案现金流量表中，可用来考察投资方案融资前的盈利能力，为比较各投资方案建立共同基础的是（　　）。

A. 资本金现金流量表　　B. 投资各方现金流量表

C. 财务计划现金流量表　　D. 投资现金流量表

【解析】 投资现金流量表可考察投资方案融资前的盈利能力，为各个方案进行比较建立共同基础。

9. 【2019 年真题】属于项目实施过程策划内容的是（　　）。

A. 工程项目的定义　　B. 项目建设规模策划

C. 项目合同结构策划　　D. 总体融资方案策划

【解析】 本题要注意区分工程项目实施策划和工程项目实施过程策划。

工程项目策划主要分为工程项目构思策划和工程项目实施策划。

工程项目构思策划包括工程项目的定义、定位和工程项目的系统构成。

工程项目实施策划包括组织策划、融资策划、目标策划、实施过程策划。

选项 A 和选项 B 均属于构思策划，选项 D 属于实施策划中的项目融资策划。

10. 【2019 年真题】下列工程项目经济评价指标中，用于项目经济分析的是（　　）。

A. 社会折现率　　B. 财务净现值

C. 净利润　　D. 市场利率

【解析】 区分财务分析和经济分析评价标准与参数的不同。

财务分析的主要标准和参数是净利润、财务净现值、市场利率。

经济分析的主要标准和参数是净收益、经济净现值、社会折现率。

11. 【2018 年真题】针对政府投资的非经营性项目是否采用代建制的策划，属于工程项目的（　　）策划。

A. 目标　　B. 构思

C. 组织　　D. 控制

【解析】 工程项目实施策划包括组织策划、融资策划、目标策划和实施过程策划。其中组织策划：政府投资经营性项目实行法人责任制，政府投资非经营性项目可以实行代建制。

12. 【2018 年真题】工程项目经济分析中，属于社会与环境分析指标的是（　　）。

A. 就业结构　　B. 收益分配效果

C. 财政收入　　D. 三次产业结构

【解析】 工程项目经济分析中，社会与环境指标主要包括：就业效果指标、收益分配效果指标、资源合理利用指标和环境影响效果指标等。选项 A 和选项 D 属于经济结构指标，选项 C 属于经济总量指标。

13. 【2018 年真题】下列投资方案现金流量表中，用来计算累计盈余资金，分析投资方案财务生存能力的是（　　）。

A. 投资现金流量表　　B. 资本金现金流量表

C. 投资各方现金流量表　　D. 财务计划现金流量表

【解析】 投资方案现金流量表由流入、流出及净现金流量构成，包括投资现金流量表、资本金现金流量表、投资各方现金流量表和财务计划现金流量表。

财务计划现金流量表反映投资方案计算期各年的投资、融资及经营活动的现金流入和流出，用于计算累计盈余资金，分析投资方案的财务生产能力。

14. 【2017 年真题】工程项目经济评价包括财务分析和经济分析，其中财务分析采用的标准和参数是（　　）。

A. 市场利率和净收益　　B. 社会折现率和净收益

C. 市场利率和净利润　　D. 社会折现率和净利润

【解析】 同第10题。

15.【2017年真题】对有营业收入的非经营性项目进行财务分析时，应以营业收入抵补下列支出，①生产经营耗费②偿还借款利息③缴纳流转税④计提折旧和偿还借款本金，补偿顺序为（　　）。

A. ①②③④　　B. ①③②④

C. ③①②④　　D. ①③④②

【解析】 有营业收入的非经营性项目财务分析时，收入补偿费用的顺序：人工、材料等生产经营耗费，缴纳流转税，偿还借款利息，计提折旧和偿还借款本金。

简便记忆——人、材、税、息、折旧、本金。

16.【2016年真题】工程项目策划中，需要通过项目定位策划确定工程项目的（　　）。

A. 系统框架　　B. 系统组成

C. 规格和档次　　D. 用途和性质

【解析】 工程项目策划首要任务是进行工程项目的定义和定位。定义是明确项目的用途和性质，定位是决定工程项目的规格和档次。

17.【2016年真题】下列策划内容中，属于工程项目实施策划的是（　　）。

A. 项目规划策划　　B. 项目功能策划

C. 项目定义策划　　D. 项目目标策划

【解析】 同第9题。

18.【2016年真题】进行工程项目财务评价时，可用于判断项目偿债能力的指标是（　　）。

A. 基准收益率　　B. 财务内部收益率

C. 资产负债率　　D. 项目资本金净利润率

【解析】 本题考查财务评价判断参数有关盈利能力参数和偿债能力参数的区分。

盈利能力指标：财务内部收益率、总投资收益率、项目资本金净利润率。

偿债能力指标：利息备付率、偿债备付率、资产负债率、流动比率、速动比率等。

19.【2016年真题】下列现金流量表中，用来反映投资方案在整个计算期内现金流入和流出的是（　　）。

A. 投资各方现金流量表　　B. 资本金现金流量表

C. 投资现金流量表　　D. 财务计划现金流量表

【解析】 投资现金流量表是以投资方案建设所需的总投资作为计算基础，反映投资方案在整个计算期内现金的流入和流出。

20.【2015年真题】工程项目构思策划需要完成的工作内容是（　　）。

A. 论证项目目标及其相互关系　　B. 比选项目融资方案

C. 描述项目系统的总体功能　　D. 确定项目实施组织

【解析】 工程项目构思策划的主要内容：

① 工程项目的定义（性质、用途和基本内容）。

② 工程项目的定位（规模、水准，地位、作用和影响力）。

③ 工程项目的系统构成（描述系统总体功能，单项、单位工程各自的作用和联系，内外部协调、协作和配套策划思路及方案的可行性分析）。

④ 其他。

21. **【2015 年真题】** 与工程项目财务分析不同，工程项目经济分析的主要标准和参数是（　　）。

A. 净利润和财务净现值　　B. 净收益和经济净现值

C. 净利润和社会折现率　　D. 市场利率和经济净现值

【解析】 同第 10 题。

22. **【2015 年真题】** 经营性项目财务分析可分为融资前分析和融资后分析。关于融资前分析和融资后分析的说法中，正确的是（　　）。

A. 融资前分析应以静态分析为主，动态分析为辅

B. 融资后分析只进行动态分析，不考虑静态分析

C. 融资前分析应以动态分析为主，静态分析为辅

D. 融资后分析只以静态分析，不考虑动态分析

【解析】 任何时刻都是动态为主（考虑资金的时间价值），静态为辅（不考虑资金的时间价值）。

23. **【2015 年真题】** 进行工程项目经济评价，应遵循（　　）权衡的基本原则。

A. 费用与效益　　B. 收益与风险

C. 静态与动态　　D. 效益与公平

【解析】 工程项目经济评价遵循的原则：

①“有无对比”原则。“有无对比”是指“有项目”相对于“无项目”的对比分析。

② 效益与费用计算口径一致原则。

③ 收益与风险权衡原则。

④ 定量与定性分析相结合，以定量分析为主原则。

⑤ 动态分析与静态分析相结合，以动态分析为主原则。

24. **【2014 年真题】** 工程项目策划的首要任务是根据建设意图进行工程项目的（　　）。

A. 定义和定位　　B. 功能分析

C. 方案比选　　D. 经济评价

【解析】 工程项目策划的首要任务是进行项目的定义和定位。

25. **【2014 年真题】** 工程项目经济评价中，财务分析依据的基础数据是根据（　　）确定的。

A. 完全市场竞争下的价格体系

B. 影子价格和影子工资

C. 最优资源配置下的价格体系

D. 现行价格体系

【解析】 财务分析在现行财税制度和市场价格前提下，从项目的角度出发，计算财务效益和费用，分析项目的盈利和清偿能力，评价项目在财务上的可行性。

26. **【2013 年真题】** 在工程项目财务分析和经济分析中，下列关于工程项目投入和产出

物价值计量的说法，正确的是（　　）。

A. 经济分析采用影子价格计量，财务分析采用预测的市场交易价格计量

B. 经济分析采用预测的市场交易价格计量，财务分析采用影子价格计量

C. 经济分析和财务分析均采用预测的市场交易价格计量

D. 经济分析和财务分析均采用影子价格计量

【解析】 本题考查财务分析与经济分析中衡量费用和效益的价格尺度的不同。财务分析采用预测的市场价格，而经济分析采用影子价格。

27. 【2013年真题】下列财务费用中，在投资方案效果分析中通常只考虑（　　）。

A. 汇兑损失　　B. 汇兑收益

C. 相关手续费　　D. 利息支出

【解析】 财务费用包括利息支出（减利息收入）、汇兑损失（减汇兑收益）、手续费等。投资方案经济效果分析中，只考虑利息支出。

28. 【2012年真题】关于财务分析的说法，正确的是（　　）。

A. 融资前财务分析是从息前税后角度进行的分析

B. 融资后财务分析是从息前税前角度进行的分析

C. 融资前财务分析包括盈利能力分析和财务能力分析

D. 融资后财务分析包括盈利能力分析、偿债能力分析和财务生存能力分析

【解析】 ①融资前分析：计算项目投资内部收益率、净现值和静态投资回收期等指标，可以选择计算所得税前指标和（或）所得税后指标。

②融资后分析：考察拟定融资条件下的盈利能力、偿债能力和财务生存能力。

29. 【2010年真题】财务效益与财务费用估算所遵循的“有无对比”原则是指（　　）。

A. 现金流入与流出的界定对等

B. “有生产、全销售、无库存”状态

C. “有项目”和“无项目”状态

D. 有无增值税对比一致状况

【解析】“有无对比”是指有项目和无项目对比分析。

30. 【2009年真题】某项目在某运营年份的总成本费用是8000万元，其中外购原材料、燃料及动力费为4500万元，折旧费为800万元，摊销费为200万元，修理费为500万元；该年建设贷款余额为2000万元，利率为8%，流动资金贷款为3000万元，利率为7%，当年没有任何新增贷款。则当年的经营成本为（　　）万元。

A. 5000　　B. 6130

C. 6630　　D. 6790

【解析】 经营成本＝总成本－折旧费－摊销费－利息支出

＝8000－800－200－(2000×8%＋3000×7%)＝6630（万元）。

二、多项选择题（每题2分。每题的备选项中，有2个或2个以上符合题意，且至少有1个错项。错选，本题不得分；少选，所选的每个选项得0.5分）

1. 【2022年真题】工程项目经济评价的主要标准和参数是（　　）。

A. 市场利率　　B. 净收益
C. 财务净现值　　D. 净利润
E. 社会折现率

【解析】 工程项目经济评价包括财务分析和经济分析。
项目财务分析的主要标准和参数是净利润、财务净现值、市场利率等。
项目经济分析的主要标准和参数是净收益、经济净现值、社会折现率等。

2.【2022 年真题】以下经济效果评价中需要采用费用效益的方法评价的项目有（　　）。

A. 资源开发项目　　B. 外部效果不明显的项目
C. 内部收益率低的项目　　D. 新工艺、新技术的项目
E. 具有垄断性质的项目

【解析】 应进行经济费用效益分析的项目包括：①具有垄断特征的项目；②产出具有公共产品特征的项目；③外部效果显著的项目；④资源开发项目；⑤涉及国家经济安全的项目；⑥受过度行政干预的项目。

3.【2021 年真题】下列财务评价指标中，适用于评价项目偿债能力的指标有（　　）。

A. 流动比率　　B. 资本金净利润率
C. 资产负债率　　D. 财务内部收益率
E. 总投资收益率

【解析】 注意，这考的可不是第四章，前期交代学员看顺序。

偿债能力参数	利息备付率、偿债备付率、资产负债率、流动比率、速动比率的基准值或参考值

4.【2021 年真题】关于工程项目经济评价中财务分析和经济分析区别的说法，正确的有（　　）。

A. 财务分析是从企业或投资人角度，经济分析是从国家或地区角度
B. 财务分析的对象是项目本身的财务收益和成本，经济分析的对象是由项目给企业带来的收入增值
C. 财务分析是用预测的市场价格去计量项目投入和产出物的价值，经济分析是用影子价格计量项目投入和产出物的价值
D. 财务分析主要采用企业成本和效益的分析方法，经济分析主要采用费用和效益等分析方法
E. 财务分析的主要参数用财务净现值等，经济分析的主要参数用经济净现值等

【解析】 同单项选择题第 4 题（注意 D 最好不要选）。

5.【2020 年真题】工程项目经济评价应遵循的基本原则有（　　）。

A. 以财务效率为主　　B. 效益与费用计算口径对应一致
C. 收益与风险权衡　　D. 以量分析为主
E. 以静态分析为主

【解析】 同单项选择题第 23 题。

6.【2019 年真题】投资方案现金流量表中，经营成本的组成项目有（　　）。

A. 折旧费　　B. 摊销费
C. 修理费　　D. 利息支出
E. 外购原材料、燃料及动力费

【解析】 经营成本包括：外购原材料、燃料及动力费+工资及福利费+修理费+其他费用。

经营成本=总成本-折旧费-摊销费-利息支出。

此题用排除法更为简便，排除A、B、D三个选项。

7. 【2018年真题】工程项目多方案比选的内容有（　　）。

A. 选址方案　　B. 规模方案
C. 污染防治措施方案　　D. 投产后经营方案
E. 工艺方案

【解析】 本题属于较偏的归类题。

工程项目多方案比选包括工艺方案比选、规模方案比选、选址方案比选和污染防治措施方案比选等，无论哪一类方案比选，均包括技术方案比选和经济效益比选。

8. 【2017年真题】下列工程项目策划内容中，属于工程项目实施策划的有（　　）。

A. 工程项目组织策划　　B. 工程项目定位策划
C. 工程项目目标策划　　D. 工程项目融资策划
E. 工程项目功能策划

【解析】 同单项选择题第9题。

本题属于常规考点。

选项B属于构思策划中的定位策划、选项E的功能策划也属于构思策划。

9. 【2015年真题】下列工程项目策划内容中，属于工程项目实施策划的有（　　）。

A. 工程项目合同结构　　B. 工程项目建设水准
C. 工程项目目标设定　　D. 工程项目系统构成
E. 工程项目借贷方案

【解析】 同单项选择题第9题。

选项A属于实施过程策划，选项C属于目标策划，选项E属于融资策划，选项B和D属于构思策划。

10. 【2014年真题】下列工程项目策划内容中，属于工程项目构思策划的有（　　）。

A. 工程项目组织系统　　B. 工程项目系统构成
C. 工程项目发包模式　　D. 工程项目建设规模
E. 工程项目融资方案

【解析】 同单项选择题第20题。

11. 【2012年真题】下列财务评价指标中，属于融资前财务分析的指标有（　　）。

A. 项目投资回收期　　B. 项目投资财务净现值
C. 项目资本金财务内部收益率　　D. 项目资本金净利润率
E. 累计盈余资金

【解析】 同单项选择题第28题。

三、答案

单项选择题

题号	1	2	3	4	5	6	7	8	9	10	11
答案	C	A	D	A	D	B	D	D	C	A	C
题号	12	13	14	15	16	17	18	19	20	21	22
答案	B	D	C	B	C	D	C	C	C	B	C
题号	23	24	25	26	27	28	29	30	—	—	—
答案	B	A	D	A	D	D	C	C	—	—	—

多项选择题

题号	1	2	3	4	5	6	7	8	9	10	11
答案	ABCE	AE	AC	ACE	BCD	CE	ABCE	ACD	ACE	BD	AB

四、2023 考点预测

1. 多方案比选的两大区分
2. 财务分析与经济分析的联系与区别
3. 两大投资现金流量表

第二节　设计阶段造价管理

考点一、限额设计
考点二、设计方案评价与优化
考点三、概预算文件审查

一、单项选择题（每题 1 分。每题的备选项中，只有 1 个最符合题意）

1. **【2022 年真题】** 某项目批准的投资估算为 5000 万元，总概算超过（　　）万元时，需要进行技术经济论证，重新上报审批。

A. 5000　　B. 5500

C. 6000　　D. 6500

【解析】 5000×(1+10%)= 5500（万元）。

2. **【2021 年真题】** 关于限额设计目标及其分解的说法，正确的是（　　）。

A. 限额设计目标只包括造价目标

B. 限额设计的造价总目标是初步设计确定的设计概算额

C. 在初步设计前将决策阶段确定的投资额分解为各专业设计造价限额

D. 各专业设计造价限额在任何情况下均不得修改、突破

【解析】 选项 A、D 不能选，选项 B 总目标应该和钱有关系。限额设计的目标包括：造价目标、质量目标、进度目标、安全目标及环保目标。

3. 【2021 年真题】下列施工图预算审查方法中，审查质量高，但审查工作量大、时间相对较长的是（　　）。

A. 对比审查法　　B. 全面审查法

C. 分组计算审查法　　D. 标准预算审查法

【解析】 施工图预算审查的方法

方法	优缺点
全面审查法	优点：逐项审查法，全面细致，审查质量高 缺点：工作量大，时间较长
标准预算审查法	优点：审查时间较短，审查效果好 缺点：应用范围较小
分组计算审查法	优点：可加快工程量审查的速度 缺点：精度较差
对比审查法	优点：审查速度快 缺点：需要丰富的相关工程数据库作为开展工作的基础
筛选审查法	优点：便于掌握，速度较快 缺点：有局限性 适用：住宅工程或不具备全面审查条件的工程项目
重点抽查法	优点：重点突出，时间较短，效果较好 缺点：对审查人员的专业素质要求较高，在审查人员经验不足或了解情况不够的情况下，极易造成判断失误，严重影响审查结论的准确性
利用手册审查法	将工程常用构配件事先整理成预算手册，按手册对照审查
分解对比审查法	将一个单位工程按直接费和间接费进行分解，然后再将直接费按工种和分部工程进行分解，分别与审定的标准预结算进行对比分析

4. 【2020 年真题】进行建设工程限额设计时，评价和优化设计采用的方法为（　　）。

A. 技术经济分析法　　B. 工期成本分析法

C. 全寿命期成本法　　D. 价值指数分析法

【解析】 设计方案评价与优化采用技术经济分析法，即将技术与经济相结合，按照建设工程经济效果，针对不同的设计方案，分析其技术经济指标，从中选出经济效果最优的方案。

5. 【2020 年真题】审查工程设计概算编制深度时，应审查的具体内容是（　　）。

A. 总概算投资是否超过批准投资估算的 10%

B. 是否具有完整的三级设计概算文件

C. 概算所采用的编制方法是否符合相关规定

D. 概算中的设备规格、数量、配置是否符合设计要求

【解析】 对设计概算编制深度的审查内容：

① 审查编制说明。审查设计概算的编制方法、深度和编制依据等重大原则性问题。

② 审查设计概算编制的完整性。对于一般大中型项目的设计概算，审查是否具有完整的编制说明和三级设计概算文件，是否达到规定的深度。

③ 审查设计概算的编制范围。

选项 A、C、D 均属于设计概算主要内容的审查。

6. 【2019 年真题】造价控制目标分解的合理步骤是（　　）。

A. 投资限额—各专业设计人员目标—各专业设计限额

B. 各专业设计限额—各专业设计人员目标—投资限额

C. 各专业设计人员目标—投资限额—各专业设计限额

D. 投资限额—各专业设计限额—各专业设计人员目标

【解析】 本题考查限额设计中的目标分解，总投资分解到各专业再细化到各设计人员。

7. 【2019 年真题】下列施工图预算审查方法中，应用范围相对较小的方法是（　　）。

A. 全面审查法　　B. 标准预算审查法

C. 重点抽查法　　D. 分解对比审查法

【解析】 本题考查预算审查八种方法各自的特点。标准预算审查法利用标准通用图纸因而范围小。

8. 【2018 年真题】审查建设工程设计概算的编制范围时，应审查的内容是（　　）。

A. 各项费用是否符合现行市场价格

B. 是否存在擅自提高费用标准的情况

C. 是否符合国家对于环境治理的要求

D. 是否存在多列或遗漏的取费项目

【解析】 审查设计概算编制范围内容包括：概算和内容是否与批准的工程项目范围一致，各项费用应列的项目是否合法、合规、合标准，取费是否存在多列、遗漏等。

9. 【2017 年真题】施工图预算审查方法中，审查速度快但审查精度较差的是（　　）。

A. 标准预算审查法　　B. 对比审查法

C. 分组计算审查法　　D. 全面审查法

【解析】 本题考查施工图预算审查方法的特点。

分组计算审查法特点是审查速度快但进度较差。

标准预算审查法的特点是应用范围小，对比审查法的特点是需要数据库，全面审查法的特点是质量高，时间长。

10. 【2016 年真题】限额设计需要在投资额度不变的情况下，实现（　　）的目标。

A. 设计方案和施工组织最优化　　B. 总体布局和施工方案最优化

C. 建设规模和投资效益最大化　　D. 使用功能和建设规模最大化

【解析】 限额设计是投资额不变，实现功能、规模的最大化。

11. 【2016 年真题】应用价值工程评价设计方案的首要步骤是进行（　　）。

A. 功能分析　　B. 功能评价

C. 成本分析　　D. 价值分析

【解析】 设计阶段，应用价值工程法评价步骤有：

① 功能分析。

② 功能评价。

③ 计算功能评价系数（F）。

④ 计算成本系数（C）。

⑤ 求出价值系数（V），并对方案进行评价。

12. 【2015 年真题】采用分组计算审查法审查施工图预算的特点是（　）。

A. 可加快审查进度，但审查精度较差

B. 审查质量高，但审查时间较长

C. 应用范围广，但审查工作量大

D. 审查效果好，但应用范围有局限性

【解析】 同第 9 题。

13. 【2014 年真题】限额设计方式中，采用综合费用法评价设计方案的不足是没有考虑（　）。

A. 投资方案全寿命期费用　　B. 建设周期对投资效益的影响

C. 投资方案投产后的使用费　　D. 资金的时间价值

【解析】 综合费用法是没有考虑费用资金时间价值的静态指标，用于周期短，功能、建设标准条件相同或相近的项目。

14. 【2014 年真题】工程设计中运用价值工程的目标是（　）。

A. 降低建设工程全寿命期成本　　B. 提高建设工程价值

C. 增强建设工程功能　　D. 降低建设工程造价

【解析】 价值工程法是功能分析以最低的全寿命期成本实现必要功能，提高产品价值。

15. 【2014 年真题】审查工程设计概算时，总概算投资超过批准投资估算（　）以上的，需重新上报审批。

A. 5%　　B. 8%　　C. 10%　　D. 15%

【解析】 全书多处是 10%，此处为其中 1 次：概算超估算 10% 以上需重新上报审批。要善于总结。

16. 【2013 年真题】审查施工图预算，应首先从审查（　）开始。

A. 定额使用　　B. 工程量

C. 设备材料价格　　D. 人工、机械使用价格

【解析】 施工图预算的审查内容：工程量的计算，定额的使用，人、材、机价格的确定，取费合理性。对施工图预算的审查通常首先从审查工程量开始。

17. 【2012 年真题】首先对单位工程的直接费和间接费进行分解，再按工种和分部工程对直接费进行分解，分别与审定的标准预算进行对比的施工图预算审查法称作（　）。

A. 标准预算审查法　　B. 分组计算审查法

C. 对比审查法　　D. 分解对比审查法

【解析】 考查施工图预算审查八类方法的对比与区分。

看到题干的“分解”“对比”关键字后，直接选择分解对比审查法。

18. 【2009 年真题】对工程量大、结构复杂的工程施工图预算，要求审查时间短、效果

好的审查方法是（　　）。

A. 重点抽查法　　B. 分组计算审查法

C. 对比审查法　　D. 分解对比审查法

【解析】 施工图预算审查方法中的重点抽查法的特点是重点突出，时间较短，效果好，但对审查人员专业素质要求较高。

19. **【2008 年真题】** 拟建工程与已完工程采用同一个施工图，但两者基础部分和现场施工条件不同，则对相同部分的施工图预算，宜采用的审查方法是（　　）。

A. 分组计算审查法　　B. 筛选审查法

C. 对比审查法　　D. 标准预算审查法

【解析】 对比审查法是已完对比拟建，速度快但需要相关数据库。

20. **【2007 年真题】** 设计概算审查的常用方法不包括（　　）。

A. 联合会审法　　B. 概算指标法

C. 查询核实法　　D. 对比分析法

【解析】 设计概算审查方法包括对比分析法，主要问题复核法，查询核实法，分类整理法，联合会审法。

适当的顺口溜有助于记忆——“对猪脸擦粉”。

二、多项选择题（每题 2 分。每题的备选项中，有 2 个或 2 个以上符合题意，且至少有 1 个错项。错选，本题不得分；少选，所选的每个选项得 0.5 分）

1. **【2022 年真题】** 关于设计方案评价中综合费用法的说法正确的是（　　）。

A. 综合费用法常用多因素评价方法

B. 基本出发点在于将建设投资和使用费综合起来考虑

C. 综合费用法是一种动态价值指标评价方法

D. 既考虑费用，也考虑功能和质量

E. 只适用功能和建设条件相同或基本相同的方案

【解析】 综合费用法是一种静态价值指标评价方法，属于单一标法。没有考虑资金的时间价值，只适用于建设周期较短的工程。综合费用法只考虑费用，未能反映功能、质量、安全、环保等方面的差异，因而只有在方案的功能、建设标准等条件相同或基本相同时才能采用。

2. **【2022 年真题】** 工程项目中设计概算的审查方法包括（　　）。

A. 对比分析法　　B. 全面审查法

C. 查询核实法　　D. 分类整理法

E. 联合会审法

【解析】 设计概算的审查方法包括对比分析法、主要问题复核法、查询核实法、分类整理法、联合会审法。

3. **【2020 年真题】** 采用单指标法评价设计方案时，采用的评价方法为（　　）。

A. 重点抽查法　　B. 综合费用法

C. 价值工程法　　D. 分类整理法

E. 全寿命周期法

【解析】 单指标法是以单一指标为基础对建设工程技术方案进行综合分析与评价的方法。常用的有：①综合费用法；②全寿命周期法；③价值工程法。

4. 【2018年真题】关于建设工程限额设计的说法。正确的有（　　）。

A. 限额设计应遵循全寿命期费用最低原则

B. 限额设计的重要依据是批准的投资总额

C. 限额设计时工程使用功能不能减少

D. 限额设计应追求技术经济合理的最佳整体目标

E. 限额设计可分为限额初步设计和限额施工图设计

【解析】 限额设计是投资额不变，实现功能、规模最大化，选项A错误。

限额设计分为目标制定、目标分解、目标推进和成果评价四个阶段。

限额设计包含了三个阶段：投资决策阶段、初步设计阶段和施工图设计阶段。而目标推进阶段又包括“限额初步设计和限额施工图设计”。选项E错误。

5. 【2016年真题】施工图预算的审查内容有（　　）。

A. 工程量计算的正确性　　B. 定额套用的准确性

C. 施工图纸的准确性　　D. 材料价格确定的合理性

E. 相关费用确定的准确性

【解析】 同单项选择题第16题。

6. 【2007年真题】审查施工图预算的重点，应关注（　　）。

A. 预算的编制深度是否适当　　B. 预算单价套用是否正确

C. 设备材料预算价格取定是否合理　　D. 费用标准是否符合现行规定

E. 技术经济指标是否合理

【解析】 同单项选择题第16题。

7. 【2006年真题】施工图预算审查的方法有（　　）。

A. 全面审查法　　B. 重点抽查法

C. 对比审查法　　D. 系数估算审查法

E. 联合会审法

【解析】 施工图预算审查的方法包括全面审查法、标准预算审查法、分组计算审查法、对比审查法、筛选审查法、重点抽查法、利用手册审查法、分解对比审查法。

顺口溜帮助记忆——“全组队重力筛表姐”。

三、答案

单项选择题

题号	1	2	3	4	5	6	7	8	9	10
答案	B	C	B	A	B	D	B	D	C	D
题号	11	12	13	14	15	16	17	18	19	20
答案	A	A	D	B	C	B	D	A	C	B

多项选择题

题号	1	2	3	4	5	6	7
答案	BE	ACDE	BCE	BCD	ABDE	BCD	ABC

四、2023 考点预测

1. 设计方案评价方法
2. 概预算文件的审查内容及审查方法
3. 施工图预算的审查内容及审查方法

第三节　发承包阶段造价管理

考点一、施工招标方式和程序
考点二、施工招标策划
考点三、施工合同示范文本
考点四、施工投标报价策略
考点五、施工评标与授标

一、单项选择题（每题 1 分。每题的备选项中，只有 1 个最符合题意）

1. **【2022 年真题】** 以计日工方式支付的金额应计入（　　）。

A. 暂列金额　　B. 暂估价

C. 预备费用　　D. 变更费用

【解析】 暂列金额包括以计日工方式支付的合同总金额。

2. **【2022 年真题】** 工程经竣工验收合格的，除专用合同条款另有约定外，实际竣工日期为（　　）。

A. 发包人验收合格之日　　B. 承包人提交竣工验收申请之日

C. 履约证书签发之日　　D. 政府质量监督机构认可意见之日

【解析】 除专用合同条款另有约定外，经验收合格工程的实际竣工日期，以提交竣工验收申请报告的日期为准，并在工程接收证书中写明。

3. **【2022 年真题】** 发包人应在（　　）把履约担保退还给承包人。

A. 竣工验收合格 14 天内　　B. 工程接收证书颁发后 28 天内

C. 颁发工程接收证书 28 天内　　D. 收到履约保证书 14 天内

【解析】 建设单位应在工程接收证书颁发后 28 天内将履约担保退还给承包商。

4. **【2021 年真题】** 由于不可抗力事件导致承包人停工损失 5 万元，承包人施工设备损失 6 万元，已运至施工现场的材料损失 4 万元，因工程损害造成的第三者财产损失 3 万元，停工期间应监理人要求承包人照管工程和清理、修复工程费用 8 万元。根据《标准施工招标文件》，应由发包人承担的费用是（　　）万元。

A. 11　　B. 15

C. 20　　D. 26

【解析】 4+3+8=15（万元）。

5. 【2021年真题】根据FIDIC《施工合同条件》提出的专用条件起草原则，不允许专用条件改变通用条件内容的是（　　）。

A. 合同争端的解决方式　　B. 承包人对临时工程应承担的责任

C. （咨询）工程师的权限　　D. 风险与回报分配的平衡

【解析】 专用条件不允许改变通用条件中风险与回报分配的平衡。

6. 【2021年真题】根据《标准设计施工总承包招标文件》，发包人最迟应在监理人收到进度付款申请单后的（　　）天内，将进度应付款支付给承包人。

A. 7　　B. 14

C. 28　　D. 42

【解析】 发包人最迟应在监理人收到进度付款申请单后的28天内，将进度应付款支付给承包人。

7. 【2020年真题】以下计价合同形式中，建设单位容易控制造价，施工单位承担风险大的方式为（　　）。

A. 总价合同　　B. 目标成本加酬金合同

C. 单价合同　　D. 固定成本加酬金合同

【解析】 施工承包单位风险大的计价方式为总价合同。

8. 【2020年真题】根据标注施工招标文件，发包人应进行工期延长，增加费用，并支付合理利润的情形是（　　）。

A. 施工过程中发现文物采取措施

B. 遇到不利物质条件采取措施

C. 发包人提供的基准点有误导致施工方返工

D. 发包人提供的设备不符合合同要求须进行更换

【解析】 发包人应对其提供的测量基准点、基准线和水准点及其书面资料的真实性、准确性和完整性负责。因基准资料错误导致承包人测量放线工作返工或造成工程损失的，发包人应当承担由此增加的费用和（或）工期延误，并向承包人支付合理利润。

9. 【2020年真题】下列投标报价策略中，（　　）属于恰当使用不平衡报价方法。

A. 适当降低早结算项目的报价

B. 适当提高晚结算项目的报价

C. 适当提高预计未来会增加工程量的项目单价

D. 适当提高工程内容说明不清楚的项目单价

【解析】

① 能够早日结算的项目（如前期措施费、基础工程、土石方工程等）可以适当提高报价，以利资金周转，提高资金时间价值。后期工程项目（如设备安装、装饰工程等）的报价可适当降低。故选项A和选项B错误。

② 经过工程量核算，预计今后工程量会增加的项目，适当提高单价，这样在最终结算时可多盈利；而对于将来工程量有可能减少的项目，适当降低单价，这样在工程结算时不会

有太大损失。故选项C正确。

③ 设计图纸不明确、估计修改后工程量要增加的，可以提高单价；而工程内容说明不清楚的，则可降低一些单价，在工程实施阶段通过索赔再寻求提高单价的机会。故选项D错误。

10. **【2020年真题】** 根据《标准施工招标文件》对投标文件进行初步评审时，属于投标文件形式审查的是（　　）。

A. 提交的投标保证金形式是否符合投标须知的规定

B. 投标人是否完全接受招标文件中的合同条款

C. 投标承诺的工期是否满足投标人须知中的要求

D. 投标函是否经法定代表人或其委托代理人签字并加盖单位章

【解析】 投标文件的形式审查。包括：

① 提交的营业执照、资质证书、安全生产许可证是否与投标单位的名称一致。

② 投标函是否经法定代表人或其委托代理人签字并加盖单位章。

③ 投标文件的格式是否符合招标文件的要求。

④ 联合体投标人是否提交了联合体协议书；联合体的成员组成与资格预审的成员组成有无变化；联合体协议书的内容是否与招标文件要求一致。

⑤ 报价的唯一性。不允许投标单位以优惠的方式，提出如果中标可将合同价降低的承诺。这种优惠属于一个投标两个报价。

11. **【2019年真题】** 下列不同计价方式的合同中，施工承包单位承担造价控制风险最小的合同类型是（　　）。

A. 单价合同　　B. 总价合同

C. 成本+浮动费率酬金合同　　D. 成本+固定费率酬金合同

【解析】 百分比酬金和固定酬金相对于施工承包单位风险基本没有，而百分比酬金对建设单位而言造价控制最难。

12. **【2019年真题】** 合同价格的准确数据只有在（　　）后才能确定。

A. 后续工程不再发生变更　　B. 承包人完成缺陷责任期工作

C. 工程审计全部完成　　D. 竣工结算尾款已支付完成

【解析】 合同价格是指承包人按合同约定完成包括缺陷责任期内的全部承包工作后，发包人应付给承包人的金额。

13. **【2019年真题】** 根据《标准设计施工总承包招标文件》，发包人最迟应当在监理人收到进度付款申请单的（　　）天内，将进度应付款支付给承包人。

A. 14　　B. 21　　C. 28　　D. 35

【解析】 进度款普遍14天，唯独此处一个28天特殊。

14. **【2018年真题】** 下列不同计价方式的合同中，施工承包单位风险大，建设单位容易进行造价控制的是（　　）。

A. 单价合同　　B. 成本加浮动酬金合同

C. 总价合同　　D. 成本加百分比酬金合同

【解析】 总价合同对建设单位而言控制造价最容易，而对施工承包单位而言承担风险也最大。

15.【2018 年真题】根据《标准施工招标文件》，合同价格是指（　　）。

A. 合同协议书中写明的合同总金额

B. 合同协议书中写明的不含暂估价的合同总金额

C. 合同协议书中写明的不含暂列金额的合同总金额

D. 承包人完成全部承包工作后的工程结算价格

【解析】 同第 12 题。

16.【2017 年真题】下列不同计价方式的合同中，建设单位最难控制工程造价的是（　　）。

A. 成本加百分比酬金合同　　B. 单价合同

C. 目标成本加奖罚合同　　D. 总价合同

【解析】 同第 11 题。

17.【2017 年真题】关于《标准施工招标文件》（2007 年版）中通用合同条款的说法，正确的是（　　）。

A. 通用合同条款适用于设计和施工同属于一个承包商的施工招标

B. 通用合同条款同时适用于单价合同和总价合同

C. 通用合同条款只适用于单价合同

D. 通用合同条款只适用于总价合同

【解析】 根据《标准施工招标文件》（2007 年版）的规定，通用条款同时适用于单价合同和总价合同。

18.【2017 年真题】根据《标准施工招标文件》，合同双方发生争议采用争议评审的，除专用合同条款另有约定外，争议评审组应在（　　）内做出书面评审意见。

A. 收到争议评审申请报告后 28 天　　B. 收到被申请人答辩报告后 28 天

C. 争议调查会结束后 14 天　　D. 收到合同双方报告后 14 天

【解析】 考查《标准施工招标文件》争议评审组。调查会结束后的 14 天，争议评审组应做出书面评审意见，并说明理由。（争议评审的准备是 28 天，正式处理一般都是 14 天。）

19.【2017 年真题】根据 FIDIC《施工合同条件》，给指定分包商的付款应从（　　）中开支。

A. 暂定金额　　B. 暂估价

C. 分包管理费　　D. 应分摊费用

【解析】 根据 FIDIC《施工合同条件》的规定，因指定分包商和承包商签订分包合同，为防止承包商利益损害，指定分包的付款应从暂定金额内开支。

20.【2016 年真题】根据《标准施工招标文件》（2007 年版），对于施工现场发掘的文物。发包人、监理人和承包人应按要求采取妥善保护措施，由此导致的费用增加应由（　　）承担。

A. 承包人　　B. 发包人

C. 承包人和发包人　　D. 发包人和监理人

【解析】 根据《标准施工招标文件》（2007 年版）的规定，施工场地发掘的化石文物，由此导致的费用增加或工期延误由发包人承担。

21.【2016 年真题】招标人在施工招标文件中规定了暂定金额的分项内容和暂定总价款

时，投标人可采用的报价策略是（　　）。

A. 适当提高暂定金额分项内容的单价　　B. 适当减少暂定金额中的分项工程量

C. 适当降低暂定金额分项内容的单价　　D. 适当增加暂定金额中的分项工程量

【解析】 暂定金额报价策略：

① 规定暂定金额的内容和总价时适当提高暂列金额单价。

② 列出暂定金额项目和数量时常规报价。

③ 只列暂定金额的总金额时照抄。

22. **【2015 年真题】**实际工程量与统计工程量可能有较大出入时，建设单位应采用的合同计价方式是（　　）。

A. 单价合同　　B. 成本加固定酬金合同

C. 总价合同　　D. 成本加浮动酬金合同

【解析】 图纸和清单详细明确采用总价合同；实际与预计工程量出入较大优先选择单价合同；只有初步设计，清单又不明确可以选择单价合同或成本加酬金合同。

23. **【2014 年真题】**对于大型复杂工程项目，施工标段划分较多，对建设单位的影响是（　　）。

A. 有利于工地现场的布置与协调　　B. 有利于得到较为合理的报价

C. 不利于选择有专长的承包单位　　D. 不利于设计图纸的分期供应

【解析】 工程规模大、专业复杂的工程项目，采用施工总承包可减少窝工、返工、索赔风险，报价相对较高。施工标段划分较多，即采用平行承包可得到较为满意的报价，有利于控制工程造价。

24. **【2014 年真题】**对施工承包单位而言，承担风险大的合同计价方式是（　　）方式。

A. 总价　　B. 单价

C. 成本加百分比酬金　　D. 成本加固定酬金

【解析】 同第 14 题。

25. **【2013 年真题】**根据《标准施工招标文件》，由发包人提供的材料由于发包人原因发生交易地点变更的，发包人应承担的责任是（　　）。

A. 由此增加的费用，工期延误

B. 工期延误，但不考虑费用和利润的增加

C. 由此增加的费用和合理利润，但不考虑工期延误

D. 由此增加的费用、工期延误，以及承包商合理利润

【解析】 发包人提供的材料和工程设备的，发包人提前交货只需要赔付费用；材料和工程设备的规格、数量、质量、不符合要求，交货日期延误或地点变更需要赔付费用、工期、利润。

26. **【2012 年真题】**关于标段划分的说法，正确的是（　　）。

A. 越是大型的项目，作为一个整体进行招标越能提高竞争性

B. 标段划分时要考虑项目建设中时间和空间的衔接

C. 一般可将一个项目分解为分部、分项工程进行招标

D. 一个项目是整体招标还是分标段招标对工程投资而言没有影响

【解析】 选项 A，大型项目，划分若干标段。

选项 B，划分标段应考虑交叉干扰，注意空间和时间上的衔接。

选项 C，一般一个项目分解到单位（子单位）工程进行招标。

选项 D，总承包易于管理、便于调配，但大型、复杂项目要求较高不分标，竞争对手的减少会导致报价上涨，得不到合理报价。

27. **【2012 年真题】** 关于缺陷责任与保修责任的说法，正确的是（　　）。

A. 缺陷责任期自合同竣工日期起计算

B. 发包人在使用过程中发现已接收的工程存在新的缺陷的，由发包人自行修复

C. 缺陷责任期最长不超过 3 年

D. 保修期自实际竣工日期起计算

【解析】 缺陷责任期自实际竣工日起计算，最长不超 2 年，修复都是承包商，费用承担责任方。

28. **【2012 年真题】** 关于履行合同中争议的解决，下列做法正确的是（　　）。

A. 在争议提出诉讼后，双方不再通过友好协商解决争议

B. 发生争议后，可提请争议评审组评审

C. 协商不成或不接受争议评审的，可向任一方所在地的仲裁机构申请仲裁

D. 对仲裁决议不服的可向有管辖权的人民法院提起诉讼

【解析】 发承包发生争议的，可以友好协商解决或提请争议评审。友好协商解决不成、不愿提评审或者不接受评审意见的，可在专用条款中约定：①向约定的仲裁委员会申请仲裁；②向有管辖权的人民法院提起诉讼。

29. **【2009 年真题】** 据《标准施工招标文件》（2007 年版），关于缺陷责任期内缺陷的表述正确的是（　　）。

A. 发包人发现已接收使用的工程存在新的缺陷的，发包人应负责

B. 发包人在使用过程中发现已修复的缺陷部位又遭损坏的，承包人负责修复费用

C. 经查验缺陷属承包人原因造成的，应由承包人承担修复费用

D. 经查验缺陷属发包人原因造成的，应由发包人承担修复费用，但不支付承包人相应的合理利润。

【解析】 修复都是承包商，费用承担责任方，发包责任加利润。

30. **【2008 年真题】** 对投标人而言，下列可适当降低报价的情形是（　　）。

A. 总价低的小工程

B. 施工条件好的工程

C. 投标人专业声望较高的工程

D. 不愿承揽又不方便不投标的工程

【解析】 本题用常识分析进行判断。

施工条件好、工作简单、工程量大而其他投标人都可以做的工程，投标单位基于打入某一市场等需要降低投标报价；施工条件差、专业要求高的技术密集型且投标单位在这方面有专长，声望也较高，总价低的小工程，特殊工程，工期要求紧的工程，支付条件不理想的工程，投标对手少的工程可以选择报高价。

31. **【2008 年真题】** 下列建设项目施工招标投标评标定标的表述正确的是（　　）。

A. 若有评标委员会成员拒绝在评标报告上签字同意的，评标报告无效

B. 使用国家融资的项目，招标人不得授权评标委员会直接确定中标人

C. 招标人和中标人只按照中标人的投标文件订立书面合同

D. 合同签订后 5 日内，招标人应当退还中标人和未中标人的投标保证金

【解析】 选项 A，评标委员会成员拒绝在评标报告上签字同意的视为认可评标报告。选项 B，招标人可授权评标委员会确定中标人。

选项 C，依据招标文件和中标人投标文件订立书面合同。

32. **【2007 年真题】**在可供选择的项目的报价条件下，对于技术难度大或其他原因导致的难以实现的规格，投标人可采取的报价策略是（　　）。

A. 报价适当降低，待澄清后再要求提价

B. 采用正常价格报价

C. 避免报高价，以免抬高总报价

D. 有意将报价提高得更多一些

【解析】 同第 30 题。

33. **【2007 年真题】**因暴雨引发山体滑坡，公路交通紧急抢修的项目宜采用（　　）。

A. 总价合同　　B. 固定单价合同

C. 可调单价合同　　D. 成本加酬金合同

【解析】 紧急抢险救灾适宜采用成本加酬金合同。

34. **【2006 年真题】**经评审的最低投标价法主要适用于（　　）。

A. 项目工程内容及技术经济指标未确定的项目

B. 后续费用较高的项目

C. 招标人对其技术、性能没有特殊要求的项目

D. 风险较大的项目

【解析】 通用技术、性能一般、无特殊要求宜选用最低投标价法，不适宜最低投标价则用综合评估法。

35. **【2005 年真题】**对于工程范围不很明确，条款不清楚或很不公正，或技术规范要求过于苛刻的招标文件，投标者采用的投标策略是（　　）。

A. 根据招标项目的不同特点采用不同报价

B. 可供选择项目的报价

C. 多方案报价

D. 增加建议方案

【解析】 不清楚、不公正、对技术规范要求过于苛刻的招标文件，为了降低风险可以采用多方案报价。

二、多项选择题（每题 2 分。每题的备选项中，有 2 个或 2 个以上符合题意，且至少有 1 个错项。错选，本题不得分；少选，所选的每个选项得 0.5 分）

1. **【2021 年真题】**下列导致承包人工期延长和费用增加的情形中，根据《标准施工招标文件》中的通用合同条款，发包人应延长工期和（或）增加费用，但不支付承包人利润的有（　　）。

A. 发包人提供图纸延误

B. 施工中遇到了难以预料的不利物质条件

C. 在施工场地发现文物

D. 发包人提供的基准资料错误

E. 发包人引起的暂停施工

【解析】

不利物质条件	1）承包人遇到不利物质条件时，应采取适应不利物质条件的合理措施继续施工，并及时通知监理人 2）监理人应当及时发出指示，指示构成变更的，按合同约定的变更办理 3）监理人没有发出指示的，承包人因采取合理措施而增加的费用和（或）工期延误，由发包人承担
化石、文物	1）其他遗迹、化石、钱币或物品属于国家所有 2）一旦发现上述文物，承包人应采取有效合理的保护措施，防止任何人员移动或损坏上述物品，并立即报告当地文物行政部门，同时通知监理人 3）发包人、监理人和承包人应按文物行政部门的要求采取妥善的保护措施，由此导致的费用增加和（或）工期延误由发包人承担

2. **【2019年真题】**下列适合采用成本加酬金合同的有（　　）。

A. 已完成施工图审查的单体住宅工程

B. 设计深度不够，工程量清单不够明确的工程项目

C. 施工图纸和工程量清单详细而明确

D. 施工工期紧迫的紧急工程（如灾后恢复工程等）

E. 采用新技术、新工艺的项目

【解析】 根据项目的特征、设计深度、紧急程度，工程量是否准确确认等进行分析。判断准则——风险大。

3. **【2018年真题】**根据FIDIC《施工合同条件》关于争端裁决委员会（DAB）及其解决争端的说法，正确的有（　　）。

A. DAB由1人或3人组成

B. DAB在收到书面报告后84天内裁决争端且不需说明理由

C. 合同一方对DAB裁决不满时，应在收到裁决后14天内发出表示不满的通知

D. 合同双方在未通过友好协商或仲裁改变DAB裁决之前应当执行DAB裁决

E. 合同双方没有发出表示不满DAB裁决的通知的，DAB裁决对双方有约束力

【解析】 根据FIDIC《施工合同条件》规定，争端裁决委员会（DAB）由合同双方共同设立，DAB由1人或3人组成，若为3人，双方共同确定第三位成员作为主席。DAB成员的酬金双方各支付一半，故选项A正确。

DAB在收到书面报告后的84天内对争端做出裁决并说明理由。故选项B错误。

如果合同一方对DAB裁决不满，应在收到裁决后的28天内向合同对方发出表示不满的通知，故选项C错误。

DAB的裁决做出后，在未通过友好解决或仲裁改变裁决之前，双方应当执行该裁决，故选项D正确。

如果双方接受DAB的裁决，或者没有按规定发出表示不满的通知，则该裁决将作为最终的决定并对合同双方均具有约束力，故选项E正确。

4.【2017 年真题】根据《标准施工招标文件》中的合同条款，需要由承包人承担的有（　　）。

A. 承包人协助监理人使用施工控制网所发生的费用

B. 承包人车辆外出行驶所发生的场外公共道路通行费用

C. 发包人提供的测量基准点有误导致承包人测量放线返工所发生的费用

D. 监理人剥离检查已覆盖合格隐蔽工程所发生的费用

E. 承包人修建临时设施需要临时占地所发生的费用

【解析】 选项 A，监理使用控制网，承包人应协助，发包人不再付费。

选项 C，应由发包人承担，还可以索赔工期和利润。

选项 D，重新剥离检查，结果合格，由发包人承担费用。

选项 E，临时设施占地手续费发包人承担。

5.【2016 年真题】关于施工标段划分的说法，正确的有（　　）。

A. 标段划分多，业主协调工作量小

B. 承包单位管理能力强，标段划分宜多

C. 业主管理能力有限，标段划分宜少

D. 标段划分少，会减少投标者数量

E. 标段划分多，有利于施工现场布置

【解析】 标段划分得多，那么施工单位数量多，业主的协调量大，不利于现场的布置。

承包单位的管理能力强，划分的标段宜少，发挥其能力。

标段划分的少则要求的投标单位的能力强，导致投标单位的数量少，竞争也小。

6.【2015 年真题】根据《标准施工招标文件》中的合同条款，签约合同价包含的内容有（　　）。

A. 变更价款　　B. 暂列金额

C. 索赔费用　　D. 结算价款

E. 暂估价

【解析】 签约合同价：协议书中包括暂列金额、暂估价的合同总金额。

7.【2015 年真题】根据 FIDIC《施工合同条件》的规定，关于争端裁决委员会（DAB）及其裁决的说法，正确的有（　　）。

A. DAB 须由 3 人组成

B. 合同双方共同确定 DAB 主席

C. DAB 成员的酬金由合同双方各支付一半

D. 合同当事人有权不接受 DAB 的裁决

E. 合同双方对 DAB 的约定排除了合同仲裁的可能性

【解析】 同第 3 题。

8.【2013 年真题】下列工程项目中，不宜采用固定总价合同的有（　　）。

A. 建设规模大且技术复杂的工程项目

B. 设计图纸和工程量清单详细而明确的项目

C. 施工中有较大部分采用新技术，且施工单位缺乏经验的项目

D. 施工工期紧的紧急工程项目

E. 承担风险不大，各项费用易于准确估算的项目

【解析】 规模大且技术复杂，风险较大，费用不易估算，不宜采用固定总价合同（风险大）。

9.【2012 年真题】对于某些非常紧急的抢险救灾项目，给予发包人和承包人的准备时间很短，宜采用的合同形式有（　　）。

A. 可调单价合同　　B. 可调总价合同

C. 成本加固定费用合同　　D. 成本加奖金合同

E. 工时及材料补偿合同

【解析】 紧急抢险救灾适宜采用成本加酬金合同。

10.【2011 年真题】根据《标准施工招标文件》，关于材料和工程设备验收的说法中，正确的有（　　）。

A. 对承包人提供的材料，监理人应单独进行检验和交货验收

B. 监理人应进行材料的抽样检验，所需费用由承包人承担

C. 对发包人提供的材料和工程设备，监理人应在到货 7 天前通知承包人验收

D. 发包人提供的材料和工程设备验收后，一般由承包人负责保管

E. 运入施工场地的材料和工程设备，未经监理人同意，承包人不得运出施工场地或挪作他用

【解析】 承包人采购的材料和工程设备，由承包人会同监理检验验收，发包人采购的材料和工程设备，提前交货的承包人不得拒绝，但发包人要支付一定费用。

11.【2010 年真题】根据《标准施工招标文件》，下列因不可抗力而发生的费用或损失中，应由发包人承担的有（　　）。

A. 承包人的人员伤亡相关费用

B. 已运至施工场地的材料和工程设备的损害

C. 因工程损害造成的第三者财产损失

D. 承包人设备的损害

E. 承包人应监理人要求在停工期间照管工程的人工费用

【解析】 根据《标准施工招标文件》（2007 年版）的规定，不可抗力发生后，除合同条款另有约定外，不可抗力导致的人员伤亡、财产损失、费用增加和（或）工期延误等后果，由合同双方按以下原则承担：

① 永久工程，包括已运至施工场地的材料和工程设备的损害，以及因工程损害造成的第三者人员伤亡和财产损失由发包人承担。

② 承包人设备的损坏由承包人承担。

③ 发包人和承包人各自承担其人员伤亡和其他财产损失及相关费用。

④ 承包人的停工损失由承包人承担，但停工期间应监理人要求照管工程和清理、修复工程的金额由发包人承担。

⑤ 不能按期竣工的，应合理延长工期，承包人不需支付逾期竣工违约金。发包人要求赶工的，承包人应采取赶工措施，赶工费用由发包人承担。

12.【2009 年真题】根据《标准施工招标文件》通用合同条款，下列关于争议评审程序的表述中，正确的有（　　）。

A. 由申请人向被申请人提交评审申请报告的同时将报告副本提交争议评审组和监理人

B. 被申请人在收到争议评审组通知后 28 天内，向争议评审组提交答辩报告

C. 被申请人将答辩报告副本同时提交申请人和监理人

D. 争议评审组在收到合同双方报告后 14 天内，邀请双方代表及有关人员举行调查会

E. 调查会结束后 14 天内，争议评审组独立、公正做出书面评审意见

【解析】 根据《标准施工招标文件》（2007 年版）的规定，采用争议评审的，发包人和承包人应在开工后的 28 天内或发生争议后，协商成立争议评审组。

申请人向争议评审组提交一份详细的评审申请报告，并附必要的文件、图纸和证明材料，申请人还应将上述报告的副本同时提交给被申请人和监理人。故选项 A 错误。

被申请人在收到申请人评审申请报告副本后的 28 天内，向争议评审组提交一份答辩报告，并附证明材料。被申请人将答辩报告的副本同时提交给申请人和监理。故选项 B 错误，选项 C 正确。

除专用合同条款另有约定外，争议评审组在收到合同双方报告后 14 天内，邀请双方代表和有关人员举行调查会，向双方调查争议细节；必要时争议评审组可要求双方进一步提供补充材料。故选项 D 正确。

在调查会结束后的 14 天内，争议评审组应在不受任何干扰的情况下进行独立、公正的评审，做出书面评审意见，并说明理由。故选项 E 正确。

三、答案

单项选择题

题号	1	2	3	4	5	6	7	8	9	10
答案	A	B	B	B	D	C	A	C	C	D
题号	11	12	13	14	15	16	17	18	19	20
答案	D	B	C	C	D	A	B	C	A	B
题号	21	22	23	24	25	26	27	28	29	30
答案	A	A	B	A	D	B	D	B	C	B
题号	31	32	33	34	35	—	—	—	—	—
答案	D	D	D	C	C	—	—	—	—	—

多项选择题

题号	1	2	3	4	5	6
答案	BC	BDE	ADE	AB	CD	BE
题号	7	8	9	10	11	12
答案	BCD	ACD	CDE	BDE	BCE	CDE

四、2023考点预测

1. 不同计价方式合同的比较
2. 《标准施工招标文件》(2007年版)中的合同条款
3. 《标准设计施工总承包招标文件》中的合同条款
4. 施工投标报价策略

第四节 施工阶段造价管理

考点一、资金使用计划的编制
考点二、施工成本管理
考点三、工程变更与索赔管理
考点四、工程费用动态监控

一、单项选择题(每题1分。每题的备选项中,只有1个最符合题意)

1. **【2022年真题】** 根据《标准施工招标文件》,在评标时,两家投标单位经评审的投标价格相等时,应优先考虑( )。

A. 技术标准高　　B. 资质等级高
C. 投标价格低　　D. 有优惠条件

【解析】 评标委员会按照经评审的投标价由低到高的顺序推荐中标候选人,或根据招标单位授权直接确定中标单位。经评审的投标价相等时,投标报价低的优先。

2. **【2022年真题】** 在工程资金使用的"香蕉图"分络线中,实际投资支出线越靠近下方曲线的,则越有利于( )。

A. 风险防控能力　　B. 降低工程造价
C. 保证按期竣工　　D. 降低贷款利息

【解析】 所有工作都按最迟开始时间开始,对节约建设单位的建设资金贷款利息是有利的,但降低了按期竣工的保证。

3. **【2022年真题】** 成本控制中用于分析项目虚盈或虚亏的方法是( )。

A. 成本分析法　　B. 工期-成本同步分析法
C. 挣值分析法　　D. 价值工程法

【解析】 成本控制中作分析项目虚盈或虚亏的方法是工期-成本同步分析法。

4. **【2022年真题】** 某项目固定资产原值100万元,残值率8%,共5000个台班,求每个台班折旧额为( )元。

A. 184　　B. 200
C. 216　　D. 217

【解析】 1000000/5000=200(元/台班),200×(1−8%)=184(元/台班)。

5. **【2022年真题】** 某拟建项目预算费用2000万元,已完工程预算费用2100万元,已完工程实际费用2050万。以下说法正确的是( )。

A. 费用超支，进度滞后　　B. 费用超支，进度提前

C. 费用节支，进度超前　　D. 费用节支，进度滞后

【解析】 费用偏差（CV）= 2100-2050 = 50（万元），费用节支；进度偏差（SV）= 2100-2000 = 100（万元），进度超前。

6.【2021 年真题】施工承包单位采用目标利润法编制施工成本计划时，项目实施中所能支出的最大限额为合同标价扣除（　　）后的余额。

A. 预期利润、税金

B. 税金、应上缴的管理费

C. 预期利润、税金、全部管理费

D. 预期利润、税金、应上缴的管理费

【解析】 在采用正确的投标策略和方法以最理想的合同价中标后，从标价中扣除预期利润、税金、应上缴的管理费等之后的余额即为工程项目实施中所能支出的最大限额。

7.【2021 年真题】根据《标准施工招标文件》，施工承包单位认为有权得到追加付款和延长工期的，应在规定时间内首先向监理人递交的文件是（　　）。

A. 索赔意向通知书　　B. 索赔工作联系单

C. 索赔通知书　　D. 索赔报告

【解析】

施工承包单位的索赔程序	1）施工承包单位应在知道或应当知道索赔事件发生后 28 天内，向监理人递交索赔意向通知书，并说明发生索赔事件的事由。施工承包单位未在前述 28 天内发出索赔意向通知书的，丧失要求追加付款和（或）延长工期的权利 2）施工承包单位应在发出索赔意向通知书后 28 天内，向监理人正式递交索赔通知书。索赔通知书应详细说明索赔理由以及要求追加的付款金额和（或）延长的工期，并附必要的记录和证明材料 3）索赔事件具有连续影响的，施工承包单位应按合理时间间隔继续递交延续索赔通知，说明连续影响的实际情况和记录，列出累计的追加付款金额和（或）工期延长天数。在索赔事件影响结束后的 28 天内，施工承包单位应向监理人递交最终索赔通知书，说明最终要求索赔的追加付款金额和延长的工期，并附必要的记录和证明材料

8.【2021 年真题】某工程施工至 2020 年 10 月底，经统计分析得：已完工程计划费用为 2000 万元，已完工程实际费用为 2300 万元，拟完工程计划费用为 1800 万元。该工程此时的费用绩效指数为（　　）。

A. 0.87　　B. 0.90

C. 1.11　　D. 1.15

【解析】 2000/2300 = 0.87。

9.【2021 年真题】下列引起工程费用偏差的情形中，属于施工单位原因的是（　　）。

A. 设计标准变更

B. 增加工程内容

C. 施工进度安排不当

D. 建设手续不健全

【解析】

偏差产生的原因	1）客观原因：包括人工费涨价、材料涨价、设备涨价、利率及汇率变化、自然因素、地基因素、交通原因、社会原因、法规变化等 2）建设单位原因：包括增加工程内容、投资规划不当、组织不落实、建设手续不健全、未按时付款、协调出现问题等 3）设计原因：设计错误或漏项、设计标准变更、设计保守、图纸提供不及时、结构变更等 4）施工原因：施工组织设计不合理、质量事故、进度安排不当、施工技术措施不当、与外单位关系协调不当等

10.【2020 年真题】某固定资产原价 50000 元，预计净残值 500 元，使用年限 5 年，采用双倍余额递减法计算折旧时，第三年折旧额为（　　）元。

A. 7128　　B. 7200　　C. 9900　　D. 10000

【解析】 年折旧率 = 2/5 = 40%。

第一年折旧额 = 50000×40% = 20000（元）。

第二年折旧额 =（50000−20000）×40% = 12000（元）。

第三年折旧额 =（50000−32000）×40% = 7200（元）。

第四年和第五年折旧额 =（50000−39200−500）/2 = 5150（元）。

11.【2020 年真题】采用挣值分析法，动态监控工程进度和费用时，若在某一时点计算得到费用绩效指数大于 1，进度绩效指数小于 1，则表明该工程当前的实际状态是（　　）。

A. 费用节约，进度提前　　B. 费用超支，进度拖后

C. 费用节约，进度拖后　　D. 费用超支，进度超前。

【解析】 *CIP*>1，表示实际费用节约；*SPI*<1，表示实际进度拖后。

12.【2019 年真题】按工程进度编制施工阶段资金使用计划，首先要进行的工作是（　　）。

A. 计算单位时间的资金支出目标

B. 编制工程施工进度计划

C. 编制资金使用时间进度计划的 S 曲线

D. 计算规定时间内的累计资金支出额

【解析】 按工程进度编制资金使用计划的步骤是：

① 编制工程施工进度计划。

② 计算单位时间的资金支出目标。

③ 计算规定时间内的累计资金支出额。

④ 绘制资金使用时间进度计划的 S 曲线。

13.【2019 年真题】施工项目经理部成本核算账务体系应以（　　）为对象。

A. 单项工程　　B. 单位工程

C. 工程项目　　D. 分部工程

【解析】 项目经理部成本核算以“单位工程”为对象。

14.【2019 年真题】工程施工过程中，对于施工承包单位要求的工程变更，施工承包单

位提出的程序是（　　）。

A. 向建设单位提出书面变更请求，阐明变更理由

B. 向设计单位提出书面变更请求，并附变更图纸

C. 向监理人提出书面变更通知，并附变更详情

D. 向监理人提出书面变更建议，阐明变更依据

【解析】 一般施工单位向监理提建议说依据并附图纸说明。

15. **【2018 年真题】**下列施工成本管理方法中，能预测在建工程尚需成本数额，为后续工程施工成本和进度控制指明方向的方法是（　　）。

A. 工期—成本同步分析法　　B. 价值工程法

C. 挣值分析法　　D. 因素分析法

【解析】 挣值分析法是对工程项目成本/进度进行综合控制的一种分析方法，分析偏差计算成本，为寻求降低成本挖潜途径指明方向。

16. **【2018 年真题】**某项固定资产原值为 5 万元，预计使用年限为 6 年，净残值为 2000 元，采用年数总和法进行折旧时，第 3 年折旧额为（　　）元。

A. 6857　　B. 8000　　C. 9143　　D. 9520

【解析】 年数总和为 6+5+4+3+2+1=21（年），第 3 年折旧额为(50000−2000)×(4/21)=9143（元）。

17. **【2018 年真题】**某工程施工至月底时的情况为：已完工程量 120m，实际单价 8000 元/m，计划工程量 100m，计划单价 7500 元/m。则该工程在当月底的费用偏差为（　　）。

A. 超支 6 万元　　B. 节约 6 万元

C. 超支 15 万元　　D. 节约 15 万元

【解析】 费用偏差(CV)=已完预算($BCWP$)−已完实际($ACWP$)

=已完工程×(预算单价−实际单价)

=120×(7500−8000)=−60000（元），超支 6 万元。

18. **【2017 年真题】**某固定资产原价为 10000 元，预计净残值为 1000 元，预计使用年限为 4 年，采用年数总和法进行折旧，则第 4 年的折旧额为（　　）元。

A. 2250　　B. 1800　　C. 1500　　D. 900

【解析】 年数总和为 1+2+3+4=10（年），第 4 年折旧额为(10000−1000)×(1/10)=900（元）。

19. **【2017 年真题】**下列施工成本考核指标中，属于施工企业对项目成本考核的是（　　）。

A. 项目施工成本降低率　　B. 目标总成本降低率

C. 施工责任目标成本实际降低率　　D. 施工计划成本实际降低率

【解析】 成本考核指标中包括企业的项目成本考核指标，以及项目经理部可控责任成本考核指标。

企业就是简单的项目成本降低额和项目成本降低率，而考核项目经理部则有修饰定语，如："总""责任""计划"等字样。

20. **【2017 年真题】**某工程施工至 2016 年 12 月底，已完工程计划用 2000 万元，拟完工程计划费用 2500 万元，已完工程实际费用为 1800 万元，则此时该工程的费用绩效指数

CPI 为（　　）。

A. 0.8　　B. 0.9　　C. 1.11　　D. 1.25

【解析】 $CPI=BCWP/ACWP=2000/1800=1.11$。

21. 【2017年真题】下列偏差分析方法中，既可分析费用偏差，又可分析进度偏差的是（　　）。

A. 时标网络图和曲线法　　B. 曲线法和控制图法

C. 排列图法和时标网络图法　　D. 控制图法和表格法

【解析】 本题考查偏差分析各种方法的特点、适用。

常用的偏差分析方法有横道图法、时标网络图法、表格法和曲线法，其中横道图法、时标网络图法以及曲线图法可以分析进度和费用偏差。

22. 【2016年真题】采用目标利润法编制成本计划时，目标成本的计算方法是从（　　）中扣除目标利润。

A. 概算价格　　B. 预算价格

C. 合同价格　　D. 结算价格

【解析】 合同价−目标利润=目标成本。

23. 【2016年真题】按工期—成本同步分析法，造成工程项目实施中出现虚盈现象的原因是（　　）。

A. 实际成本开支小于计划，实际施工进度落后计划

B. 实际成本开支等于计划，实际施工进度落后计划

C. 实际成本开支大于计划，实际施工进度等于计划

D. 实际成本开支小于计划，实际施工进度等于计划

【解析】 虚盈：实际开支小，但实际进度也落后。

虚亏：实际开支大，但实际进度也提前。

24. 【2016年真题】某工程施工至某月底，经统计分析得，已完工程计划费用为1800万元，已完工程实际费用为2200万元，拟完工程计划费用为1900万元，则该工程此时的进度偏差是（　　）万元。

A. −100　　B. −200　　C. −300　　D. −400

【解析】 进度偏差（*SV*）= 已完计划（*BCWP*）− 拟完计划（*BCWS*）= 1800 − 1900 = −100（万元）。

25. 【2015年真题】下列施工成本管理方法中，可用于施工成本分析的是（　　）。

A. 技术进步法　　B. 因素分析法

C. 定率估算法　　D. 净值分析法

【解析】 成本分析的方法有比较法、因素分析法（连环置换法）、差额计算法、比率法。

技术进步法和定率估算法是成本计划的方法，净值分析法是成本控制的方法。

26. 【2014年真题】施工成本核算中，固定资产折旧的起算时间和计提方式分别是固定资产投入使用的（　　）。

A. 当月起，按月计提　　B. 次月起，按月计提

C. 当月起，按年计提　　D. 次月起，按年计提

【解析】 固定资产折旧从固定资产投入的次月起，按月计提折旧。固定资产停止使用，从停用月份的次月起，停止计提折旧。

27. **【2014 年真题】**某工程施工至 2014 年 7 月底，已完工程计划费用（*BCWP*）为 600 万元，已完工程实际费用（*ACWP*）为 800 万元，拟完工程计划费用（*BCWS*）为 700 万元，则该工程此时的偏差情况是（　　）。

A. 费用节约，进度提前　　B. 费用超支，进度拖后

C. 费用节约，进度拖后　　D. 费用超支，进度提前

【解析】 偏差表示方法：

CV=已完计划($BCWP$)−已完实际($ACWP$)=600−800=−200<0 时，说明费用超支。

SV=已完计划($BCWP$)−拟完计划($BCWS$)=600−700=−100<0 时，说明进度拖后。

28. **【2014 年真题】**下列可导致承包商索赔的原因中，属于业主方违约的是（　　）。

A. 业主指令增加工程量　　B. 业主要求提高设计标准

C. 监理人不按时组织验收　　D. 材料价格大幅度上涨

【解析】 业主方违约主要包括提供的资料、图纸、指令、答复等不及时，指令错误，协调不力等。选项 A 和 B 为合同变更，选项 D 为工程环境变化。

29. **【2013 年真题】**按工程进度绘制的资金使用计划 S 曲线必然包括在“香蕉图”内，该“香蕉图”是由工程网络计划中全部工程分别按（　　）绘制的两条 S 曲线组成。

A. 最早开始时间（ES）开始和最早完成时间（EF）完成

B. 最早开始时间（ES）开始和最迟开始时间（LS）完成

C. 最迟开始时间（LS）开始和最早完成时间（EF）完成

D. 最迟开始时间（LS）开始和最迟完成时间（LF）完成

【解析】 “香蕉图”是全部工作均按照最早开始时间（ES）开始和最迟开始时间（LS）开始的两条曲线。

30. **【2013 年真题】**关于施工成本管理各项工作之间关系的说法，正确的是（　　）。

A. 成本计划能对成本控制的实施进行监督

B. 成本核算是成本计划的基础

C. 成本核算是实现成本目标的保证

D. 成本分析为成本考核提供依据

【解析】 成本预测是成本计划的基础，成本计划是开展成本控制和核算的基础，成本控制能对成本计划的实施进行监督，成本核算又是成本计划是否实现的最后检查。

记住施工成本管理的流程——“预计控核分考”，前是后的依据和基础，后是前的监督。

31. **【2013 年真题】**根据《标准施工招标文件》，由施工承包单位提出的索赔程序得到了处理，且施工单位接受索赔处理结果的，建设单位应在做出索赔处理答复后（　　）天内完成赔付。

A. 14　　B. 21　　C. 28　　D. 42

【解析】 索赔一般都选 28 天，只有监理收到资料后 42 天答复。

32. **【2013 年真题】**在工程费用监控过程中，明确费用控制人员的任务和职责分工，改善费用控制工作流程等措施，属于费用偏差纠正的是（　　）。

A. 合同措施　　B. 技术措施

C. 经济措施　　　　　　　　　　　　　　D. 组织措施

【解析】 组织措施主要与人员的任务、职责分工、工作流程有关，经济措施主要指审核工程量和签发支付证书，技术措施包括技术方案、技术分析、技术改正，合同措施主要指索赔管理。

33. 【2012 年真题】下列方法中，可用于编制工程项目成本计划的是（　　）。

A. 挣值分析法　　　　　　　　　　　　B. 目标利润法

C. 工期-成本同步分析法　　　　　　　D. 成本分析表法

【解析】 成本计划的编制方法：目标利润法、技术进步法、按实计算法、定率估算法（历史资料法）。选项 A、C、D 均属于成本控制的方法。

34. 【2012 年真题】各年折旧基数不变但折旧率逐年递减的固定资产折旧方法是（　　）。

A. 平均年限法　　　　　　　　　　　　B. 工作量法

C. 双倍余额递减法　　　　　　　　　　D. 年数总和法

【解析】 折旧四大方法：平均年限法、工作量法、双倍余额递减法和年数总和法，其中后两种为加速计提折旧。

折旧率逐年递减的是年数总和法，折旧率相同的是平均年限法和双倍余额递减法。

35. 【2012 年真题】某工程计划外购商品混凝土 3000m^3，计划单价为 420 元/m^3，实际采购 3100m^3，实际单价为 450 元/m^3，则由于采购量增加而使外购商品混凝土成本增加（　　）万元。

A. 4.2　　　　B. 4.5　　　　C. 9.0　　　　D. 9.3

【解析】 采用因素分析法或差额计算法计算：

计算顺序	计划量/m^3	计划单价/(元/m^3)	混凝土成本/元	差异数/元	差异原因
计划数	3000	420	1260000		
第一次代替	3100	420	1302000	42000	由于采购量的增加
第二次代替	3100	450	1395000	93000	由于价格增加
合计				135000	

差额计算法中采购量的增加对成本的影响：(3100−3000)×420＝42000（元），即增加 4.2 万元。

36. 【2012 年真题】关于工程变更的说法，正确的是（　　）。

A. 监理人要求承包人改变已批准的施工工艺或顺序不属于变更

B. 发包人通过变更取消某项工作从而转由他人实施

C. 监理人要求承包人为完成工程需要追加的额外工作不属于变更

D. 承包人不能全面落实变更指令而扩大的损失由承包人承担

【解析】 根据《标准施工招标文件》（2007 年版）的规定，工程变更包括以下五个方面：

① 取消合同中任何一项工作，但被取消的工作不能转由建设单位或其他单位实施。

② 改变合同中任何一项工作的质量或其他特征。

③ 改变合同工程的基线、标高、位置或尺寸。

④ 改变合同中任何一项工作的施工时间或改变批准的施工工艺或顺序。

⑤ 为完成工程需要追加的额外工作。

37. **【2011 年真题】** 某公司 2011 年 3 月份新购入一项固定资产，4 月份安装调试完成，5 月份投入使用。该项固定资产应从当年（　　）月份开始计提折旧。

A. 3　　B. 4　　C. 5　　D. 6

【解析】 同第 26 题。

38. **【2011 年真题】** 下列引起投资偏差的原因中，属于业主原因的是（　　）。

A. 结构变更　　B. 地基因素

C. 进度安排不当　　D. 投资规划不当

【解析】 选项 A 属于设计原因，选项 B 属于客观原因，选项 C 属于施工原因。

39. **【2011 年真题】** 关于投资偏差分析的说法中，错误的是（　　）。

A. 累计偏差分析需要以局部偏差分析结果为基础

B. 进行投资偏差分析时，只需计算绝对偏差或相对偏差

C. 绝对偏差结果直观，但因投资额大小有差异而使其有局限性

D. 造成局部偏差的原因一般较为明确，分析结果较为可靠

【解析】 进行投资偏差分析时，绝对偏差和相对偏差均应采用。故选项 B 错误。

40. **【2010 年真题】** 在工程项目成本管理中，由进度偏差引起的累计成本偏差可以用（　　）的差值度量。

A. 已完工程预算成本与拟完工程预算成本

B. 已完工程预算成本与已完工程实际成本

C. 已完工程实际成本与拟完工程预算成本

D. 已完工程实际成本与已完工程预算成本

【解析】 进度偏差(SV)= 已完工程计划费用($BCWP$)-拟完工程计划费用($BCWS$)。

41. **【2010 年真题】** 对于不同年份使用程度差别大的专业机械设备，宜采用（　　）计提折旧。

A. 工作量法　　B. 平均年限法

C. 年数总和法　　D. 双倍余额递减法

【解析】 工作量法适用于各种期限使用程度不同的专业机械、设备。

42. **【2010 年真题】** 在合同履行过程中，监理人认为可能发生变更的，可向承包人发出变更意向书。下列内容中，变更意向书可不包括的是（　　）。

A. 变更的具体内容说明　　B. 必要的变更图纸

C. 发包人对变更的时间要求　　D. 变更所涉及的费用清单

【解析】 监理人首先向施工承包单位发出变更意向通知书，说明变更的具体内容和建设单位对变更的时间要求等，并附必要的图纸和相关资料。

43. **【2010 年真题】** 某工程计划时间投资累计曲线如下图所示，下列根据此图所得信息中，正确的是（　　）。

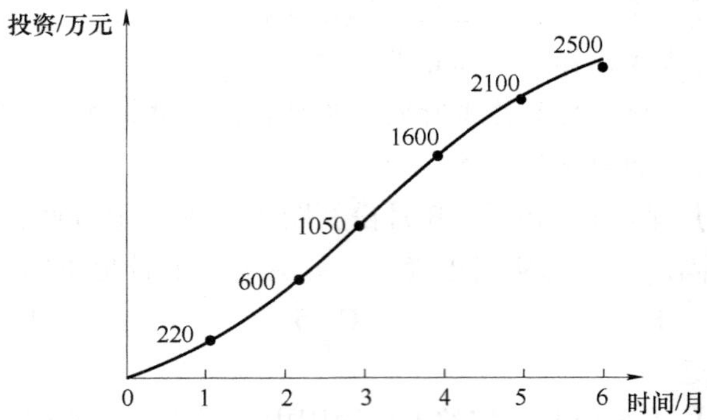

A. 2月份计划完成投资额600万元

B. 3月份计划完成投资额550万元

C. 2月份前计划累计完成投资额820万元

D. 5月份计划完成投资额500万元

【解析】 2月份计划完成投资额为600-220=380（万元），故选项A错误。

3月计划完成投资额为1050-600=450（万元），故选项B错误。

2月份前计划累计完成投资额为600万元，故选项C错误。

5月份完成投资额为2100-1600=500（万元），故选项D正确。

44. **【2009年真题】**会计核算法是项目成本核算的一种重要方法，下列属于会计核算法特点的是（　　）。

A. 人为调节的可能性较大　　B. 核算范围较大

C. 对核算人员的专业要求不高　　D. 核算债权债务等较为困难

【解析】 会计核算法的特点是严密、逻辑性强、人为调节因素较小、核算范围较大，但核算人员的专业水平要求较高。

45. **【2009年真题】**某固定资产原值为20万元，现评估市值为25万元，预计使用年限为10年，净残值率为5%。采用平均年限法折旧，则年折旧额为（　　）万元。

A. 1.90　　B. 2.00　　C. 2.38　　D. 2.50

【解析】 20×(1-5%)/10=1.90（万元）。

46. **【2009年真题】**下列成本分析方法中，主要用来确定目标成本、实际成本和降低成本的比例关系，从而为寻求降低成本的途径指明方向的是（　　）。

A. 构成比率法　　B. 相关比率法

C. 因素分析法　　D. 差额计算法

【解析】 构成比率，可看出量、本、利的比例关系（即目标成本、实际成本和降低成本的比例关系），从而为寻求降低成本的途径指明方向。

47. **【2008年真题】**下列施工机械折旧方法中，年折旧率为固定值的是（　　）。

A. 平均年限法和年数总和法　　B. 工作量法和加速折旧法

C. 平均年限法和双倍余额递减法　　D. 工作量法和年数总和法

【解析】 同第34题。

48. 某工程计划砌筑砖基础工程量为150m^3，每立方米用砖523块，每块砖计划价格为0.2元。实际砌筑砖基础工程量为160m^3，每立方米用砖520块，每块砖实际价格为0.17

元。则由于砖的单价变动使施工总成本节约（ ）元。

A. 2340.0　B. 2353.5　C. 2496.0　D. 2510.4

【解析】 采用因素分析法：

计算顺序	计划量/m^3	用砖消耗量/块	计划单价/（元/块）	混凝土成本/元	差异数/元	差异原因
计划数	150	523	0.2	15690		
第一次代替	160	523	0.2	16736	1046	由于工程量的增加
第二次代替	160	520	0.2	16640	-96	由于消耗量的减少
第三次代替	160	520	0.17	14144	-2496	由于单价的降低

采用差额计算法：160×520×(0.17-0.2)=-2496（元）。

49. 某企业承包一工程，计划砌砖工程量为 $1000m^3$，按预算定额规定，每立方米耗用空心砖 510 块，每块空心砖计划价格为 0.12 元，而实际砌砖工程量为 $1200m^3$，每立方米实耗空心砖 500 块，每块空心砖实际价格为 0.17 元。则空心砖单价变动对成本的影响额是（ ）元。

A. 25000　B. 25500　C. 30000　D. 30600

【解析】 采用因素分析法：

计算顺序	计划量/m^3	用砖消耗量/块	计划单价/（元/块）	混凝土成本/元	差异数/元	差异原因
计划数	1000	510	0.12	61200		
第一次代替	1200	510	0.12	73440	12240	由于工程量的增加
第二次代替	1200	500	0.12	72000	-1440	由于消耗量的减少
第三次代替	1200	500	0.17	102000	30000	由于单价的增加

采用差额计算法：1200×500×(0.17-0.12)=30000（元）。

二、多项选择题（每题 2 分。每题的备选项中，有 2 个或 2 个以上符合题意，且至少有 1 个错项。错选，本题不得分；少选，所选的每个选项得 0.5 分）

1. **【2022 年真题】** 实际操作中，建设单位对施工单位索赔可以采用的方式有（ ）。

A. 冲账　B. 缩短工期

C. 扣抵工程进度款　D. 提高保证金的额度

E. 扣保证金

【解析】 建设单位索赔数量较小，而且可通过冲账、扣拨工程款、扣保证金等实现对施工承包单位的索赔。

2. **【2021 年真题】** 下列投标文件偏差中，属于重大投标偏差的有（ ）。

A. 投标文件载明的货物包装方式不符合招标文件的要求
B. 报价中个别地方存在漏项
C. 投标总价金额与依据单价计算出的结果不一致
D. 投标文件载明的招标项目完成期限超过招标文件规定的期限
E. 提供的投标担保有瑕疵

【解析】 重大偏差：
① 没有按照招标文件要求提供投标担保或者所提供的投标担保有瑕疵。
② 投标文件没有投标单位授权代表签字和加盖公章。
③ 投标文件载明的招标项目完成期限超过招标文件规定期限。
④ 明显不符合技术规格、技术标准的要求。
⑤ 投标文件载明的货物包装方式、检验标准和方法等不符合招标文件的要求。
⑥ 投标文件附有招标单位不能接受的条件。
⑦ 不符合招标文件中规定的其他实质性要求。

3. **【2021 年真题】** 下列引起工程费用偏差的情形中，属于建设单位原因的有（　　）。
A. 材料涨价　　B. 投资规划不当
C. 施工组织不合理　　D. 增加工程内容
E. 施工质量事故

【解析】 同单项选择题第 9 题。

4. **【2020 年真题】** 索赔根据目的的不同，工程索赔可分为（　　）。
A. 合同中默示　　B. 合同中明示
C. 工期索赔　　D. 费用索赔
E. 变更索赔

【解析】 按索赔的目的分类，工程索赔可分为工期索赔和费用索赔。

5. **【2020 年真题】** 进行工程费用动态监控时，可采用的偏差分析方法有（　　）。
A. 横道图法　　B. 时标网络图法
C. 表格法　　D. 曲线法
E. 分层法

【解析】 常用偏差分析方法有横道图法、时标网络图法、表格法和曲线法。

6. **【2019 年真题】** 施工成本分析的基本方法有（　　）。
A. 经验判断法　　B. 专家意见法
C. 比较法　　D. 因素分析法
E. 比率法

【解析】 成本分析的基本方法有比较法、因素分析法（连环置换法）、差额计算法、比率法等。

7. **【2019 年真题】** 已完工程计划费用为 1200 万元，已完工程实际费用为 1500 万元，拟完工程计划费用为 1300 万元，关于偏差正确的是（　　）。
A. 进度提前 300 万元　　B. 进度拖后 100 万元
C. 费用节约 100 万元　　D. 工程盈利 300 万元
E. 费用超支 300 万元

【解析】 $CV=BCWP-ACWP=1200-1500=-300<0$，说明费用超支 300 万元，$SV=BCWP-BCWS=1200-1300=-100<0$，说明进度滞后 100 万元。

8. 【2018 年真题】根据《标准施工招标文件》工程变更的情形有（　　）。

A. 改变合同中某项工作的质量
B. 改变合同工程原定的位置
C. 改变合同中已批准的施工顺序
D. 为完成工程需要追加的额外工作
E. 取消某项工作改由建设单位自行完成

【解析】 同单项选择题第 36 题。

9. 【2016 年真题】施工成本管理中，企业对项目经理部可控责任成本进行考核的指标有（　　）。

A. 直接成本降低率
B. 预算总成本降低率
C. 责任目标总成本降低率
D. 施工责任目标成本实际降低率
E. 施工计划成本实际降低率

【解析】 同单项选择题第 19 题。

10. 【2015 年真题】按工程项目组成编制施工阶段资金使用计划时，不能分解到各个工程分项的费用是（　　）。

A. 人工费
B. 保险费
C. 二次搬运费
D. 临时设施费
E. 施工机具使用费

【解析】 各种费用中的人、材、机可以直接分解；二次搬运、检验试验按比例分解；临时设施、保险费不能分解。

11. 【2014 年真题】按工程项目组成编制施工阶段资金使用计划时，建筑安装工程费中可直接分解到各个工程分项的费用有（　　）。

A. 企业管理费
B. 临时设施费
C. 材料费
D. 施工机具使用费
E. 职工养老保险费

【解析】 同第 10 题。

12. 【2014 年真题】进行施工成本对比分析时，可采用的对比方式有（　　）。

A. 本期实际值与目标值对比
B. 本期实际值与上期目标值对比
C. 本期实际值与上期实际值对比
D. 本期目标值与上期实际值对比
E. 本期实际值与行业先进水平对比

【解析】 比较法中有将本期实际指标与目标指标对比，本期实际指标与上期实际指标对比，本期实际指标与本行业平均水平、先进水平对比三种。

13. 【2013 年真题】关于分部分项工程成本分析资料来源的说法，正确的有（　　）。

A. 预算成本以施工图和定额为依据确定
B. 预算成本的各种信息是成本核算的依据
C. 计划成本通过目标成本与预算成本的比较来确定
D. 实际成本来自实际工程量、实耗人工和实耗材料
E. 目标成本是分解到分部分项工程上的计划成本

【解析】 预算成本找定额，目标成本找计划，实际成本找实际。简称：“预定标计实

对实”。

14.【**2013年真题**】某工程施工至某月底，经偏差分析得到费用偏差（*CV*）<0，进度偏差（*SV*）<0，则表明（　　）。

A. 已完工程实际费用节约

B. 已完工程实际费用>已完工程计划费用

C. 拟完工程计划费用>已完工程实际费用

D. 已完工程实际进度超前

E. 拟完工程计划费用>已完工程计划费用

【**解析**】①*CV*=已完工程计划费用(*BCWP*)－已完工程实际费用(*ACWP*)

当*CV*>0时，说明工程费用节约；当*CV*<0时，说明工程费用超支。

②*SV*=已完工程计划费用(*BCWP*)－拟完工程计划费用(*BCWS*)

当*SV*>0时，说明工程进度超前；当*SV*<0时，说明工程进度拖后。

15.【**2012年真题**】分部分项工程成本分析中，“三算对比”主要是进行（　　）的对比。

A. 实际成本与投资估算

B. 实际成本与预算成本

C. 实际成本与竣工决算

D. 实际成本与目标成本

E. 施工预算与设计概算

【**解析**】“三算对比”主要是指预算成本、目标成本和实际成本的对比。

16.【**2011年真题**】施工合同签订后，工程项目施工成本计划的常用编制方法有（　　）。

A. 专家意见法

B. 功能指数法

C. 目标利润法

D. 技术进步法

E. 定率估算法

【**解析**】同单项选择题第33题。

17.【**2010年真题**】用曲线法进行投资偏差分析（如下图所示），下列选项中正确的有（　　）。

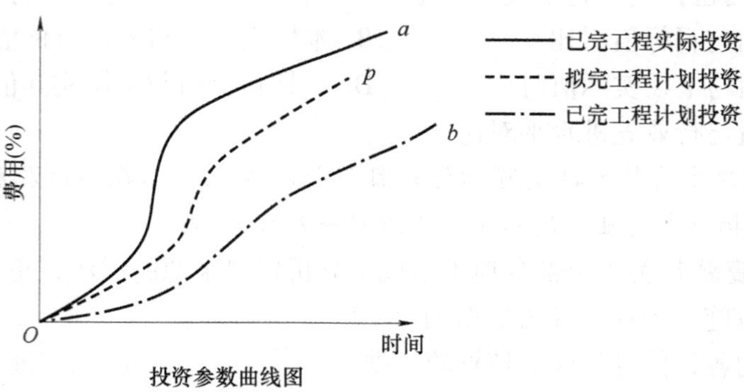

投资参数曲线图

A. *a*曲线和*b*曲线的水平距离表示投资偏差

B. *p*曲线和*b*曲线的水平距离表示进度偏差

C. *a*曲线在*b*曲线的下侧表示投资增加

D. 该图不能直接用于定量分析

E. 该图反映的是累计绝对偏差

【解析】 a——已完工程实际费用曲线。

b——已完工程计划费用曲线。

p——拟完工程计划费用曲线。

a 和 b 的竖向距离表示费用累计偏差，b 和 p 的水平距离表示进度累计偏差。

S 曲线反映累计偏差，很难用于局部偏差。

18. **【2009 年真题】** 工程项目施工过程中的综合成本分析包括（　　）。

A. 检验批施工成本分析

B. 分部分项工程成本分析

C. 单位工程施工成本分析

D. 月（季）度施工成本分析

E. 建设项目决算成本分析

【解析】 综合成本分析方法包括：分部分项工程成本、月（季）度成本、年度成本。

三、答案

单项选择题

题号	1	2	3	4	5	6	7	8	9	10
答案	C	D	B	A	C	D	A	A	C	B
题号	11	12	13	14	15	16	17	18	19	20
答案	C	B	B	D	C	C	A	D	A	C
题号	21	22	23	24	25	26	27	28	29	30
答案	A	C	A	A	B	B	B	C	B	D
题号	31	32	33	34	35	36	37	38	39	40
答案	C	D	B	D	A	D	D	D	B	A
题号	41	42	43	44	45	46	47	48	49	—
答案	A	D	D	B	A	A	C	C	C	—

多项选择题

题号	1	2	3	4	5
答案	ACE	ADE	BD	CD	ABCD
题号	6	7	8	9	10
答案	CDE	BE	ABCD	CDE	BD
题号	11	12	13	14	15
答案	CD	ACE	ADE	BE	BD
题号	16	17	18	—	—
答案	CDE	BDE	BD	—	—

四、2023考点预测

1. 施工成本管理方法
2. 折旧计算
3. 工程变更与索赔处理程序
4. 偏差表示及其计算

第五节 竣工阶段造价管理

考点一、工程结算及其审查
考点二、工程质量保证金预留与返还

一、单项选择题（每题1分。每题的备选项中，只有1个最符合题意）

1. **【2022年真题】**根据《标准施工招标文件》，支付工程进度款时，应考虑（ ）。

A. 预付款的支付与扣回　　B. 质量保修时间长短

C. 价格调整的金额　　D. 合同约定的质量保证金金额或比例

【解析】 支付工程进度款时，应考虑：

① 保证金预留、返还方式。
② 保证金预留比例、期限。
③ 保证金是否计付利息，（如计付利息）利息的计算方式。
④ 缺陷责任期的期限及计算方式。
⑤ 保证金预留、返还及工程维修质量、费用等争议的处理程序。
⑥ 缺陷责任期内出现缺陷的索赔方式。
⑦ 逾期返还保证金的违约金支付办法及违约责任。

2. **【2021年真题】**根据《建设工程质量保证金管理办法》，保证金总预留比例不得高于工程价款结算总额的（ ）。

A. 2%　　B. 3%

C. 4%　　D. 5%

【解析】 保证金总预留比例不得高于工程价款结算总额的3%。

合同约定由承包人以银行保函替代预留保证金的，保函金额不得高于工程价款结算总额的3%。

3. **【2020年真题】**根据《建设工程质量保证金管理办法》由于发包人原因导致工程未能按规定期限竣工验收，该工程在承包人提交竣工验收报告后（ ）天后自动进入缺陷责任期。

A. 30　　B. 45　　C. 60　　D. 90

【解析】 由发包人导致无法竣工验收的，在承包人提交竣工验收报告90天后，工程自动进入缺陷责任期。

4. **【2019年真题】**工程竣工结算审查时，对变更签证凭据审查的主要内容是其真实性、合法性和（　　）。

A. 可行性　　B. 有效性

C. 严密性　　D. 包容性

【解析】审查变更签证凭据的真实性、合法性、有效性，核准变更工程费用。

5. 【2019年真题】某工程合同约定以银行保函替代预留工程质量保证金，合同签约价为800万元。工程价款结算总额为780万元。依据《建设工程质量保证金管理办法》，该保函金额最大为（　　）万元。

A. 15.6　　B. 16.0　　C. 23.4　　D. 24.0

【解析】工程质量保证金不得高于工程价款结算总额的3%，保函金额 = 780×3% = 23.4（万元）。

6. 【2015年真题】根据《建设工程价款结算暂行办法》，对于施工承包单位递交的金额为6000万元的工程竣工结算报告，建设单位的审查时限是（　　）天。

A. 30　　B. 45　　C. 60　　D. 90

【解析】根据《建设工程价款结算暂行办法》的规定，工程竣工结算报告金额在500万元以下的审查时限为20天，在500万元至2000万元的审查时限是30天，2000万元至5000万元的审查时限为45天，5000万元以上的审查时限为60天。（口诀：我爱我525，23456）

二、多项选择题（每题2分。每题的备选项中，有2个或2个以上符合题意，且至少有1个错项。错选，本题不得分；少选，所选的每个选项得0.5分）

1. 【2017年真题】关于工程竣工结算的说法，正确的有（　　）。

A. 工程竣工结算分为单位工程竣工结算和单项工程竣工结算

B. 工程竣工结算均由总承包单位编制

C. 建设单位审查工程竣工结算的递交程序和资料的完整性

D. 施工承包单位要审查工程竣工结算的项目内容与合同约定内容的一致性

E. 建设单位要审查实际施工工期对工程造价的影响程度

【解析】工程竣工结算分为单位工程竣工结算、单项工程竣工结算和工程项目竣工总结算，故选项A错误。

单位工程竣工结算由施公单位编制，建设单位审查；实行总包的工程，由具体承包单位编制单位工程竣工结算，在总承包单位审查的基础上由建设单位审查，故选项B错误。

2. 【2013年真题】施工承包单位内部审查工程竣工结算的主要内容有（　　）。

A. 工程竣工结算的完备性　　B. 工程量计算的准确性

C. 取费标准执行的严格性　　D. 工程结算资料递交程序的合法性

E. 取费依据的时效性

【解析】承包单位内部审查工程竣工结算的主要内容有：

① 结算的项目与合同约定的范围、内容的一致性。

② 工程量计算的准确性、工程量计算规则与计价规范或定额的一致性。

③ 执行合同约定或现行的计价原则、方法的严格性。

④ 签证凭据的真实性、合法性、有效性，核准变更工程费用。

⑤ 索赔是否依据合同约定的索赔原则，程序和计算方法以及索赔费用的真实性、合法性、准确性。

⑥ 取费标准执行的严格性，取费依据的时效性、相符性。

三、答案

单项选择题

题号	1	2	3	4	5	6
答案	D	B	D	B	C	C

多项选择题

题号	1	2
答案	CDE	BCE

四、2023 考点预测

1. 工程竣工结算审查内容及时限
2. 缺陷责任期起算时间
3. 工程质量保证金的预留及返还

附录　2023年全国一级造价工程师职业资格考试“建设工程造价管理”预测模拟试卷

附录A　预测模拟试卷（一）

一、单项选择题（共60题，每题1分。每题的备选项中，只有1个最符合题意）

1. 关于工程计价特征的说法，错误的是（　　）。

A. 建筑产品的单件性特点，决定了每项工程都必须单独计算造价

B. 工程项目多次计价有不同的计价依据，每次计价的精确度要求也不相同

C. 工程计价的特征具有单一性、多次性

D. 多次计价是逐步深化和细化，逐步接近实际造价的过程

2. 工程计价依据具有复杂性，其中，人工单价、材料价格、机械台班费是（　　）的计算依据。

A. 设备和工程量　　B. 人工、材料、机械等实物消耗量

C. 设备单价　　D. 工程单价

3. 下列工作中，属于工程设计阶段造价管理内容的是（　　）。

A. 编制招标控制价　　B. 审核投资估算

C. 编制工程量清单　　D. 编制工程概算

4. 控制工程造价最有效的手段是（　　）。

A. 管理与经济相结合　　B. 技术与经济相结合

C. 管理与组织相结合　　D. 技术与组织相结合

5. 建筑产品的单件性特点决定了每项工程造价都必须（　　）。

A. 分布组合　　B. 多层组合

C. 多次计算　　D. 单独计算

6. 根据《建设工程质量管理条例》，在正常使用条件下，设备安装工程的最低保修期限是（　　）。

A. 1年　　B. 2年

C. 3年　　D. 5年

7. 依法必须招标的项目，自招标文件开始发出之日起至投标人提交投标文件的截止之日止，最短不得少于（　　）日。

A. 10　　B. 15

C. 20　　D. 30

8. 根据《招标投标法实施条例》，潜在投标人对招标文件有异议的，应当在投标截止时间（　　）日前提出。

A. 3　　　　B. 5

C. 10　　　　D. 15

9. 根据《政府采购法》，招标后没有供应商投标或没有合格标的，可以采用（　　）方式采购。

A. 邀请招标　　　　B. 竞争性谈判

C. 单一来源采购　　　　D. 询价

10. 合同订立过程中，属于要约失效的情形是（　　）。

A. 承诺通知到达要约人

B. 受要约人依法撤销承诺

C. 要约人在承诺期限内未作出承诺

D. 受要约人对要约内容做出实质性变更

11. 根据《招标投标法》的规定，下列关于投标的说法，不正确的是（　　）。

A. 由同一专业的单位组成的联合体投标，按照资质等级较低的单位确定资质等级

B. 在招标文件要求提交投标文件的截止时间前，投标人可以补充、修改或者撤回已提交的投标文件，并书面通知招标人

C. 投标人少于 3 个的，招标人应当依照《招标投标法》重新招标

D. 为了开拓市场，投标人可以以低于成本的报价投标

12. 当事人订立合同，需要经过要约和承诺两个阶段。承诺生效时表示（　　）。

A. 合同订立　　　　B. 合同成立

C. 合同生效　　　　D. 合同有效

13. 根据《民法典》合同编，在执行政府定价的合同履行中，需要按原价格执行的情形是（　　）。

A. 逾期付款的，遇价格上涨时

B. 逾期付款的，遇价格下降时

C. 逾期提取标的物的，遇价格上涨时

D. 逾期交付标的物的，遇价格下降时

14. 具备独立施工条件并能形成独立使用功能的建筑物及构筑物称为（　　）。

A. 单项工程　　　　B. 单位工程

C. 分部工程　　　　D. 分项工程

15. 根据《国务院关于投资体制改革的决定》，企业投资建设《政府核准的投资项目目录》中的项目时，仅需要向政府提交（　　）。

A. 项目申请报告　　　　B. 项目可行性研究报告

C. 项目开工报告　　　　D. 项目初步设计文件

16. 项目管理采用矩阵制组织机构形式的特点不包括（　　）。

A. 权力集中易于指挥　　　　B. 组织机构灵活性大

C. 组织机构机动性强　　　　D. 每一个成员受双重领导

17. 下列工程项目目标控制方法中，可用来找出工程质量主要影响因素的是（　　）。

A. 直方图法　　B. 鱼刺图法
C. 排列图法　　D. S曲线法

18. 下列流水施工参数中，属于时间参数的是（　　）。
A. 流水强度与流水工期　　B. 施工过程与施工段
C. 流水步距与流水节拍　　D. 流水强度与流水步距

19. 某工程划分为3个施工过程、4个施工段组织固定节拍流水施工，流水节拍为5天，累计间歇时间为2天，累计提前插入时间为4天，该工程流水施工工期为（　　）天。
A. 29　　B. 30
C. 34　　D. 28

20. 某工程划分为3个施工过程、4个施工段，组织加快的成倍节拍流水施工，流水节拍分别为8天、4天、4天，则该工程的流水作业工期为（　　）天。
A. 32　　B. 28
C. 36　　D. 24

21. 单代号网络计划中，关键线路是指（　　）的线路。
A. 由关键工作组成　　B. 相邻两项工作之间时距均为零
C. 由关键节点组成　　D. 相邻两项工作之间时间间隔均为零

22. 工程网络计划费用优化的目的是寻求（　　）。
A. 资源均衡使用条件下最低成本的计划安排
B. 资源有限条件下最低成本的计划安排
C. 工程总成本固定条件下的最优工期安排
D. 工程总成本最低时的最优工期安排

23. 在工程施工合同组成中，优先解释的是（　　）。
A. 技术标准　　B. 工程图纸
C. 已标价工程量清单　　D. 投标函

24. 利率是各国调整国民经济的杠杆之一，其高低首先取决于（　　）。
A. 金融市场借贷资本的供求状况　　B. 借贷资本的期限
C. 通货膨胀的波动影响　　D. 社会平均利润率的高低

25. 采用投资收益率指标评价投资方案经济效果的优点是（　　）。
A. 指标的经济意义明确、直观　　B. 考虑了投资收益的时间因素
C. 容易选择正常生产年份　　D. 反映了资本的周转速度

26. 下列投资方案经济效果评价指标中，能够在一定程度上反映资本周转速度的指标是（　　）。
A. 利息备付率　　B. 投资收益率
C. 偿债备付率　　D. 投资回收期

27. 下列影响因素中，用以确定基准收益率的基础因素是（　　）。
A. 资本成本和机会成本　　B. 机会成本和投资风险
C. 投资风险和通货膨胀　　D. 通货膨胀和资本成本

28. 在下列评价方法中，属于互斥型投资方案经济效果动态评价方法的是（　　）。
A. 增量投资回收期法　　B. 增量投资内部收益率法

C. 综合总费用法　　　　　　　　　　D. 年折算费用法

29. 采用盈亏平衡分析法进行投资方案不确定性分析的优点是能够（　　）。

A. 揭示产生项目风险的根源　　　　B. 度量项目风险的大小

C. 确定投资项目风险的降低途径　　D. 说明不确定因素的变动情况

30. 作为施工承包单位计划体系的重要内容，项目管理实施规划应由（　　）编制。

A. 企业管理层在投标之前　　　　B. 项目经理部在投标之前

C. 企业管理层在开工之前　　　　D. 项目经理部在开工之前

31. 投标人采用不平衡报价法的报价策略时，下列说法正确的是（　　）。

A. 能够早日结算的项目可以适当降低价格

B. 经过工程量核算，预计今后工程量会增加的项目，可以适当提高单价

C. 设计图纸不明确、估计修改后工程量要增加的，可以降低单价

D. 工程内容说明不清楚的，可以适当提高一些单价

32. 在工程项目设计方案评价与优化过程中，最基本和最重要的工作内容是（　　）。

A. 针对不同设计方案，分析其技术经济指标

B. 筛选出各方面都比较满意的比选方案

C. 建立合理的指标体系，采取有效的评价方法进行方案优化

D. 进行方案选择或提出技术优化建议

33. 在项目融资过程中，选择项目融资方式和发出项目融资建议书分别属于（　　）阶段。

A. 融资决策分析和融资结构设计　　B. 融资决策分析和融资谈判

C. 融资结构设计和融资谈判　　　　D. 融资结构设计和融资执行

34. 下列（　　）达到了必须招标的单项合同估算价标准。

A. 施工单项合同估算价 300 万元人民币

B. 施工单项合同估算价 450 万元人民币

C. 重要设备的采购，单项合同估算价 100 万元人民币

D. 勘察服务的采购，单项合同估算价 50 万元人民币

35. 项目资本金是指（　　）。

A. 项目建设单位的注册资金　　　　B. 项目总投资中的固定资产投资部分

C. 项目总投资中由投资者认缴的出资额　D. 项目开工时已经到位的资金

36. 下列项目资本金来源中，属于既有法人外部资金来源的是（　　）。

A. 国家预算内投资　　　　　　　　B. 企业银行存款

C. 企业资产变现　　　　　　　　　D. 企业产权转让

37. 建设工程组织流水施工时，用来表述流水施工在施工工艺方面进展状态的参数是（　　）。

A. 施工段和流水步距　　　　　　　B. 流水步距和施工过程

C. 施工过程和流水强度　　　　　　D. 流水强度和施工段

38. 既有法人未来生产经营获得的各项资金中，可以作为项目资本金进行投资的是（　　）。

A. 财务费用　　　　　　　　　　　B. 折旧与摊销

C. 净利润总额　　　　D. 流动资金占用的增加

39. 以下各项资金成本中，可以作为追加筹资决策依据的是（　　）。

A. 个别资金成本　　　　B. 筹资资金成本

C. 综合资金成本　　　　D. 边际资金成本

40. 某公司发行票面总额为 300 万元的优先股股票，筹资费费率为 5%，年股息率为 15%，公司所得税率为 25%，则其资金成本率为（　　）。

A. 11.84%　　　　B. 15.00%

C. 15.79%　　　　D. 20.00%

41.（　　）是解决项目融资的资金结构问题的核心。

A. 项目债务资金的筹集　　　　B. 债务期限配比

C. 债务偿还顺序　　　　D. 境内外借款占比

42. 与传统的贷款方式不同，项目融资有其自身的特点，下列选项中属于项目融资特点的是（　　）。

A. 项目投资者承担项目风险　　　　B. 项目融资成本较高

C. 用于支持贷款的信用结构固定　　　　D. 贷款人可以追索项目以外的任何资产

43. 项目融资包括五个阶段：①融资执行；②融资决策；③融资结构分析；④融资谈判；⑤投资决策分析。项目融资的正确程序是（　　）。

A. ①-②-③-④-⑤　　　　B. ⑤-③-②-④-①

C. ⑤-②-③-④-①　　　　D. ⑤-③-④-②-①

44. 在计算增值税时，下列说法正确的选项是（　　）。

A. 小规模纳税人发生应税行为适用一般计税方法计税

B. 小规模纳税人发生应税行为适用简易计税方法计税

C. 一般纳税人发生应税行为只能用简易计税方法计税

D. 一般纳税人发生应税行为不能用一般计税方法计税

45. 在计算企业所得税应纳税所得额时，可列为不征税收入的是（　　）。

A. 接受捐赠收入　　　　B. 特许权使用费收入

C. 财政拨款　　　　D. 国债利息收入

46. 企业发生的年度亏损，在连续（　　）年内可用税前利润弥补。

A. 2　　　　B. 3

C. 5　　　　D. 10

47. 由于风险较集中，试运行期安装工程一切险的保险费大约占整个工期保险费的（　　）。

A. 1/5　　　　B. 1/3

C. 1/2　　　　D. 2/3

48. 下列策划内容中，属于工程项目实施策划的是（　　）。

A. 项目规模策划　　　　B. 项目功能策划

C. 项目定义策划　　　　D. 项目目标策划

49. 经营性项目财务分析可分为融资前分析和融资后分析，以下说法正确的是（　　）。

A. 融资前分析以静态分析为主，动态分析为辅

B. 融资后分析只进行动态分析，不考虑静态分析

C. 融资前分析以动态分析为主，静态分析为辅

D. 融资后分析只进行静态分析，不考虑动态分析

50. 在财务分析中，项目的流动负债构成要素一般只考虑（　　）。

A. 应付账款和预收账款　　B. 应收账款和预付账款

C. 应付账款和预付账款　　D. 应收账款和预收账款

51. 某工程计划外购商品混凝土 3000m^3，计划单价 420 元/m^3，实际采购 3100m^3，实际单价 450 元/m^3，则由于采购量增加而使外购商品混凝土成本增加（　　）万元。

A. 4.2　　B. 4.5

C. 9.0　　D. 9.3

52. 为了有效地控制建设工程造价，造价工程师可采取的经济措施是（　　）。

A. 重视工程设计多方案比选　　B. 严格审查施工组织设计

C. 严格审核各项费用支出　　D. 明确工程造价管理职能分工

53. 发包人有权要求承包人相应延长缺陷责任期的，缺陷责任期最长不超过（　　）。

A. 1 年　　B. 2 年

C. 3 年　　D. 5 年

54. 下列情形中，可构成缔约过失责任的是（　　）。

A. 因自然灾害，当事人无法执行签订合同的计划，造成对方的损失

B. 当事人双方串通牟利签订合同，造成第三方损失

C. 当事人因合同谈判破裂，泄露对方商业机密，造成对方损失

D. 合同签订后，当事人拒付合同规定的预付款，使合同无法履行，造成对方损失

55. 下列引起工程费用偏差的情形中，属于客观原因的是（　　）。

A. 设计标准变更　　B. 增加工程内容

C. 施工进度安排不当　　D. 人工费涨价

56. 成本分析、成本考核、成本核算是建设工程项目施工成本管理的重要环节，对此三项工作而言，其正确的工作流程是（　　）。

A. 成本核算→成本分析→成本考核

B. 成本分析→成本考核→成本核算

C. 成本考核→成本核算→成本分析

D. 成本分析→成本核算→成本考核

57. 关于施工成本分析的方法，下列说法中不正确的是（　　）。

A. 成本分析的基本方法包括指标对比分析法、连环置换法、差额计算法和比率法

B. 比较法又称为指标对比分析法，包括本期实际指标和上期实际指标的对比，目标指标和本行业平均水平、先进水平的对比

C. 因素分析法可以分析各种因素对成本的影响程度，比率法包括相关比率法、比重分析法和动态比率法

D. 可看出量、本、利之间比例关系的方法是结构对比分析法

58. 某工程施工至月底时的情况为：已完工程量 120m，实际单价 8000 元/m，计划工程量 100m，计划单价 7500 元/m。则该工程在当月底的费用偏差为（　　）。

A. 超支 6 万元　　B. 节约 6 万元
C. 超支 15 万元　　D. 节约 15 万元

59. 关于偏差分析方法，下列说法中正确的是（　　）。
A. 横道图法简单直观，反映的信息量大
B. 时标网络图法可以分析进度偏差和费用偏差，而且可以反映累计偏差和局部偏差
C. 表格法是偏差分析最常用的方法，信息量大，但不能用计算机处理
D. 曲线法只能分析费用偏差，不能分析进度偏差

60. 根据《建设工程质量保证金管理办法》，由于发包人原因导致工程无法按规定期限进行竣工验收的，在承包人提交竣工验收报告（　　）天后，工程自动进入缺陷责任期。
A. 56　　B. 60
C. 90　　D. 120

二、多项选择题（共 20 题，每题 2 分。每题的备选项中，有 2 个或者 2 个以上符合题意，至少有 1 个错项。错选，本题不得分；少选，所选的每个选项得 0.5 分）

61. 根据《注册造价工程师管理办法》，二级注册造价工程师的执业范围有（　　）。
A. 建设工程量清单、投标报价编制
B. 工程量清单的编制和审核
C. 建设工程施工图预算、设计概算编制
D. 建设工程合同价款的编制
E. 建设工程招标投标文件工程量和造价的编制与审核

62. 根据我国《招标投标法》，下列说法中正确的有（　　）。
A. 投标人少于 5 个的，招标人应当重新招标
B. 评标委员会中，技术经济方面的专家不得少于二分之一
C. 联合体投标时，其共同投标协议应在确定中标单位前提交给招标人
D. 开标时间就是提交投标文件的截止时间
E. 自招标文件开始发出之日至投标人提交投标文件截止之日的期限不得少于 20 日

63. 根据《价格法》，在制定关系群众利益的（　　）时，政府应当建立听证会制度。
A. 公用事业价格　　B. 公益性服务价格
C. 自然垄断经营的商品价格　　D. 价格波动过大的农产品价格
E. 政府集中采购的商品价格

64. 根据《政府采购法实施条例》，以下各项中适宜采用竞争性谈判方式进行采购的有（　　）。
A. 具有特殊性，只能从限定范围的供应商处采购的
B. 招标后没有供货商投标的
C. 货物规格标准统一且价格变化幅度小的
D. 采用招标所需时间不能满足用户紧急需要的
E. 不能事先计算出价格总额的

65. 根据《合同法》，以下关于要约与承诺的说法中，正确的有（　　）。

A. 要约人确定承诺期限的要约，不得撤销
B. 要约人依法撤销要约的，要约失效
C. 撤销承诺应征得要约人同意
D. 承诺生效时合同成立
E. 招标人发出招标公告属于要约

66. 下列关于违约责任的说明，正确的有（　　）。
A. 当事人一方违约后，对方没有义务采取措施防止损失的扩大
B. 当事人约定的违约金可以请求公安机关或仲裁机构调整
C. 当事人约定的违约金不能调整
D. 收受定金一方不履行约定的债务的，应当双倍返还定金
E. 当事人既约定违约金又约定定金的，一方违约时，对方可以选择适用违约金或定金条款

67. 下列属于项目董事会的职权的有（　　）。
A. 审核、上报项目初步设计　　B. 解决建设过程中出现的重大问题
C. 提出项目竣工验收申请报告　　D. 组织项目后评价
E. 编制项目财务预决算

68. 关于矩阵制组织机构的说法正确的有（　　）。
A. 矩阵制组织机构分为强矩阵制组织形式、中矩阵制组织形式和弱矩阵制组织形式
B. 强矩阵制组织形式拥有专职的、具有较大权限的项目经理以及专职项目管理人员
C. 平衡矩阵制组织形式适用于高等技术复杂程度且建设周期较短的工程项目
D. 中矩阵制组织形式的特点是需要精心建立管理程序和配备训练有素的协调人员
E. 弱矩阵制组织形式适用于技术简单的工程项目

69. 为有效地组织流水施工，施工段的划分应遵循的原则是（　　）。
A. 同一专业工作队在各施工段上的劳动量应大致相等
B. 各施工段上的工作面满足劳动力或机械布置优化组织的要求
C. 施工过程数大于或等于施工段数
D. 施工段的界限应尽可能与沉降缝等相吻合
E. 流水步距必须相等

70. 根据《标准设计施工总承包招标文件》（2012年版），设计施工总承包合同包括通用合同条款和专用合同条款两部分，并同时规定了（　　）的文件格式。
A. 合同协议书　　B. 预付款担保
C. 支付担保　　D. 履约担保
E. 投标担保

71. 关于现金流量图及其绘制规则的说法，正确的有（　　）。
A. 横轴为时间轴，整个横轴表示经济系统的寿命期
B. 横轴的起点0表示时间序列起点
C. 横轴上每一间隔代表一个利率周期
D. 横轴上方的箭线表示现金流出
E. 现金流量图可以直观地表示现金流量的三要素：大小、方向、作用点

72. 基于互联网工程项目信息平台具有基本功能和拓展功能两大类，以下属于基本功能的有（　　）。

A. 日历和任务管理　　B. 电子招标

C. 工作流管理　　D. 在线项目管理

E. 文档管理

73. 下列（　　）情形导致债务人难以履行债务的，债务人可以将标的物提存。

A. 当事人订立合同后分立　　B. 债权人无正当理由拒绝领受

C. 债权人下落不明　　D. 标的物不适用于提存

E. 因不可抗力致使不能实现合同目的

74. 施工成本管理中，企业对项目经理部可控责任成本进行考核的指标有（　　）。

A. 直接成本降低率　　B. 预算总成本降低率

C. 责任目标总成本降低率　　D. 施工责任目标成本实际降低率

E. 施工计划成本实际降低率

75. 下列关于项目融资方式的说明，正确的有（　　）。

A. TOT 方式，投资人掌握待建项目的控制权

B. 在基础设施领域，BOT 比 ABS 应用更为广泛

C. 政府对于 TOT 的待建项目具有完全的控制权

D. ABS 项目的投资者所承担的风险比 BOT 项目的投资者所承担的风险大

E. PFI 的核心旨在增加公共服务产出的大众化

76. 下列项目中，适合以 PFI 典型模式实施的有（　　）。

A. 向公共部门出售服务的项目　　B. 私营企业与公共部门合资经营的项目

C. 在经济上自立的项目　　D. 由政府部门掌握项目经营权的项目

E. 由私营企业承担全部经营风险的项目

77. 以下各项财务分析指标中，可用于判断项目偿债能力的指标有（　　）。

A. 内部收益率　　B. 资产负债率

C. 总投资收益率　　D. 速动比率

E. 项目资本金净利润率

78. 投资方案经济效果评价的内容主要包括（　　）。

A. 盈利能力分析　　B. 偿债能力分析

C. 不确定性分析　　D. 财务生存能力分析

E. 抗风险能力评价

79. 下列工程项目策划内容中，属于工程项目实施策划的有（　　）。

A. 工程项目合同结构　　B. 工程项目建设水准

C. 工程项目目标设定　　D. 工程项目系统构成

E. 工程项目借贷方案

80. 根据《建筑施工组织设计规范》，施工组织设计是指以施工项目为对象编制的，用以指导施工的技术、经济和管理的综合性文件。按编制对象不同，施工组织设计包括（　　）。

A. 施工组织总设计　　B. 单位工程施工组织设计

C. 施工方案　　D. 施工总进度计划

E. 专项施工方案

答　案

单项选择题

题号	1	2	3	4	5	6	7	8	9	10
答案	C	D	D	B	D	B	C	C	B	D
题号	11	12	13	14	15	16	17	18	19	20
答案	D	B	B	B	A	A	C	C	D	B
题号	21	22	23	24	25	26	27	28	29	30
答案	D	D	D	D	A	D	A	B	B	D
题号	31	32	33	34	35	36	37	38	39	40
答案	B	C	B	B	C	A	C	B	D	C
题号	41	42	43	44	45	46	47	48	49	50
答案	A	B	C	B	C	C	B	D	C	A
题号	51	52	53	54	55	56	57	58	59	60
答案	A	C	B	C	D	A	B	A	B	C

多项选择题

题号	61	62	63	64	65	66	67	68	69	70
答案	ACD	DE	ABC	BDE	ABD	DE	ABC	ABDE	ABD	ABD
题号	71	72	73	74	75	76	77	78	79	80
答案	ABE	ACE	BC	CDE	CE	ABC	BD	ABDE	ACE	ABC

附录B 预测模拟试卷（二）

一、单项选择题（共60题，每题1分。每题的备选项中，只有1个最符合题意）

1. 从投资者角度，工程造价是指建设工程预期开支或实际开支的全部（　　）费用。

A. 建筑安装工程　　B. 有形资产投资
C. 静态投资　　D. 固定资产投资

2. 建设工程计价是一个逐步组合的过程，正确的造价组合过程是（　　）。

A. 单位工程造价→分部分项工程造价→单项工程造价
B. 单位工程造价→单项工程造价→分部分项工程造价
C. 分部分项工程造价→单位工程造价→单项工程造价
D. 分部分项工程造价→单项工程造价→单位工程造价

3. 以下属于静态投资的是（　　）。

A. 涨价预备费　　B. 基本预备费
C. 建设期贷款利息　　D. 资金的时间价值

4. 全面造价管理是指有效地利用专业知识与技术，对（　　）进行筹划和控制。

A. 资源、成本、盈利和风险　　B. 工期、质量、成本和风险
C. 质量、安全、成本和盈利　　D. 工期成本、质量成本、安全成本和环境成本

5. 控制建设工程造价最有效的手段是（　　）。

A. 设计与施工结合　　B. 定性与定量结合
C. 策划与实施结合　　D. 技术与经济结合

6. 根据《注册造价工程师管理办法》，属于一级注册造价工程师业务范围的是（　　）。

A. 建设项目投资估算的批准　　B. 工程索赔费用的计算
C. 工程款的支付　　D. 工程合同纠纷的裁决

7. 跨省、自治区、直辖市承接业务不备案的，由县级以上地方人民政府住房城乡建设主管部门或者有关专业部门给予警告，责令限期改正；逾期未改正的，可处罚款金额为（　　）。

A. 5000元以上2万元以下　　B. 1万元以上3万元以下
C. 5000元以上　　D. 1万元以上

8. 根据《建设工程安全生产管理条例》，提供施工现场相邻建筑物和构筑物、地下工程的有关资料，并保证资料的真实、准确、完整是（　　）的安全责任。

A. 建设单位　　B. 勘察单位
C. 设计单位　　D. 施工单位

9. 某招标项目估算价1000万元，投标截止日为8月30日，投标有效期为9月25日，则该项目投标保证金金额和其有效期应是（　　）。

A. 最高不超过30万元，有效期为9月25日
B. 最高不超过30万元，有效期为8月30日

C. 最高不超过20万元，有效期为8月30日

D. 最高不超过20万元，有效期为9月25日

10. 某通过招标订立的政府采购合同金额200万元，合同履行过程中需要追加与合同标的相同的货物，在其他合同条款不变且追加合同金额最高不超（　　）万元时，可以签订补充合同采购。

A. 10　　B. 20

C. 40　　D. 50

11. 根据《价格法》，在制定关系群众切身利益的公用事业价格、公益性服务价格、自然垄断经营的商品价格时，应当建立（　　）制度。

A. 风险评估　　B. 公示

C. 专家咨询　　D. 听证会

12. 根据《合同法》，对于可撤销的合同，具有撤销权的当事人自知道或者应当知道撤销事由之日起（　　）内没有行使撤销权的，其撤销权消灭。

A. 3个月　　B. 6个月

C. 1年　　D. 2年

13. 标的物提存后，其毁损、灭失的风险和提存费用由（　　）负担；提存期间，标的物的孳息归（　）所有。

A. 债权人，债权人　　B. 债务人，债务人

C. 债权人，债务人　　D. 债务人，债权人

14. 建设单位在办理工程质量监督注册手续时，需要提供（　　）。

A. 投标文件　　B. 专项施工方案

C. 施工组织设计　　D. 施工图设计文件

15. 根据《国务院关于投资体制改革的决定》，工程代建制是一种针对（　　）项目的建设实施组织方式。

A. 经营性政府投资　　B. 基础设施投资

C. 非经营性政府投资　　D. 核准目录内企业投资

16. 施工承包单位的项目管理实施规划应由（　　）组织编制。

A. 施工企业经营负责人　　B. 施工项目经理

C. 施工项目技术负责人　　D. 施工企业技术负责人

17. 根据《建设工程安全生产管理条例》，专项施工方案应由（　　）组织审核。

A. 建设单位　　B. 监理单位

C. 监督机构　　D. 施工单位技术部门

18. 下列工程项目目标控制方法中，可用来随时了解生产过程中质量变化情况的方法是（　　）。

A. 控制图法　　B. 排列图法

C. 直方图法　　D. 鱼刺图法

19. 建设工程组织流水施工时，用来表达流水施工在施工工艺方面进展状态的参数是（　　）。

A. 施工段和流水步距　　B. 流水步距和施工过程

C. 施工过程和流水强度　　D. 流水强度和施工段

20. 某工程项目有3个施工过程，分4个施工段组织加快的成倍节拍流水施工，3个施工段上的流水节拍分别为4天、2天、4天。则流水施工工期为（　　）天。

A. 10　　B. 12

C. 16　　D. 18

21. 某工程网络计划中，工作M有两项紧后工作，开始时间分别为12和13。工作M的开始时间为8，持续时间为3，则工作M的自由时差为（　　）。

A. 1　　B. 2

C. 3　　D. 4

22. 工程网络计划中，对关键线路描述正确的是（　　）。

A. 双代号网络计划中由关键节点组成

B. 单代号网络计划中时间间隔均为零

C. 双代号时标网络计划中无虚工作

D. 单代号网络计划中由关键工作组成

23. 为缩短工期而采取的进度计划调整方法中，不需要改变网络计划中工作间逻辑关系的是（　　）。

A. 将顺序进行的工作改为平行作业

B. 重新划分施工段组织流水施工

C. 采取措施压缩关键工作持续时间

D. 将顺序进行的工作改为搭接作业

24. 关于利率及其影响因素的说法，正确的是（　　）。

A. 借出资本承担的风险越大利率就越高

B. 社会借贷资本供过于求时，利率就上升

C. 社会平均利润率是利率的最低界限

D. 借出资本的借款期限越长，利率就越低

25. 企业从银行借入资金500万元，年利率6%，期限1年，按季复利计息，到期还本付息，该项借款的年有效利率是（　　）。

A. 6.00%　　B. 6.09%

C. 6.121%　　D. 6.136%

26. 将投资方案经济效果评价方法划分为静态评价方法和动态评价方法的依据是计算是否考虑了（　　）。

A. 通货膨胀　　B. 资金时间价值

C. 建设期利息　　D. 建设期长短

27. 考虑资金时间价值，两笔资金不可能等值的情形是（　　）。

A. 金额相等，发生在不同时点　　B. 金额相等，发生在相同时点

C. 金额不等，发生在不同时点　　D. 金额不等，但分别发生在期初和期末

28. 某公司年初借款1000万元，年利率为5%，按复利计息，若在10年内等额偿还本息，则每年末应偿还（　　）万元。

A. 129.50　　B. 135.97

C. 111.50　　D. 129.05

29. 投资项目确定其基准收益率的基础是（　　）。

A. 资金成本和投资风险　　B. 投资风险和通货膨胀

C. 资金成本和机会成本　　D. 机会成本和通货膨胀

30. 在下列评价方法中，属于互斥型投资方案经济效果动态评价方法的是（　　）。

A. 净年值法和方案重复法

B. 净现值法和增量投资回收期法

C. 增量投资内部收益率法和年折算费用法

D. 增量投资收益率法和最小公倍数法

31. 针对某种产品采用 ABC 分析法选择价值工程研究对象时，应将（　　）的零部件作为价值工程主要研究对象。

A. 成本和数量占比较高　　B. 成本占比高而数量占比小

C. 成本和数量占比均低　　D. 成本占比小而数量占比高

32. 价值工程应用对象的功能评价值是指（　　）。

A. 可靠地实现用户要求功能的最低成本

B. 价值工程应用对象的功能与现实成本之比

C. 可靠地实现用户要求功能的最高成本

D. 价值工程应用对象的功能重要性系数

33. 在价值工程活动中，当采用功能指数法求得评价对象的价值指数大于 1 时，下列说法中不正确的是（　　）。

A. 由于现实成本偏高并且导致功能过剩，其改善的方向主要是降低成本

B. 由于现实成本偏低，其改善的方向主要是增加成本

C. 存在过剩功能，其改善的方向主要是降低功能水平

D. 对象在技术、经济方面具有某些特征，这种情况一般不列入改进对象

34. 因大型工程建设引起大规模移民可能增加的不安定因素，在工程寿命周期成本分析中应计算为（　　）成本。

A. 经济　　B. 社会

C. 环境　　D. 人为

35. 进行工程寿命周期成本分析时，应将（　　）列入维持费。

A. 研发费　　B. 设计费

C. 试运转费　　D. 运行费

36. 根据《国务院关于调整固定资产投资项目资本金比例的通知》，下列投资项目资本金最低比例要求为 40%的是（　　）。

A. 钢铁、电解铝项目　　B. 铁路、公路项目

C. 玉米深加工项目　　D. 普通商品住房项目

37. 既有法人可用于项目资本金的外部资金来源是（　　）。

A. 企业在银行的存款　　B. 企业产权转让

C. 企业生产经营收入　　D. 国家预算内投资

38. 企业通过发行债券进行筹资的优点是（　　）。

A. 降低企业总资金成本　　B. 发挥财务杠杆作用
C. 提升经营灵活性　　D. 减少企业财务风险

39. 下列资金成本中，可用来比选各种融资方式优劣的是（　　）。
A. 综合资金成本　　B. 边际资金成本
C. 个别资金成本　　D. 债务资金成本

40. 某公司发行优先股股票，票面额按正常市场价计算为 400 万元，筹资费率为 5%，每年股息率为 15%，公司所得税税率为 25%，则优先股股票发行成本率为（　　）。
A. 5.89%　　B. 7.84%
C. 11.84%　　D. 15.79%

41. 福费廷（FORFEIT）作为一种专门的代理融资技术，其本质是以（　　）方式进行融资。
A. 债券　　B. 租赁
C. 信贷　　D. 股权

42. 按照项目融资程序，选择项目融资方式是在（　　）阶段需要进行的工作。
A. 投资决策阶段　　B. 融资结构设计
C. 融资方案执行　　D. 融资决策分析

43. 下列项目融资方式中，需要通过转让已建成项目的产权和经营权来进行拟建项目融资的是（　　）。
A. TOT　　B. BOT
C. ABS　　D. PPP

44. 下列项目融资方式中，需要通过证券市场发行债券进行项目融资的是（　　）。
A. BOT　　B. ABS
C. TOT　　D. PFI

45. SPC 进行 ABS 方式项目融资时，其融资风险与（　　）有关。
A. 项目的原始权益人　　B. 项目资产现金收入和项目的原始权益人
C. 项目资产未来现金收入　　D. 项目资产未来现金收入和项目的原始权益人

46. 对小规模纳税人而言，增值税应纳税额的计算式是（　　）。
A. 销售额×征收率
B. 销项税额-进项税额
C. 销售额/(1-征收率)×征收率
D. 销售额×(1-征收率)×征收率

47. 计算企业应纳税所得额时，可以作为免税收入从企业收入总额中扣除的是（　　）。
A. 特许权使用费收入　　B. 国债利息收入
C. 财政拨款　　D. 接受捐赠收入

48. 关于中华人民共和国境内用人单位投保工作保险的说法，正确的是（　　）。
A. 需要为本单位全部职工缴纳工伤保险费
B. 只需为与本单位订有书面劳动合同的职工投保
C. 只需为本单位的长期用工缴纳工伤保险费
D. 可以只为本单位危险作业岗位人员投保

49. 针对政府投资的非经营性项目是否采用代建制的策划，属于工程项目的（　　）策划。

A. 目标　　B. 构思

C. 组织　　D. 控制

50. 下列工程项目经济评价标准/参数中，用于项目经济分析的是（　　）。

A. 社会折现率　　B. 财务净现值

C. 净利润　　D. 市场利率

51. 限额设计中，造价控制目标分解的合理步骤是（　　）。

A. 投资限额→各专业设计限额→各专业设计人员目标

B. 投资限额→各专业设计人员目标→各专业设计限额

C. 各专业设计限额→各专业设计人员目标→设计概算

D. 各专业设计人员目标→各专业设计限额→设计概算

52. 下列施工图预算审查方法中，应用范围相对较小的方法是（　　）。

A. 全面审查法　　B. 重点抽查法

C. 分组对比审查法　　D. 标准预算审查法

53. 因暴雨引发山体滑坡、公路交通紧急抢修的项目宜采用（　　）。

A. 总价合同　　B. 固定单价合同

C. 可调单价合同　　D. 成本加酬金合同

54. 根据《标准施工招标文件》，合同价格的准确数据只有在（　　）后才能确定。

A. 后续工程不再发生工程变更　　B. 承包人完成缺陷责任期工作

C. 工程审计全部完成　　D. 竣工结算款已支付完成

55. 根据《标准设计施工总承包招标文件》，发包人最迟应当在监理人收到进度付款申请单的（　　）天内，将进度应付款支付给承包人。

A. 14　　B. 21

C. 28　　D. 35

56. 下列投标报价策略中，属于恰当使用不平衡报价方法的是（　　）。

A. 适当降低早结算项目的报价

B. 适当提高晚结算项目的报价

C. 适当提高预计未来会增加工程量的项目单价

D. 适当提高工程内容说明不清楚的项目单价

57. 根据《标准施工招标文件》，施工合同文件包括下列内容：①已标价工程量清单；②技术标准和要求；③中标通知书。仅就上述三项内容而言，合同文件的优先解释顺序是（　　）。

A. ①→②→③　　B. ③→①→②

C. ②→①→③　　D. ③→②→①

58. 某项目固定资产原价为50000元，预计净残值500元，预计使用年限5年，采用双倍余额递减法计算折旧时，第三年折旧额为（　　）元。

A. 7128　　B. 7200

C. 9900　　D. 10000

59. 在做费用偏差分析时，对偏差产生的原因进行分析，投资规划不当属于（　　）。

A. 客观原因　　B. 施工原因

C. 建设单位原因　　D. 设计原因

60. 某工程合同约定以银行保函替代预留工程质量保证金，合同签约价为800万元，工程价款结算总额为780万元。根据《建设工程质量保证金管理办法》，该保函金额最大为（　　）万元。

A. 15.6　　B. 16.0

C. 23.4　　D. 24.0

二、多项选择题（共20题，每题2分。每题的备选项中，有2个或者2个以上符合题意，至少有1个错项。错选，本题不得分；少选，所选的每个选项得0.5分）

61. 工程计价的依据有多种不同类型，其中工程单价的计算依据有（　　）。

A. 材料价格　　B. 投资估算指标

C. 机械台班费　　D. 人工单价

E. 概算定额

62. 按国际造价管理联合会（ICEC）做出的定义，全面造价管理是指有效利用专业知识与技术，对（　　）进行筹划和控制。

A. 过程　　B. 资源

C. 成本　　D. 盈利

E. 风险

63. 根据《建筑法》申请领取施工许可证应当具备的条件有（　　）。

A. 建设资金已全额到位　　B. 已提交建筑工程用地申请

C. 已经确定建筑施工单位　　D. 有保证工程质量和安全的具体措施

E. 已完成施工图技术交底和图纸会审

64. 对于列入建设工程概算的安全作业环境及安全施工措施所需的费用，施工单位应当用于（　　）。

A. 安全生产条件改善　　B. 专职安全管理人员工资发展

C. 施工安全设施更新　　D. 安全事故损失赔付

E. 施工安全防护用具采购

65. 根据《民法典》，关于要约与承诺，下列说法正确的有（　　）。

A. 要约通知发出时即表明要约生效　　B. 承诺应当在要约确定的期限内到达要约人

C. 要约一旦发出不可撤销　　D. 承诺到达要约人时生效

E. 承诺的内容应与要约内容一致

66. 总分包模式的特点是（　　）。

A. 建设单位对承包商的选择范围小，承担风险大

B. 有利于控制工程造价

C. 不利于控制工程质量

D. 有利于缩短建设工期

E. 有利于合同管理和组织协调

67. 下列工程项目目标控制方法中，可用来控制工程造价和工程进度的方法有（　　）。

A. 香蕉曲线法　　B. S 曲线法

C. 目标管理法　　D. 因果分析图法

E. 责任矩阵法

68. 建设工程组织固定节拍流水施工的特点有（　　）。

A. 专业工作队数大于施工过程数　　B. 施工段之间没有空闲

C. 相邻施工过程的流水步距相等　　D. 各施工段上的流水节拍相等

E. 各专业工作队能够在各施工段上连续作业

69. 工程网络计划优化是指（　　）的过程。

A. 寻求工程总成本最低时的工期安排　　B. 使计算工期满足要求工期

C. 按要求工期寻求最低成本　　D. 在工期保持不变的条件下使资源需用量最少

E. 在满足资源限制条件下使工期延长最少

70. 采用总投资收益率指标进行项目经济评价的不足有（　　）。

A. 不能用于同行业同类项目经济效果比较

B. 不能反映项目投资效果的优势

C. 没有考虑投资收益的时间因素

D. 正常生产年份的选择带有较大的不确定性

E. 指标的计算过于复杂和烦琐

71. 影响利率高低的主要因素是（　　）。

A. 借贷资本供求情况　　B. 借贷风险

C. 借贷期限　　D. 内部收益率

E. 行业基准收益率

72. 下列投资方案评价指标中，属于静态评价指标的有（　　）。

A. 资产负债率　　B. 内部收益率

C. 偿债备付率　　D. 净现值率

E. 投资收益率

73. 进行投资项目互斥方案静态分析可采用的评价指标有（　　）。

A. 净年值　　B. 增量投资收益率

C. 综合总费用　　D. 增量投资内部收益率

E. 增量投资回收期

74. 下列费用中，属于资金筹集成本的有（　　）。

A. 股票发行手续费　　B. 建设投资贷款利息

C. 债券发行公证费　　D. 股东所得红利

E. 债券发行广告费

75. 与传统的贷款方式相比，项目融资的优点有（　　）。

A. 融资成本较低　　B. 信用结构多样化

C. 投资风险小　　D. 可利用税务优势

E. 属于资产负债表外融资

76. 关于建筑意外伤害保险的说法，正确的有（　　）。
A. 建筑意外伤害保险以工程项目为投保单位
B. 建筑意外伤害保险应实行记名制投保方式
C. 建筑意外伤害保险实行固定费率
D. 建筑意外伤害保险不只局限于施工现场作业人员
E. 建筑意外伤害保险期间自开工之日起最长不超过五年

77. 为了减少项目投资风险，在工程建设方面可要求工程承包公司提供（　　）的合同。
A. 固定价格　　B. 可调工期
C. 固定工期　　D. 可调价格
E. “交钥匙”工程

78. 施工阶段资金使用计划的编制方法常见的有（　　）。
A. 按工程造价构成编制　　B. 按工程进度编制
C. 按工程项目组成编制　　D. 按工序编制
E. 按阶段编制

79. 工程项目经济评价应遵循的基本原则是（　　）。
A. “有无对比”原则
B. 效益与费用计算口径对应一致的原则
C. 收益与风险权衡的原则
D. 动态与静态分析相结合，动态分析为主的原则
E. 评价内容与方法匹配原则

80. 根据《标准施工招标文件》，工程变更的情形有（　　）。
A. 改变合同中某项工作的质量
B. 改变合同工程原定的位置
C. 改变合同中已批准的施工顺序
D. 为完成工程需要追加的额外工作
E. 取消某项工作改由建设单位自行完成

答　　案

单项选择题

题号	1	2	3	4	5	6	7	8	9	10
答案	D	C	B	A	D	B	A	A	D	B
题号	11	12	13	14	15	16	17	18	19	20
答案	D	C	A	C	C	B	D	A	C	C

（续）

题号	21	22	23	24	25	26	27	28	29	30
答案	A	B	C	A	D	B	A	A	C	A
题号	31	32	33	34	35	36	37	38	39	40
答案	B	A	A	B	D	A	D	B	C	D
题号	41	42	43	44	45	46	47	48	49	50
答案	C	D	A	B	C	A	B	A	C	A
题号	51	52	53	54	55	56	57	58	59	60
答案	A	D	D	B	C	C	D	B	C	C

多项选择题

题号	61	62	63	64	65	66	67	68	69	70
答案	ACD	BCDE	CD	ACE	BDE	BDE	AB	BCDE	ABCE	CD
题号	71	72	73	74	75	76	77	78	79	80
答案	ABC	ACE	BCE	ACE	BDE	ADE	ACE	ABC	ABCD	ABCD